世界著名几何经典著作钩沉

——解析几何卷

刘培杰数学工作室　编译

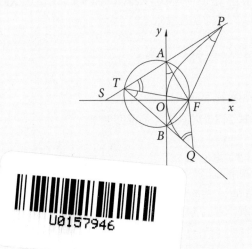

哈尔滨工业大学出版社
HARBIN INSTITUTE OF TECHNOLOGY PRESS

内 容 简 介

本书共分 5 章,分别为:第 1 章平面坐标和直线;第 2 章二次曲线;第 3 章二次曲线的一般方程;第 4 章空间直线与平面;第 5 章二次曲面.

本书适合大学生、中学生及平面解析几何爱好者参考阅读.

图书在版编目(CIP)数据

世界著名几何经典著作钩沉:解析几何卷/刘培杰
数学工作室编译. —哈尔滨:哈尔滨工业大学出版社,
2023.5

ISBN 978－7－5603－9654－5

Ⅰ.①世…　Ⅱ.①刘…　Ⅲ.①平面几何－解析几何－研究　Ⅳ.①O182.1

中国版本图书馆 CIP 数据核字(2021)第 180257 号

SHIJIE ZHUMING JIHE JINGDIAN ZHUZUO GOUCHEN:JIEXI JIHE JUAN

策划编辑　刘培杰　张永芹
责任编辑　刘家琳
封面设计　孙茵艾
出版发行　哈尔滨工业大学出版社
社　　址　哈尔滨市南岗区复华四道街 10 号　邮编 150006
传　　真　0451－86414749
网　　址　http://hitpress.hit.edu.cn
印　　刷　辽宁新华印务有限公司
开　　本　787 mm×1 092 mm　1/16　印张 17.75　字数 340 千字
版　　次　2023 年 5 月第 1 版　2023 年 5 月第 1 次印刷
书　　号　ISBN 978－7－5603－9654－5
定　　价　68.00 元

⊙ 目 录

第 1 章　平面坐标和直线

1.1　平面坐标

提　要

Ⅰ　直角坐标系

(1) 两点之间的距离. 如果已知两点 $P_1(x_1,y_1),P_2(x_2,y_2)$，那么它们之间
的距离为

$$d = \sqrt{(x_2 - x_1)^2 + (y_2 - y_1)^2} \tag{1.1}$$

(2) 分线段成已知比. 已知两点 $M_1(x_1,y_1),M_2(x_2,y_2)$，点 $M(x,y)$ 分线
段 M_1M_2 的比为 $\dfrac{M_1M}{MM_2}=\lambda$，则

$$\begin{cases} x = \dfrac{x_1 + \lambda x_2}{1+\lambda} \\ y = \dfrac{y_1 + \lambda y_2}{1+\lambda} \end{cases} \tag{1.2}$$

若 $\lambda > 0$，则 M 为线段 M_1M_2 的内分点；若 $\lambda < 0$，则 M 为线段 M_1M_2 的外
分点.

当 $\lambda = 1$ 时，则 M 为线段 M_1M_2 的中点，从而有

$$\begin{cases} x = \dfrac{x_1 + x_2}{2} \\ y = \dfrac{y_1 + y_2}{2} \end{cases} \tag{1.3}$$

(3) 三角形的面积. 已知三角形的三个顶点为 $A(x_1,y_1),B(x_2,y_2),C(x_3,y_3)$，且点 A,B,C 按逆时针顺序排列，则三角形的面积按下面的公式计算

1

$$\Delta = \frac{1}{2} \begin{vmatrix} x_1 & y_1 & 1 \\ x_2 & y_2 & 1 \\ x_3 & y_3 & 1 \end{vmatrix} \tag{1.4}$$

当 C 在原点时,有

$$\Delta = \frac{1}{2} \begin{vmatrix} x_1 & y_1 \\ x_2 & y_2 \end{vmatrix} \tag{1.5}$$

Ⅱ 极坐标系

(1) 点的极坐标与直角坐标之间的关系.以极点作为原点,取极轴为横轴,设点 M 的直角坐标为 (x,y),极坐标为 (ρ,θ),则有

$$\begin{cases} x = \rho\cos\theta \\ y = \rho\sin\theta \end{cases} \tag{1.6}$$

和

$$\begin{cases} \rho = \sqrt{x^2 + y^2} \\ \theta = \arctan\dfrac{y}{x} \end{cases} \tag{1.7}$$

(2) 两点之间的距离.已知两点 $A(\rho_1,\theta_1)$,$B(\rho_2,\theta_2)$,则它们之间的距离为

$$d = \sqrt{\rho_1^2 + \rho_2^2 - 2\rho_1\rho_2\cos(\theta_2 - \theta_1)} \tag{1.8}$$

Ⅲ 斜角坐标系①

两条坐标轴如果不互相垂直,那么叫作斜角坐标系,且 x 轴正向和 y 轴正向的夹角 ω 叫作坐标角.

(1) 两点之间的距离.已知两点 $M_1(x_1,y_1)$,$M_2(x_2,y_2)$,则它们之间的距离为

$$d = \sqrt{(x_2 - x_1)^2 + (y_2 - y_1)^2 + 2(x_2 - x_1)(y_2 - y_1)\cos\omega} \tag{1.9}$$

(2) 分线段成已知比.把已知两点 $M_1(x_1,y_1)$ 和 $M_2(x_2,y_2)$ 之间的线段分成比为 $\dfrac{M_1M}{MM_2} = \lambda$ 的点 M 的坐标为

---

① 没学过斜角坐标系的读者可以不读这一段.

$$\begin{cases} x = \dfrac{x_1 + \lambda x_2}{1 + \lambda} \\ y = \dfrac{y_1 + \lambda y_2}{1 + \lambda} \end{cases} \tag{1.10}$$

Ⅳ 解析几何证题法

解决解析几何的问题,通常要经过下列几个步骤:

(1) 适当地选取坐标系,让已知点、已知直线等的表达式尽量简单;

(2) 把已知条件用坐标表达出来;

(3) 写出求证的结论;

(4) 从已知条件出发,以求证的结论为目标,利用公式,通过运算、变形、整理,使之得到求证的结论.

习　　题

1. 分三角形各条中线为 $2:1$(从顶点到分点,再到对边中点) 的点必重合,即三角形的三条中线交于一点,试证之.

　[证] 设三角形的顶点为 $A(x_1, y_1), B(x_2, y_2), C(x_3, y_3)$,中线分别为 AL, BM, CN,则 BC 的中点 L 的坐标为

$$\left(\frac{x_2 + x_3}{2}, \frac{y_2 + y_3}{2} \right)$$

从而,分 AL 为 $2:1$ 的点的坐标为

$$\begin{cases} x = \dfrac{x_1 + 2 \cdot \dfrac{x_2 + x_3}{2}}{1 + 2} = \dfrac{x_1 + x_2 + x_3}{3} \\ y = \dfrac{y_1 + 2 \cdot \dfrac{y_2 + y_3}{2}}{1 + 2} = \dfrac{y_1 + y_2 + y_3}{3} \end{cases} \tag{1}$$

同理,分 BM 和 CN 为 $2:1$ 的点的坐标与以上结果相同,所以三点重合,即三条中线交于一点. 这个点叫作三角形的重心.

此题还有其他证法,例如可用三线共点法(参照公式(2.22)).此题的结论(1) 常常被用到,应该记住它.

2. 证明:联结四边形对边中点的两条直线与联结两条对角线中点的直线三线共点,且互相平分.

3

［证］ 设四边形的顶点分别为 $A(x_1,y_1),B(x_2,y_2),C(x_3,y_3),D(x_4,y_4)$，则两条对角线的中点分别为

$$M\left(\frac{x_1+x_3}{2},\frac{y_1+y_3}{2}\right)$$

和

$$N\left(\frac{x_2+x_4}{2},\frac{y_2+y_4}{2}\right)$$

边 AB 的中点为

$$E\left(\frac{x_1+x_2}{2},\frac{y_1+y_2}{2}\right)$$

边 CD 的中点为

$$G\left(\frac{x_3+x_4}{2},\frac{y_3+y_4}{2}\right)$$

边 BC 的中点为

$$F\left(\frac{x_2+x_3}{2},\frac{y_2+y_3}{2}\right)$$

边 DA 的中点为

$$H\left(\frac{x_1+x_4}{2},\frac{y_1+y_4}{2}\right)$$

由中点坐标公式(1.3)得 EG 的中点为

$$\left(\frac{x_1+x_2+x_3+x_4}{4},\frac{y_1+y_2+y_3+y_4}{4}\right)$$

FH 的中点为

$$\left(\frac{x_1+x_2+x_3+x_4}{4},\frac{y_1+y_2+y_3+y_4}{4}\right)$$

MN 的中点为

$$\left(\frac{x_1+x_2+x_3+x_4}{4},\frac{y_1+y_2+y_3+y_4}{4}\right)$$

三个中点的坐标相同，说明三条直线 EG,FH,MN 相交于一点，且彼此平分.

3.由任意六边形各边中点每隔一个联结线段作成的两个三角形有同一重心，试证之.

［证］ 设六边形的顶点分别为 $A(x_1,y_1),B(x_2,y_2),C(x_3,y_3),D(x_4,y_4),E(x_5,y_5),F(x_6,y_6)$. 因此边 AB 的中点为 $M_1\left(\frac{x_1+x_2}{2},\frac{y_1+y_2}{2}\right)$，其他各

边的中点依次为

$$M_2\left(\frac{x_2+x_3}{2},\frac{y_2+y_3}{2}\right)$$

$$M_3\left(\frac{x_3+x_4}{2},\frac{y_3+y_4}{2}\right)$$

$$M_4\left(\frac{x_4+x_5}{2},\frac{y_4+y_5}{2}\right)$$

$$M_5\left(\frac{x_5+x_6}{2},\frac{y_5+y_6}{2}\right)$$

$$M_6\left(\frac{x_6+x_1}{2},\frac{y_6+y_1}{2}\right)$$

根据第 1 题式(1)得,$\triangle M_1M_3M_5$ 的重心为

$$\left(\frac{x_1+x_2+x_3+x_4+x_5+x_6}{6},\frac{y_1+y_2+y_3+y_4+y_5+y_6}{6}\right)$$

$\triangle M_2M_4M_6$ 的重心为

$$\left(\frac{x_1+x_2+x_3+x_4+x_5+x_6}{6},\frac{y_1+y_2+y_3+y_4+y_5+y_6}{6}\right)$$

（此式也可由三线共点公式(2.22)求得.）

因此两个三角形有同一重心.

4.已知 $A(1,1),B(2,2),C(3,-1)$ 是一个平行四边形的三个顶点,求第四个顶点.

[解法一] 如图 1.1,以点 A,B,C 为三个顶点的平行四边形有三个. 设其第四个顶点分别为 $D_1(x_1,y_1),D_2(x_2,y_2),D_3(x_3,y_3)$. 因为点 A 是 D_1D_3 的中点,所以有

$$\begin{cases}\dfrac{1}{2}(x_1+x_3)=1\\[2mm]\dfrac{1}{2}(y_1+y_3)=1\end{cases}$$

即

$$\begin{cases}x_1+x_3=2\\y_1+y_3=2\end{cases}\tag{1}$$

类似地,有

图 1.1

$$\begin{cases} x_1 + x_2 = 4 \\ y_1 + y_2 = 4 \end{cases} \tag{2}$$

和

$$\begin{cases} x_2 + x_3 = 6 \\ y_2 + y_3 = -2 \end{cases} \tag{3}$$

由方程组(1)(2)(3)解得点 $D_1(0,4)$, $D_2(4,0)$, $D_3(2,-2)$.

[解法二] 因为 $BD_2 /\!/ AC$, $AD_3 /\!/ BC$, 所以通过求 BD_2, AD_3 的交点也可求得 D_1.

[解法三] 若 AB 为对角线, 则 CD_1 是另一条对角线, AB 的中点也是 CD_1 的中点, 易得点 $D_1(0,4)$. 同理可得点 D_2, D_3.

5. 求以 $(4,-1)$, $(-1,1)$, $(-2,-5)$ 为各边中点的三角形的各顶点.

[提示] 参照上一道题.

答: $(5,5)$, $(3,-7)$, $(-7,-3)$.

6. 在 $Rt\triangle ABC$ 中, $\angle C$ 为直角, 若点 D, E 将斜边 AB 三等分, 试证

$$CD^2 + CE^2 + DE^2 = \frac{2}{3}AB^2$$

[证] 令边 CA 所在直线为 x 轴, 边 CB 所在直线为 y 轴, C 为原点; 又设点 A 的坐标为 $(a,0)$, 点 B 的坐标为 $(0,b)$, 则 E, D 两点的坐标分别为

$$\left(\frac{1}{3}a, \frac{2}{3}b\right)$$

和

$$\left(\frac{2}{3}a, \frac{1}{3}b\right)$$

所以

$$CD^2 = \left(\frac{2}{3}a\right)^2 + \left(\frac{1}{3}b\right)^2 = \frac{4}{9}a^2 + \frac{1}{9}b^2$$

$$CE^2 = \left(\frac{1}{3}a\right)^2 + \left(\frac{2}{3}b\right)^2 = \frac{1}{9}a^2 + \frac{4}{9}b^2$$

$$DE^2 = \left(\frac{2}{3}a - \frac{1}{3}a\right)^2 + \left(\frac{1}{3}b - \frac{2}{3}b\right)^2 = \frac{1}{9}a^2 + \frac{1}{9}b^2$$

$$AB^2 = (a-0)^2 + (0-b)^2 = a^2 + b^2$$

所以

$$CD^2 + CE^2 + DE^2 = \frac{2}{3}(a^2 + b^2)$$

故得

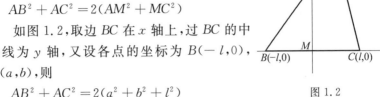

$$CD^2 + CE^2 + DE^2 = \frac{2}{3}AB^2$$

7. 设 $\triangle ABC$ 的边 BC 的中点为 M，试证

$$AB^2 + AC^2 = 2(AM^2 + MC^2)$$

［证］　如图 1.2，取边 BC 在 x 轴上，过 BC 的中点 M 的垂线为 y 轴，又设各点的坐标为 $B(-l, 0)$，$C(l, 0)$，$A(a, b)$，则

图 1.2

$$AB^2 + AC^2 = 2(a^2 + b^2 + l^2)$$

$$AM^2 + MC^2 = a^2 + b^2 + l^2$$

所以

$$AB^2 + AC^2 = 2(AM^2 + MC^2)$$

8. 若四边形 $ABCD$ 的对角线的中点为 M, N，试证

$$AB^2 + BC^2 + CD^2 + DA^2 = AC^2 + BD^2 + 4MN^2$$

［证］　设四边形 $ABCD$ 的四个顶点坐标分别为 $A(0, 0)$，$B(x_1, y_1)$，$C(x_2, y_2)$，$D(x_3, y_3)$，则点 M, N 的坐标分别为 $\left(\dfrac{x_2}{2}, \dfrac{y_2}{2}\right)$，$\left(\dfrac{x_1+x_3}{2}, \dfrac{y_1+y_3}{2}\right)$，进而得

$$
\begin{aligned}
AC^2 + BD^2 + 4MN^2 = {}& x_2^2 + y_2^2 + (x_3 - x_1)^2 + (y_3 - y_1)^2 + \\
& 4\left[\left(\frac{x_1+x_3-x_2}{2}\right)^2 + \left(\frac{y_1+y_3-y_2}{2}\right)^2\right] = \\
& 2x_1^2 + 2x_2^2 + 2x_3^2 - 2x_1 x_2 - 2x_2 x_3 + 2y_1^2 + \\
& 2y_2^2 + 2y_3^2 - 2y_1 y_2 - 2y_2 y_3
\end{aligned}
\tag{1}
$$

$$
\begin{aligned}
AB^2 + BC^2 + CD^2 + DA^2 = {}& x_1^2 + y_1^2 + (x_2 - x_1)^2 + (y_2 - y_1)^2 + \\
& (x_3 - x_2)^2 + (y_3 - y_2)^2 + x_3^2 + y_3^2 = \\
& 2x_1^2 + 2x_2^2 + 2x_3^2 - 2x_1 x_2 - 2x_2 x_3 + \\
& 2y_1^2 + 2y_2^2 + 2y_3^2 - 2y_1 y_2 - 2y_2 y_3
\end{aligned}
\tag{2}
$$

由式（1）和式（2）得

$$AC^2 + BD^2 + 4MN^2 = AB^2 + BC^2 + CD^2 + DA^2$$

9. 若三角形的两条中线相等，则它们所对应的两条边也相等，试证之.

［证］　如图 1.3，设三角形为 $\triangle ABC$，两条中线 AM, BN 长度相等，取边 AB 所在直线为 x 轴，取从点 C 向 AB 引的垂线为 y 轴，又设 $OA = a$，$OB = b$，$OC = c$，则各顶点为 $A(a, 0)$，$B(-b, 0)$，$C(0, c)$. 因此 AC, BC 的中点分别为 $N\left(\dfrac{a}{2}, \dfrac{c}{2}\right)$，$M\left(-\dfrac{b}{2}, \dfrac{c}{2}\right)$，故

$$AM^2 = \left(a + \frac{b}{2}\right)^2 + \left(0 - \frac{c}{2}\right)^2 =$$

$$a^2 + ab + \frac{1}{4}b^2 + \frac{1}{4}c^2$$

$$BN^2 = \left(-b - \frac{a}{2}\right)^2 + \left(0 - \frac{c}{2}\right)^2 =$$

$$b^2 + ba + \frac{1}{4}a^2 + \frac{1}{4}c^2$$

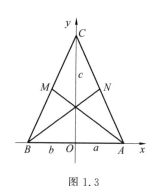

图 1.3

由题意

$$AM^2 = BN^2$$

所以　　　　$$a^2 + ab + \frac{1}{4}b^2 + \frac{1}{4}c^2 = b^2 + ba + \frac{1}{4}a^2 + \frac{1}{4}c^2$$

即得　　　　　　　　　　　$$a^2 = b^2$$

又因为　　　　　　$$AC^2 = a^2 + c^2 = b^2 + c^2 = BC^2$$

所以　　　　　　　　　　　$$AC = BC$$

注:把已知直线、已知点尽量取在坐标轴上时,点 A,B,C 的坐标简单,从而点 M,N 的坐标也就简单些. 如设各顶点的坐标为 $A(2a,0),B(2b,0),C(0,2c)$,则点 M,N 的坐标就更简单了.

10. 设 $\triangle ABC$ 的三个顶点的坐标分别为 $A(8,0),B(5,9),C(-3,11)$,试求此三角形外接圆的圆心.

[解]　设外接圆的圆心为 $M(x,y)$,由题意得

$$MA^2 = MB^2 = MC^2$$

$$\begin{cases} (x-8)^2 + y^2 = (x-5)^2 + (y-9)^2 \\ (x-8)^2 + y^2 = (x+3)^2 + (y-11)^2 \end{cases}$$

即

$$\begin{cases} x - 3y + 7 = 0 \\ x - y + 3 = 0 \end{cases}$$

解之得 $x = -1, y = 2$. 故外接圆的圆心为 $(-1,2)$.

注:本题的另一种解法是写出 AB,BC 的中垂线方程,求其交点坐标可得外接圆的圆心.

11. 求顺次联结点 $(3,2),(-1,2),(-3,-1),(0,-2),(4,0)$ 所得的五边形的面积.

[解]　设已知点为 $P_1(3,2),P_2(-1,2),P_3(-3,-1),P_4(0,-2),P_5(4,0)$,在坐标平面上画出五个点 P_1,P_2,P_3,P_4,P_5,则五边形的面积为

$$S_{\text{五边形}P_1P_2P_3P_4P_5} = S_{\triangle OP_1P_2} + S_{\triangle OP_2P_3} + S_{\triangle OP_3P_4} + S_{\triangle OP_4P_5} + S_{\triangle OP_5P_1}$$

应用公式(1.5) 得

$$S_{\text{五边形}P_1P_2P_3P_4P_5} = \frac{1}{2}\left\{ \begin{vmatrix} 3 & 2 \\ -1 & 2 \end{vmatrix} + \begin{vmatrix} -1 & 2 \\ -3 & -1 \end{vmatrix} + \right.$$

$$\left. \begin{vmatrix} -3 & -1 \\ 0 & -2 \end{vmatrix} + \begin{vmatrix} 0 & -2 \\ 4 & 0 \end{vmatrix} + \begin{vmatrix} 4 & 0 \\ 3 & 2 \end{vmatrix} \right\} =$$

$$\frac{1}{2}\{(6+2) + (1+6) + (6-0) +$$

$$(0+8) + (8-0)\} = \frac{37}{2}$$

12. 试证平行四边形的对角线互相平分.

[证法一] 如图 1.4,取点 A 为原点,线段 AB 在 x 轴上,设点 B 的坐标为 $(a,0)$,CD 的方程为 $y=b=$ 常数,AD 的方程为 $y=kx$,与它平行的 BC 的方程为 $y=k(x-a)$. 由

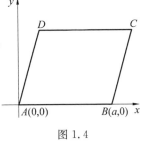

图 1.4

$$\begin{cases} y=kx \\ y=b \end{cases}$$

解得

$$x = \frac{b}{k}, y = b$$

即

$$D\left(\frac{b}{k}, b\right)$$

又由

$$\begin{cases} y=k(x-a) \\ y=b \end{cases}$$

解得 $x=a+\dfrac{b}{k}, y=b$,即 $C\left(a+\dfrac{b}{k}, b\right)$.

由中点公式得 DB 的中点 E 和 AC 的中点 F 分别为

$$E\left(\frac{ka+b}{2k}, \frac{b}{2}\right), F\left(\frac{ka+b}{2k}, \frac{b}{2}\right)$$

得证.

[证法二] 设平行四边形 $ABCD$ 的顶点坐标分别为 $A(0,0), B(a,0)$, $C(x_1+a, y_1), D(x_1, y_1)$,则 AC 的中点为 $\left(\dfrac{x_1+a}{2}, \dfrac{y_1}{2}\right)$,$BD$ 的中点也为 $\left(\dfrac{x_1+a}{2}, \dfrac{y_1}{2}\right)$,证毕.

[证法三]　如图 1.5,设平行四边形为 $ABCD$,取边 AB 在 x 轴上,边 AD 在 y 轴上,建立斜角坐标系,并设 $AB=a$,$AD=b$,则顶点为 $A(0,0)$,$B(a,0)$,$C(a,b)$,$D(0,b)$,所以 AC 的中点为 $\left(\dfrac{a}{2},\dfrac{b}{2}\right)$,$BD$ 的中点为 $\left(\dfrac{a}{2},\dfrac{b}{2}\right)$. 故得证.

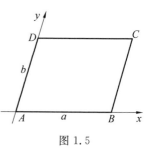

图 1.5

从此题的三种证法可以看到,由于方法的不同,解题的繁简情况也不同.

1.2　直　　线

提　　要

10

Ⅰ　直角坐标系中的直线方程

(1) 直线的斜率. 若直线的倾斜角为 α,则此直线的斜率为

$$k=\tan\alpha$$

若直线过两个已知点 $P_1(x_1,y_1)$,$P_2(x_2,y_2)$,则此直线的斜率为

$$k=\frac{y_2-y_1}{x_2-x_1} \tag{2.1}$$

由直线的一般式方程 $Ax+By+C=0$,可求得斜率为

$$k=-\frac{A}{B}\quad(B\neq0)$$

$$k=\infty,\alpha=\pm\frac{\pi}{2}\quad(B=0)$$

(2) 直线方程的各种形式.
一般式

$$Ax+By+C=0 \tag{2.2}$$

点斜式

$$y-y_0=k(x-x_0) \tag{2.3}$$

斜截式

$$y=kx+b \tag{2.4}$$

截距式

$$\frac{x}{a} + \frac{y}{b} = 1 \tag{2.5}$$

两点式

$$\frac{y - y_1}{x - x_1} = \frac{y_2 - y_1}{x_2 - x_1} \tag{2.6}$$

或

$$\begin{vmatrix} x & y & 1 \\ x_1 & y_1 & 1 \\ x_2 & y_2 & 1 \end{vmatrix} = 0 \tag{2.7}$$

或

$$(y_1 - y_2)x + (x_2 - x_1)y + x_1 y_2 - x_2 y_1 = 0$$

法线式

$$x\cos\alpha + y\sin\alpha - p = 0 \tag{2.8}$$

或

$$\frac{Ax + By + C}{\pm\sqrt{A^2 + B^2}} = 0 \tag{2.9}$$

11

它是由一般式得到的,分母根号前的符号与 C 相反. $C = 0$ 时,与 B 同号.

参数式

$$\begin{cases} x = x_0 + lt \\ y = y_0 + mt \end{cases} \tag{2.10}$$

过点 (x_0, y_0),斜率为 $k = \dfrac{m}{l}$,或

$$\begin{cases} x = x_0 + t\cos\alpha \\ y = y_0 + t\sin\alpha \end{cases} \tag{2.11}$$

其中 α 为斜角.

(3) 两条直线的夹角. 若两条直线 $A_1 x + B_1 y + C_1 = 0$,$A_2 x + B_2 y + C_2 = 0$ 的斜率分别为 k_1, k_2,则它们的夹角 θ 由下式计算

$$\tan\theta = \frac{k_2 - k_1}{1 + k_1 \cdot k_2} \quad \text{或} \quad \tan\theta = \frac{A_1 B_2 - A_2 B_1}{A_1 A_2 + B_1 B_2} \tag{2.12}$$

(4) 若两条直线 $A_1 x + B_1 y + C_1 = 0$,$A_2 x + B_2 y + C_2 = 0$ 的斜率分别为 k_1,k_2,则:

平行条件为

$$k_1 = k_2 \text{ 或 } \frac{A_1}{A_2} = \frac{B_1}{B_2} \neq \frac{C_1}{C_2} \tag{2.13}$$

垂直条件为

$$k_1 \cdot k_2 = -1 \text{ 或 } A_1 A_2 + B_1 B_2 = 0 \tag{2.14}$$

重合条件为

$$\frac{A_1}{A_2} = \frac{B_1}{B_2} = \frac{C_1}{C_2} \tag{2.15}$$

（5）点到直线的距离. 点 (x_0, y_0) 到直线 $x\cos\alpha + y\sin\alpha - p = 0$ 的距离为

$$d = |x_0\cos\alpha + y_0\sin\alpha - p| \tag{2.16}$$

点 (x_0, y_0) 到直线 $Ax + By + C = 0$ 的距离为

$$d = \frac{|Ax_0 + By_0 + C|}{\sqrt{A^2 + B^2}} \tag{2.17}$$

（6）两条直线 $A_1 x + B_1 y + C_1 = 0, A_2 x + B_2 y + C_2 = 0$ 夹角的平分线方程为

$$\frac{A_1 x + B_1 y + C_1}{\sqrt{A_1^2 + B_1^2}} = \pm\frac{A_2 x + B_2 y + C_2}{\sqrt{A_2^2 + B_2^2}} \tag{2.18}$$

（7）三点 $P_1(x_1, y_1), P_2(x_2, y_2), P_3(x_3, y_3)$ 共线的条件为

$$\frac{y_3 - y_1}{y_2 - y_1} = \frac{x_3 - x_1}{x_2 - x_1} \tag{2.19}$$

或

$$\begin{vmatrix} x_1 & y_1 & 1 \\ x_2 & y_2 & 1 \\ x_3 & y_3 & 1 \end{vmatrix} = 0 \tag{2.20}$$

（8）经过两条直线 $A_1 x + B_1 y + C_1 = 0, A_2 x + B_2 y + C_2 = 0$ 的交点的直线束方程为

$$A_1 x + B_1 y + C_1 + \lambda(A_2 x + B_2 y + C_2) = 0 \tag{2.21}$$

式中 λ 为任意实数.

（9）三条直线 $A_1 x + B_1 y + C_1 = 0, A_2 x + B_2 y + C_2 = 0, A_3 x + B_3 y + C_3 = 0$ 共点的充要条件为

$$\begin{vmatrix} A_1 & B_1 & C_1 \\ A_2 & B_2 & C_2 \\ A_3 & B_3 & C_3 \end{vmatrix} = 0 \tag{2.22}$$

Ⅱ　斜角坐标系中的直线方程

（1）直线的方向系数. 若已知直线上的两点 $M_1(x_1, y_1), M_2(x_2, y_2)$，则方

向系数为

$$k = \frac{y_2 - y_1}{x_2 - x_1} \tag{2.23}$$

（2）直线方程．相当于一般式、点斜式、斜截式、两点式、截距式的公式与直角坐标系中的方程相同．

（3）两条直线间的关系．若两条直线 $A_1 x + B_1 y + C_1 = 0, A_2 x + B_2 y + C_2 = 0$ 的斜率分别为 k_1, k_2，则：

平行条件为

$$k_1 = k_2 \text{ 或 } \frac{A_1}{A_2} = \frac{B_1}{B_2} \neq \frac{C_1}{C_2} \tag{2.24}$$

垂直条件为

$$1 + (k_1 + k_2) \cos \omega + k_1 \cdot k_2 = 0 \tag{2.25}$$

重合条件为

$$\frac{A_1}{A_2} = \frac{B_1}{B_2} = \frac{C_1}{C_2} \tag{2.26}$$

注：下式中 φ 是横轴正向与直线所成的角，如图 1.6，有

$$k = \frac{\sin \varphi}{\sin(\omega - \varphi)}$$

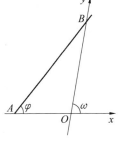

（4）三点共线的条件、三线共点的条件以及直线束的方程均与直角坐标系相同．

图 1.6

Ⅲ　直线的极坐标方程

从极点到所研究的直线作垂线 n，设垂足为 $Q, OQ = p, \theta = \angle xOM$（图 1.7），则直线的极坐标方程为

$$\rho = \frac{p}{\cos(\theta - \alpha)}$$

或

$$\rho \cos(\theta - \alpha) = p$$

当直线与极轴垂直时，$\alpha = 0$，故其方程变为

$$\rho = \frac{p}{\cos \theta}$$

或

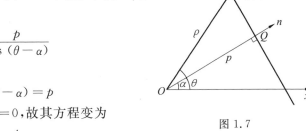

图 1.7

$$\rho\cos\theta = p$$

习　题

1. 求过点 $P(2,1)$ 和两条直线 $L_1:3x-5y-10=0,L_2:x+y+1=0$ 的交点的直线方程.

〔解〕　经过直线 L_1 和 L_2 交点的直线束方程,由公式(2.21)得

$$3x-5y-10+\lambda(x+y+1)=0 \tag{1}$$

因为点 $P(2,1)$ 在直线上,所以

$$3\times 2-5\times 1-10+\lambda(2+1+1)=0 \tag{2}$$

由式(2)解得 $\lambda=\dfrac{9}{4}$,代入方程(1)得

$$21x-11y-31=0$$

这就是所求的直线方程.

本题的另一种解法是求出 L_1 与 L_2 的交点 Q 的坐标,再用两点式求 PQ 的方程.请读者自己解出,并比较两种方法的繁简.

2. 求同时属于两个直线束:$(x+y-1)+q(x-1)=0$ 及 $(2x-3y)+q'(y+1)=0$ 的直线.

〔解法一〕　直线束 $(x+y-1)+q(x-1)=0$ 的中心为 $(1,0)$,直线束 $(2x-3y)+q'(y+1)=0$ 的中心为 $\left(-\dfrac{3}{2},-1\right)$.由两点式公式(2.6)得

$$\frac{y-0}{-1-0}=\frac{x-1}{-\dfrac{3}{2}-1}$$

即

$$2x-5y-2=0$$

〔解法二〕　所求直线的方程可写成

$$(1+q)x+y-(1+q)=0 \tag{1}$$

或

$$2x+(q'-3)y+q'=0 \tag{2}$$

式(1)和式(2)是同一条直线的方程,则其系数成比例

$$\frac{1+q}{2}=\frac{1}{q'-3}=\frac{-(1+q)}{q'}$$

解之得 $q'=-2$,代入式(2)得

$$2x-5y-2=0$$

3.经过点 $P(0,1)$ 作直线,使它包含在两条已知直线 $x-3y+10=0$ 及 $2x+y-8=0$ 之间的线段以 P 为中点,求此直线方程.

〔解法一〕 设所求直线方程为 $y=kx+1$,则此直线与两条已知直线的交点分别为

$$M_1:x_1=\frac{7}{3k-1},y_1=\frac{10k-1}{3k-1}$$

$$M_2:x_2=\frac{7}{k+2},y_2=\frac{8k+2}{k+2}$$

因点 $P(0,1)$ 是 M_1M_2 的中点,所以应用公式(1.3)的第一个方程,则有

$$\frac{1}{2}(x_1+x_2)=0$$

即

$$28k+7=0$$

由此得

$$k=-\frac{1}{4}$$

故所求的直线方程为

$$y=-\frac{1}{4}x+1$$

15

〔解法二〕 设所求直线与两条已知直线分别交于 $M(x_1,y_1),N(x_2,y_2)$,依题意有

$$\begin{cases} x_1-3y_1+10=0 \\ 2x_2+y_2-8=0 \\ \dfrac{x_1+x_2}{2}=0 \\ \dfrac{y_1+y_2}{2}=1 \end{cases}$$

解之可得所求方程.

4.求过两条直线 $x-y-a=0,x+y-a=0$ 的交点,且与直线 $2x-3y-b=0$ 平行的直线方程.

〔解〕 所求的直线方程应由直线束方程

$$x-y-a+k(x+y-a)=0$$

得到,即

$$x(1+k)+(k-1)y-a(1+k)=0 \tag{1}$$

又因为所求直线与直线 $2x-3y-b=0$ 平行,所以

$$-\frac{1+k}{k-1}=\frac{2}{3}$$

由此得到 $k=-\dfrac{1}{5}$，将它代入式(1)，整理得

$$2x-3y-2a=0$$

本题的另一种解法是：求出 $x-y-a=0$ 和 $x+y-a=0$ 的交点，再用点斜式公式(2.3)可得所求直线方程.

5. 设 $P(x_1,y_1)$ 为已知点，$ax+by+c=0$ 为已知直线，通过点 P 与 x 轴交角为 α 的直线与直线 $ax+by+c=0$ 相交于点 M，求点 M 与点 P 的距离.

［提示］ 参数式方程(2.11)中的 t，就绝对值来讲是从点 (x_0,y_0) 到点 (x,y) 的距离.

［解］ 设通过点 $P(x_1,y_1)$，与 x 轴交角为 α 的直线方程由公式(2.11)为

$$\begin{cases} x=x_1+t\cos\alpha \\ y=y_1+t\sin\alpha \end{cases}$$

将 x,y 代入已知直线方程得

$$a(x_1+t\cos\alpha)+b(y_1+t\sin\alpha)+c=0$$

16　从而

$$t=-\frac{ax_1+by_1+c}{a\cos\alpha+b\sin\alpha}$$

所以 $P(x_1,y_1)$ 到交点的距离为

$$\left|\frac{ax_1+by_1+c}{a\cos\alpha+b\sin\alpha}\right|$$

本题的另一种解法是：可设想求出 $ax+by+c=0$ 与 $y-y_1=\tan\alpha(x-x_1)$ 的交点 Q 的坐标，然后用两点间的距离公式求 PQ. 虽说这也是一种容易想到的方法，但比用参数式方程往往要麻烦.

6. 证明：直线 $ax+by+c=0$ 与 $(x_1,y_1),(x_2,y_2)$ 两点连线的交点，将点 $(x_1,y_1),(x_2,y_2)$ 之间的线段分成的比例为

$$-\frac{ax_1+by_1+c}{ax_2+by_2+c}$$

并且此两点位于直线 $ax+by+c=0$ 的两侧时，比为正；此两点位于直线 $ax+by+c=0$ 的同侧时，比为负.

［证］ 设交点为 $P(x_0,y_0)$，分线段之比为 λ，则有

$$x_0=\frac{x_1+\lambda x_2}{1+\lambda}, y_0=\frac{y_1+\lambda y_2}{1+\lambda}$$

代入直线 $ax+by+c=0$ 之中，得

$$a\left(\frac{x_1 + \lambda x_2}{1 + \lambda}\right) + b\left(\frac{y_1 + \lambda y_2}{1 + \lambda}\right) + c = 0$$

从而

$$ax_1 + by_1 + c + \lambda(ax_2 + by_2 + c) = 0$$

所以

$$\lambda = -\frac{ax_1 + by_1 + c}{ax_2 + by_2 + c}$$

即交点将(x_1, y_1)，(x_2, y_2)两点连线分成的比例为$-\dfrac{ax_1 + by_1 + c}{ax_2 + by_2 + c}$. 再参考公式(1.2)，当交点内分时，点$(x_1, y_1)$和$(x_2, y_2)$在直线的两侧，$ax_1 + by_1 + c$与$ax_2 + by_2 + c$反号，因此上式为正，即$\lambda > 0$；当交点外分时，点$(x_1, y_1)$和$(x_2, y_2)$在直线的同侧，上式的分子、分母同号，所以上式为负，即$\lambda < 0$.

注：如图1.8，一条直线$l: ax + by + c = 0$ $(b \neq 0)$将坐标平面分为两部分，对于不在直线上的点$P(X, Y)$来说$aX + bY + c \neq 0$. 过P作与y轴平行的直线与l的交点设为$Q(X, y)$. $aX + bY + c - (aX + by + c) = b(Y - y)$，可见$P$在直线的上方时，上式左边保持与$b$相同的符号；$P$在直线的下方时，上式左边保持与$b$相反的符号.

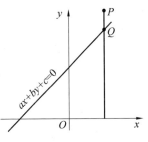

图1.8

7. 过等腰$\triangle ABC$的底边BC上一点P引BC的垂线，与其他两边或其延长线的交点为Q, R，试证$PQ + PR =$定数.

［提示］ 直接计算$PQ + PR$，经过整理，结果与任取点P的坐标无关.

［证］ 如图1.9，取底边BC在x轴上，BC的中点O为原点，过点O垂直BC的直线为y轴，设$B(-a, 0)$，$C(a, 0)$，$A(0, b)$，$P(x_0, 0)$，则：

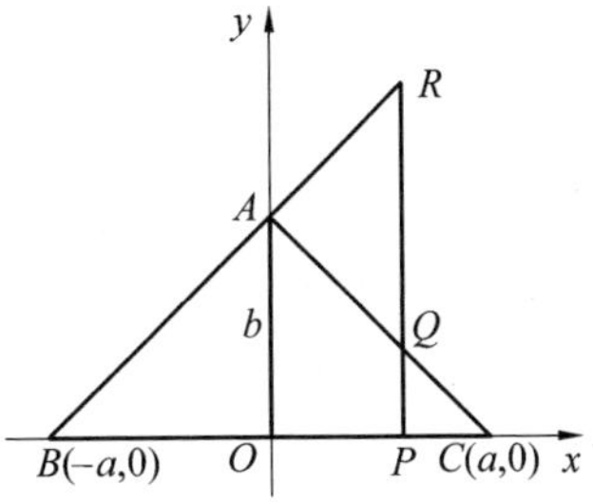

直线AB的方程为

$$bx - ay + ab = 0$$

直线AC的方程为

$$bx + ay - ab = 0$$

直线PQ的方程为

$$x = x_0$$

求直线PQ与直线AC和BA的交点得

$$Q\left(x_0, \frac{b(a - x_0)}{a}\right)$$

图1.9

17

$$R\left(x_0, \frac{b(a+x_0)}{a}\right)$$

则

$$PQ = \frac{b(a-x_0)}{a}$$

$$PR = \frac{b(a+x_0)}{a}$$

所以 $PQ + PR = \dfrac{ab - bx_0 + ab + bx_0}{a} = 2b = $ 定值.

8. 在 Rt$\triangle ABC$ 的两条直角边 AB, AC 上,于三角形的外侧作两个正方形 $ABDE, ACFG$,试证:DE, FG 的延长线的交点与顶点 A 的连线垂直于 Rt$\triangle ABC$ 的斜边.

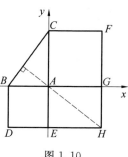

图 1.10

[证] 如图 1.10,取边 BA 在 x 轴上,边 AC 在 y 轴上,设 $AB = a, AC = b$,则各顶点的坐标分别为 $B(-a, 0), A(0, 0), C(0, b), DE, FG$ 的延长线交于点 $H(b, -a)$.

因此直线 BC 的斜率为

$$k_1 = \frac{b}{a}$$

直线 AH 的斜率为

$$k_2 = \frac{-a}{b}$$

因为

$$k_1 \cdot k_2 = \left(\frac{b}{a}\right) \cdot \left(\frac{-a}{b}\right) = -1$$

所以直线 BC 垂直于直线 AH.

9. 试证:如果三角形内任意一点到三边的距离之和为一定值,则此三角形为正三角形.

[证] 取三角形内任意一点为原点,建立平面直角坐标系,设三角形的三边的方程为

$$-(x\cos \alpha + y\sin \alpha - p) = 0$$
$$-(x\cos \beta + y\sin \beta - q) = 0$$
$$-(x\cos \gamma + y\sin \gamma - r) = 0$$

设 (X, Y) 为已知三角形内任意一点的坐标,由题设知

$-(X\cos\alpha+Y\sin\alpha-p)-(X\cos\beta+Y\sin\beta-q)-$

$(X\cos\gamma+Y\sin\gamma-r)=$ 定值

因此与 X,Y 的取值无关,所以 X,Y 的系数必须是 0,即

$$\cos\alpha+\cos\beta+\cos\gamma=0,\sin\alpha+\sin\beta+\sin\gamma=0$$

考虑 $A(\cos\alpha,\sin\alpha),B(\cos\beta,\sin\beta),C(\cos\gamma,\sin\gamma)$ 三点,由上式可知,$\triangle ABC$ 的重心在原点 $(0,0)$,另外,因为 $\cos^2\alpha+\sin^2\alpha=1,\cos^2\beta+\sin^2\beta=1$,$\cos^2\gamma+\sin^2\gamma=1$,所以 A,B,C 在以 O 为圆心,以 1 为半径的圆周上,即原点是 $\triangle ABC$ 的外心,所以 $\triangle ABC$ 是正三角形(重心与外心重合).

注:二元一次方程 $Ax+By+C=0$ 如有三组解 $(x_1,y_1),(x_2,y_2),(x_3,y_3)$,并且满足

$$\begin{vmatrix} x_1 & y_1 & 1 \\ x_2 & y_2 & 1 \\ x_3 & y_3 & 1 \end{vmatrix}\neq 0$$

则 $A=B=C=0$.

10. 试证:四条直线

$$Ax+By+F=0$$
$$Ax+By+F_1=0$$
$$ax+by+f=0$$
$$ax+by+f_1=0$$

所围成的平行四边形的面积为

$$\left|\frac{(F-F_1)(f-f_1)}{Ab-Ba}\right|$$

[证]　由于直线 $Ax+By+F=0$ 与 $ax+by+f=0,ax+by+f_1=0$ 的交点分别为

$$M_1\left(\frac{Bf-Fb}{Ab-Ba},\frac{Fa-Af}{Ab-Ba}\right)$$
$$M_2\left(\frac{Bf_1-Fb}{Ab-Ba},\frac{Fa-Af_1}{Ab-Ba}\right)$$

点 M_1 到直线 $Ax+By+F_1=0$ 的距离为

$$\left|\frac{F-F_1}{\sqrt{A^2+B^2}}\right|=\frac{|F-F_1|}{\sqrt{A^2+B^2}}$$

又点 M_1 与 M_2 之间的距离为

$$\left|\frac{(f-f_1)\sqrt{A^2+B^2}}{Ab-Ba}\right|=\frac{|f-f_1|\sqrt{A^2+B^2}}{|Ab-Ba|}$$

故平行四边形的一边长为 $\dfrac{\mid f - f_1 \mid \sqrt{A^2 + B^2}}{\mid Ab - Ba \mid}$，其高为 $\dfrac{\mid F - F_1 \mid}{\sqrt{A^2 + B^2}}$，所以所求

平行四边形的面积为

$$\frac{\mid f - f_1 \mid \sqrt{A^2 + B^2}}{\mid Ab - Ba \mid} \cdot \frac{\mid F - F_1 \mid}{\sqrt{A^2 + B^2}} = \left| \frac{(F - F_1)(f - f_1)}{Ab - Ba} \right|$$

11. 试证：由两条直线 $y = kx + b$，$y = k'x + b'$ 与 y 轴所围成的三角形的面积为

$$\frac{(b - b')^2}{2 \mid k - k' \mid}$$

[证] 两条直线的纵轴截距分别为 b, b'，则有 $A(0, b)$，$A'(0, b')$，求交点 M 的坐标

$$\begin{cases} y = kx + b \\ y = k'x + b' \end{cases}$$

解之得

$$x = \frac{b' - b}{k - k'}$$

故三角形的一底边长为 $\mid b' - b \mid$，其高长为 $\left| \dfrac{b' - b}{k - k'} \right|$，所以所求三角形的面积为

$$\frac{1}{2} \mid b' - b \mid \frac{\mid b' - b \mid}{\mid k - k' \mid} = \frac{(b - b')^2}{2 \mid k - k' \mid}$$

故得证.

12. 在一条直线上有三个点 A, B, C，在另一条直线上有三个点 A', B', C'.
试证：AB', BA' 的交点；$BC', B'C$ 的交点；AC', CA' 的交点共线.

[证] 取两条直线的交点 O 为坐标原点，两条直线为坐标轴，设各点的坐标分别为 $A(a, 0)$，$B(b, 0)$，$C(c, 0)$，$A'(0, a')$，$B'(0, b')$，$C'(0, c')$，则：

直线 AB' 的方程为

$$\frac{x}{a} + \frac{y}{b'} = 1$$

直线 $A'B$ 的方程为

$$\frac{x}{b} + \frac{y}{a'} = 1$$

直线 AB' 与 $A'B$ 的交点为

$$M_1 \left(\frac{ab(a' - b')}{aa' - bb'}, \frac{a'b'(a - b)}{aa' - bb'} \right)$$

直线 BC' 的方程为

$$\frac{x}{b}+\frac{y}{c'}=1$$

直线 $B'C$ 的方程为

$$\frac{x}{c}+\frac{y}{b'}=1$$

直线 BC' 与 $B'C$ 的交点为

$$M_2\left(\frac{bc\,(b'-c')}{bb'-cc'},\ \frac{b'c'\,(b-c)}{bb'-cc'}\right)$$

直线 AC' 的方程为

$$\frac{x}{a}+\frac{y}{c'}=1$$

直线 $A'C$ 的方程为

$$\frac{x}{c}+\frac{y}{a'}=1$$

直线 AC' 与直线 $A'C$ 的交点为

$$M_3\left(\frac{ac\,(a'-c')}{aa'-cc'},\ \frac{a'c'\,(a-c)}{aa'-cc'}\right)$$

计算行列式（根据行列式性质可以计算）

$$\Delta=\begin{vmatrix} \dfrac{ab\,(a'-b')}{aa'-bb'} & \dfrac{a'b'\,(a-b)}{aa'-bb'} & 1 \\[3mm] \dfrac{bc\,(b'-c')}{bb'-cc'} & \dfrac{b'c'\,(b-c)}{bb'-cc'} & 1 \\[3mm] \dfrac{ac\,(a'-c')}{aa'-cc'} & \dfrac{a'c'\,(a-c)}{aa'-cc'} & 1 \end{vmatrix}=0$$

所以 M_1,M_2,M_3 三点共线.

13. 试证:三角形三边的垂直平分线交于一点(外心).

[证]　设三角形的三个顶点坐标分别为 $A(x',y'),B(x'',y''),C(x''',y''')$,其中边 BC 的中点坐标为 $\left(\dfrac{x''+x'''}{2},\dfrac{y''+y'''}{2}\right)$,边 BC 的斜率为 $k=\dfrac{y''-y'''}{x''-x'''}$,边 BC 的垂直平分线为

$$y-\frac{y''+y'''}{2}=-\frac{x''-x'''}{y''-y'''}\left(x-\frac{x''+x'''}{2}\right)$$

去掉分母得

$$(y''-y''')y+(x''-x''')x-\frac{1}{2}(x''^2-x'''^2)-\frac{1}{2}(y''^2-y'''^2)=0$$

类似地可得到另外两条边的垂直平分线方程为

$$(y''' - y')y + (x''' - x')x - \frac{1}{2}(x'''^2 - x'^2) - \frac{1}{2}(y'''^2 - y'^2) = 0$$

$$(y' - y'')y + (x' - x'')x - \frac{1}{2}(x'^2 - x''^2) - \frac{1}{2}(y'^2 - y''^2) = 0$$

以上三个方程组成方程组,三个方程相加,左边恒等于零,所以三条垂直平分线交于一点.

14. 证明:三角形的三条内角平分线交于一点.

[证] 取原点在三角形的内部,设三角形的三边所在直线的方程分别为

$$L_1 : x\cos \alpha_1 + y\sin \alpha_1 - p_1 = 0$$
$$L_2 : x\cos \alpha_2 + y\sin \alpha_2 - p_2 = 0$$
$$L_3 : x\cos \alpha_3 + y\sin \alpha_3 - p_3 = 0$$

因此三条内角平分线的方程分别为

$$L_1 - L_2 = 0, L_2 - L_3 = 0, L_3 - L_1 = 0 \tag{1}$$

所以 $$L_1 - L_2 = L_1 - L_3 - (L_2 - L_3)$$

即三条内角平分线属于一个直线束,所以三条内角平分线交于一点.

本题的另一种证法是:三角形的三条内角平分线的方程组(1)的系数作成的行列式为

$$\begin{vmatrix} \cos \alpha_1 - \cos \alpha_2 & \sin \alpha_1 - \sin \alpha_2 & p_1 - p_2 \\ \cos \alpha_2 - \cos \alpha_3 & \sin \alpha_2 - \sin \alpha_3 & p_2 - p_3 \\ \cos \alpha_3 - \cos \alpha_1 & \sin \alpha_3 - \sin \alpha_1 & p_3 - p_1 \end{vmatrix}$$

这个行列式的第三行元素相应地加到第一行元素上去与第二行元素成比例,故此行列式等于零,即三条内角平分线交于一点.

15. 证明:三角形的三条中线交于一点.

[证] 设 $\triangle ABC$ 的顶点坐标分别为 $A(a_1, a_2), B(b_1, b_2), C(c_1, c_2), BC$ 的中点 A_1 的坐标为 $\left(\frac{b_1 + c_1}{2}, \frac{b_2 + c_2}{2} \right)$. 由两点式知中线 AA_1 的方程为

$$(b_2 + c_2 - 2a_2)x - (b_1 + c_1 - 2a_1)y + (b_1a_2 - b_2a_1) + (c_1a_2 - a_1c_2) = 0$$

同样,可得到过顶点 B, C 的中线方程为

$$(c_2 + a_2 - 2b_2)x - (c_1 + a_1 - 2b_1)y + (c_1b_2 - c_2b_1) + (a_1b_2 - a_2b_1) = 0$$

$$(a_2 + b_2 - 2c_2)x - (a_1 + b_1 - 2c_1)y + (a_1c_2 - a_2c_1) + (b_1c_2 - c_1b_2) = 0$$

计算行列式

22

$$\begin{vmatrix} b_2+c_2-2a_2 & -(b_1+c_1-2a_1) & (b_1a_2-b_2a_1)+(c_1a_2-a_1c_2) \\ c_2+a_2-2b_2 & -(c_1+a_1-2b_1) & (c_1b_2-c_2b_1)+(a_1b_2-b_1a_2) \\ a_2+b_2-2c_2 & -(a_1+b_1-2c_1) & (a_1c_2-a_2c_1)+(b_1c_2-c_1b_2) \end{vmatrix}$$

把第二行元素对应地加到第一行上去,则与第三行元素成比例,因此,这个行列式等于零.由三线共点的条件可知,三条中线交于一点.

16.证明:三角形的三条高线交于一点.

[证法一] 设三角形的三边所在直线的方程分别为

$$-(x\cos\alpha+y\sin\alpha-p)=0$$
$$-(x\cos\beta+y\sin\beta-q)=0$$
$$-(x\cos\gamma+y\sin\gamma-r)=0$$

后两条直线的交点为

$$\left(\frac{q\sin\gamma-r\sin\beta}{\sin(\gamma-\beta)},\frac{r\cos\beta-q\cos\gamma}{\sin(\gamma-\beta)}\right)$$

过此点与第一条边垂直的直线,即第一条边的高线的方程为

$$y-\frac{r\cos\beta-q\cos\gamma}{\sin(\gamma-\beta)}=\tan\alpha\left(x-\frac{q\sin\gamma-r\sin\beta}{\sin(\gamma-\beta)}\right)$$

去掉分母,则得

$$\cos\alpha\sin(\gamma-\beta)y-r\cos\beta\cos\alpha+q\cos\alpha\cos\gamma-$$
$$\sin\alpha\sin(\gamma-\beta)x+\sin\alpha(q\sin\gamma-r\sin\beta)=0 \tag{1}$$

同样,可得另外两条高线的方程为

$$\cos\beta\sin(\alpha-\gamma)y-p\cos\gamma\cos\beta+r\cos\beta\cos\alpha-$$
$$\sin\beta\sin(\alpha-\gamma)x+\sin\beta(r\sin\alpha-p\sin\gamma)=0 \tag{2}$$

及

$$\cos\gamma\sin(\beta-\alpha)y-q\cos\alpha\cos\gamma+p\cos\gamma\cos\beta-$$
$$\sin\gamma\sin(\beta-\alpha)x+\sin\gamma(p\sin\beta-q\sin\alpha)=0 \tag{3}$$

将式(1)(2)(3)两端分别相加得到恒等式 $0=0$,所以满足前两个式子的 (x,y) 也满足式(3).又因为三角形的三个内角之和为平角,所以前面两式表示的两条直线的交点 (x,y) 存在,因此三角形的三条高线交于一点.

[证法二]设三角形的三个顶点坐标分别为 $(x_1,y_1),(x_2,y_2),(x_3,y_3)$,联结后两个点的直线方程为

$$\begin{vmatrix} x & y & 1 \\ x_2 & y_2 & 1 \\ x_3 & y_3 & 1 \end{vmatrix}=0$$

23

即

$$(y_2 - y_3)x + (x_3 - x_2)y + (x_2 y_3 - x_3 y_2) = 0$$

则过点 (x_1, y_1) 的垂线方程为 $y - y_1 = -\dfrac{x_2 - x_3}{y_2 - y_3}(x - x_1)$，同样，可得到另外两

条垂线的方程，去掉分母后得

$$(x_2 - x_3)x + (y_2 - y_3)y - x_1(x_2 - x_3) - y_1(y_2 - y_3) = 0$$
$$(x_3 - x_1)x + (y_3 - y_1)y - x_2(x_3 - x_1) - y_2(y_3 - y_1) = 0$$
$$(x_1 - x_2)x + (y_1 - y_2)y - x_3(x_1 - x_2) - y_3(y_1 - y_2) = 0$$

把这三个式子相加成为恒等于零的等式，根据证法一同样的理由，所以三条高

线交于一点.

［证法三］　设三角形为 $\triangle ABC$，由 A, B, C 向对边引垂线，垂足分别为 D，

E, F；取 D 为原点，DC 为 x 轴，DA 为 y 轴，A, B, C 的坐标分别设为 $(0, a)$，$(b,$

$0)$，$(c, 0)$，则 AC 的方程为

$$\frac{x}{c} + \frac{y}{a} = 1$$

由 B 向对边引的垂线 BE 的方程为

$$ay - c(x - b) = 0$$

它与 AD 的交点为 $\left(0, \dfrac{-bc}{a}\right)$.

　　完全类似地，只要把 b 和 c 对调即得 CF 与 AD 的交点也是 $\left(0, \dfrac{-bc}{a}\right)$. 所以

BE 和 AD 的交点与 CF 和 AD 的交点重合，即三条高线交于一点.

　　17. 若 a, b 是两个变动的参数，证明当 $\dfrac{1}{a} + \dfrac{1}{b} = k$（$k$ 是不为 0 的常数）时，直

线 $\dfrac{x}{a} + \dfrac{y}{b} = 1$ 表示过一定点的直线，并求该点的坐标.

　　［解］　由于 $\dfrac{1}{a} + \dfrac{1}{b} = k$，所以 $\dfrac{1}{b} = k - \dfrac{1}{a}$，因此

$$\frac{x}{a} + \frac{y}{b} - 1 = \frac{x}{a} + \left(k - \frac{1}{a}\right)y - 1 =$$

$$\frac{1}{a}(x - y) + (ky - 1) = 0$$

这是过直线 $x - y = 0$ 和 $ky - 1 = 0$ 的交点的直线束，其交点为 $\left(\dfrac{1}{k}, \dfrac{1}{k}\right)$.

　　18. 在定角 $\angle AOB$ 的各边上分别有定点 A, B，在 OA, OB 两条直线上分别

取 A',B',当 $A'A=B'B$ 时,$A'B'$ 的垂直平分线过一定点,试证之.

[证] 取边 OB 所在直线为 x 轴,取过点 O 且垂直于 OB 的直线为 y 轴,设 $\angle AOB=\alpha$,点 A 的坐标为 (x_1,y_1),点 B 的坐标为 $(x_2,0)$,$AA'=BB'=\rho$,则有 $A'(x_1+\rho\cos\alpha,y_1+\rho\sin\alpha)$,$B'(x_2+\rho,0)$,$A'B'$ 的中点 M 为

$$\left(\frac{x_1+x_2+\rho+\rho\cos\alpha}{2},\frac{y_1+\rho\sin\alpha}{2}\right)$$

$A'B'$ 的斜率为

$$k=\frac{y_1+\rho\sin\alpha}{x_1+\rho\cos\alpha-x_2-\rho}$$

而中垂线的斜率为

$$k'=\frac{x_2+\rho-x_1-\rho\cos\alpha}{y_1+\rho\sin\alpha}$$

因此 $A'B'$ 的垂直平分线的方程为

$$y-\frac{y_1+\rho\sin\alpha}{2}=\frac{x_2+\rho-x_1-\rho\cos\alpha}{y_1+\rho\sin\alpha}\left(x-\frac{x_1+x_2+\rho+\rho\cos\alpha}{2}\right)$$

整理得

$$2(x_2-x_1)x-2y_1y-(x_1^2-x_2^2-y_1^2)+$$
$$\rho[2(1-\cos\alpha)x-2\sin\alpha\cdot y-2(x_2-x_1\cos\alpha-y_1\sin\alpha)]=0$$

其中 ρ 是任意常数.此方程是过直线

$$2(1-\cos\alpha)x-2\sin\alpha\cdot y-2(x_2-x_1\cos\alpha-y_1\sin\alpha)=0$$

与直线

$$2(x_2-x_1)x-2y_1y-(x_1^2-x_2^2-y_1^2)=0$$

的交点的直线束,所以 $A'B'$ 的垂直平分线过一定点.

19. 三条定直线 OA,OB,OC 交于一点 O,一个三角形的三个顶点分别在这三条定直线上移动,若其两条边分别过定点,则余下的一条边也过定点,试证之.

[分析] $\triangle ABC$ 的三个顶点 A,B,C 在三条定直线上移动,可以任意移动的只有一个顶点,例如点 C.点 C 由一个参数(例如题解中的 a)决定,因此 AB 是含一个参数的直线族.以下就是把此直线族方程化为直线束的形式,从问题的结论来看这是一定能做到的,当然不是说含一个参数的直线族都是直线束.

[证] 如图1.11,取两条定直线 OA,OB 为坐标轴,三角形的两个顶点 A,B 在其上移动.设第三个顶点 C 在方程 $y=kx$ 所决定的定直线 OC 上移动,又设两个定点的坐标分别为 (x',y'),(x'',y'').若设第三个顶点 C 在任意位置的坐标为 $x=a,y=kx$,则 AC 的方程为

25

$$(x'-a)y-(y'-ka)x+a(y'-kx')=0$$

同样，BC 的方程为

$$(x''-a)y-(y''-ka)x+a(y''-kx'')=0$$

在 AC 的方程中，令 $x=0$ 得截距 OA 为 $y=-\dfrac{a(y'-kx')}{x'-a}$，同样，在 BC 的方程中，令 $y=0$ 得截距

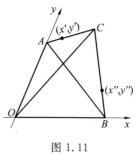

图 1.11

OB 为 $x=\dfrac{a(y''-kx'')}{y''-ka}$，由此按截距式得 AB 的方程为

$$x\,\frac{y''-ka}{y''-kx''}-y\,\frac{x'-a}{y'-kx'}=a$$

此方程还可改写成

$$\frac{y''}{y''-kx''}x-\frac{x'}{y'-kx'}y-a\left(\frac{kx}{y''-kx''}-\frac{y}{y'-kx'}+1\right)=0$$

这是过两条直线

$$\frac{y''}{y''-kx''}x-\frac{x'}{y'-kx'}y=0$$

和

$$\frac{k}{y''-kx''}x-\frac{1}{y'-kx'}y+1=0$$

的交点的直线束，a 相当于 (2.21) 中的 λ．

20. 三角形各外角的平分线和对边的交点共线，试证之．

［证］　对于原点在三角形内部的任意直角坐标系，设三边所在直线的方程的法线式分别为

$$N_1=0 \qquad\qquad (1)$$

$$N_2=0 \qquad\qquad (2)$$

$$N_3=0 \qquad\qquad (3)$$

则对应于各边的角的外角，其平分线的方程分别为

$$N_2+N_3=0 \qquad\qquad (1')$$

$$N_3+N_1=0 \qquad\qquad (2')$$

$$N_1+N_2=0 \qquad\qquad (3')$$

现考虑

$$N_1+N_2+N_3=0 \qquad\qquad (4)$$

所表示的直线．式（4）是通过式（1）和式（1′）的交点，或式（2）和式（2′）的交点，或式（3）和式（3′）的交点的任何一条直线，所以式（4）是通过以上三点的直线，

因此三个交点共线.

21.通过定点$(a,0)$的直线斜率是通过定点$(-a,0)$的直线斜率的二倍,问两条直线交点的轨迹如何?

[解]　设两条直线的交点为$M(x,y)$,则点M与点$(a,0)$决定的直线斜率为

$$k_1 = \frac{y-0}{x-a} = \frac{y}{x-a}$$

点M与点$(-a,0)$决定的直线斜率为

$$k_2 = \frac{y-0}{x+a} = \frac{y}{x+a}$$

因为$k_1 = 2k_2$,所以

$$\frac{y}{x-a} = \frac{2y}{x+a}$$

即

$$xy + ay = 2xy - 2ay$$

即
$$y(x-3a) = 0$$

这是$y=0$① 及 $x=3a$ 两条直线,但$(a,0)$,$(-a,0)$除外.

22.求到两定点A,B的距离平方之差等于常数k^2的点P的轨迹.

[解]　取过点A,B的直线为x轴,AB的中点为原点,设A,B的坐标分别为$(a,0)$,$(-a,0)$.

若$P(x,y)$是满足条件的点,则

$$PA^2 - PB^2 = \pm k^2 \tag{1}$$

$$[(x-a)^2 + y^2] - [(x+a)^2 + y^2] = \pm k^2$$

即
$$-4ax = \pm k^2$$

所以

$$x = \frac{k^2}{4a} \text{ 及 } x = -\frac{k^2}{4a} \tag{2}$$

这是两条与y轴平行的直线.

23.求三角形内部到三边距离之和为定值的点的轨迹方程.

[解]　取坐标原点在三角形内部,设三边所在直线的方程分别为

$$x\cos \alpha_1 + y\sin \alpha_1 = p_1$$

---

① 有时把相重合的两条直线看作相交的直线.

$$x\cos\alpha_2 + y\sin\alpha_2 = p_2$$
$$x\cos\alpha_3 + y\sin\alpha_3 = p_3$$

又设 $P(\xi,\eta)$ 为适合条件的点,点 P 到各边的距离分别为 $\delta_1,\delta_2,\delta_3$,则有

$$\delta_1 + \delta_2 + \delta_3 = k(\text{常数})$$

因为原点在三角形内部,所以[①]

$$\delta_1 = p_1 - \xi\cos\alpha_1 - \eta\sin\alpha_1$$
$$\delta_2 = p_2 - \xi\cos\alpha_2 - \eta\sin\alpha_2$$
$$\delta_3 = p_3 - \xi\cos\alpha_3 - \eta\sin\alpha_3$$

即有

$$p_1 + p_2 + p_3 - \xi(\cos\alpha_1 + \cos\alpha_2 + \cos\alpha_3) -$$
$$\eta(\sin\alpha_1 + \sin\alpha_2 + \sin\alpha_3) = k$$

因此所求轨迹的方程为

$$(\cos\alpha_1 + \cos\alpha_2 + \cos\alpha_3)x + (\sin\alpha_1 + \sin\alpha_2 + \sin\alpha_3)y -$$
$$p_1 - p_2 - p_3 + k = 0$$

这是关于 x,y 的一次式,表示直线.

24. 和三角形底边平行[②]的任意直线,被其他两条边及其延长线所截得的线段的中点的轨迹为过三角形顶点的直线,试证之.

[证] 取底边 BC 在 x 轴上,中线 AO 在 y 轴上(图 1.12),设 $A(0,b)$,$B(-a,0)$,$C(a,0)$,且 $O(0,0)$,设直线 L 为平行于底边的任意直线,其方程为 $y = k(-\infty < k < +\infty)$,则 AB 的方程为

$$\frac{y}{b} - \frac{x}{a} = 1$$

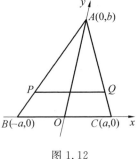

图 1.12

AC 的方程为

$$\frac{x}{a} + \frac{y}{b} = 1$$

L 与 AC,AB 的交点分别为

$$Q\left(\left(1 - \frac{k}{b}\right)a, k\right)$$

28

---

① 这个证明请参看直线的法线式推导过程.

② 在解析几何里为了叙述方便,规定两条直线重合是两条直线平行的特殊情况.

$$P\left(\left(\frac{k}{b}-1\right)a,k\right)$$

则 PQ 的中点为 $M(0,k)$①,所以点 M 在 y 轴上,因此这样的中点的轨迹在 y 轴上,是三角形底边 BC 上的中线 OA.

25.已知两条定直线 OA 与 OB 及第三条定直线 OC,引任意直线 AB 与 OC 平行且与 OA,OB 分别交于点 A,B,又点 P 将按已知比 λ 分割 $AP=\lambda\cdot AB$,求点 P 的轨迹方程.

[解法一] 用平面直角坐标系解题.取 OA 在 x 轴上,过点 O 作 y 轴垂直于 OA;设 OC 与 y 轴不平行,则其方程为 $y=k_2x$,OB 的方程为 $y=k_1x$.依题意,直线 AB 的方程为 $y=k_2x+b(-\infty<b<+\infty)$.此直线与 x 轴的交点为 $A\left(-\frac{b}{k_2},0\right)$,与直线 OB 的交点为 $B\left(\frac{b}{k_1-k_2},\frac{k_1b}{k_1-k_2}\right)$.因为 $AP=\lambda\cdot AB$ 和

$\dfrac{AP}{PB}=\dfrac{\lambda}{1-\lambda}$ 等价,所以分点 $P(x,y)$ 的坐标为

$$\begin{cases} x=\dfrac{b[-(1-\lambda)k_1+k_2]}{k_2(k_1-k_2)} \\ y=\dfrac{\lambda k_1 b}{k_1-k_2} \end{cases} \quad (-\infty<b<+\infty)$$

$$\frac{y}{x}=\frac{\lambda k_1 k_2}{-(1-\lambda)k_1+k_2}$$

即所求轨迹为过原点的直线.

如果 OC 平行于 y 轴,那么与下面的解法二相同.

[解法二] 取 OA,OC 为轴(一般为斜交轴),设 OB 的方程为 $y=mx$,因为点 B 在 OB 上,所以其纵坐标是横坐标的 m 倍,即 $AB=m\cdot OA$,因此

$$AP=\lambda\cdot(m\cdot OA)=m\cdot\lambda\cdot OA$$

然而,PA 及 OA 就是点 P 的坐标,所以其轨迹是通过原点的直线 $y=m\lambda x$.

26.在定角 $\angle AOB$ 的各边上取 A,B 两点,且 OA 与 OB 的和为定值 $k(k>0)$ 时,求将 AB 分为 $\lambda:1$ 的点的轨迹方程.

[解] 设 OA 所在直线为 x 轴,OB 所在直线为 y 轴,$OA=m$,因为 $OA+OB=k$,所以 $OB=k-m(0\leqslant m\leqslant k)$.由于 $A(m,0)$,$B(0,k-m)$,设将 AB 分为 $\lambda:1$ 的点为 $M(x,y)$,则

---

① 当 $k=b$ 时,P,Q 重合,按习惯规定其中点就是它自己.

$$x = \frac{m}{1+\lambda} \tag{1}$$

$$y = \frac{\lambda(k-m)}{1+\lambda} \quad (0 \leqslant m \leqslant k) \tag{2}$$

由式(1)和式(2)联立消去 m 得

$$\lambda x + y = \frac{k\lambda}{1+\lambda} \tag{3}$$

当 m 从 0 变到 k 时, x 从 0 变到 $\frac{k}{1+\lambda}$. 这条直线是分点 M 的轨迹. 因此所求的轨迹是一条线段, 其两端点分别为 $\left(0, \frac{\lambda k}{1+\lambda}\right)$, $\left(\frac{k}{1+\lambda}, 0\right)$.

27. 设过 $\triangle ABC$ 的边 BC 的中点 O 引的直线与 AB, AC 的交点分别为点 D, E, 求 CD, BE 的交点的轨迹方程.

［解］ 取点 O 为原点, BC 在 x 轴上, BC 的中垂线为 y 轴. 设 $A(a, b)$, $B(-c, 0)$, $C(c, 0)$, 则 AB 的方程为

$$y = \frac{b}{a+c}(x+c)$$

AC 的方程为

$$y = \frac{b}{a-c}(x-c)$$

设 DE 的方程为 $y = kx (-\infty < k < +\infty)$, 则 AB, DE 的交点 D 为

$$D\left(\frac{bc}{k(a+c)-b}, \frac{kbc}{k(a+c)-b}\right)$$

AC, DE 的交点 E 为

$$E\left(\frac{bc}{k(c-a)+b}, \frac{kbc}{k(c-a)+b}\right)$$

直线 CD 的方程为

$$y = \frac{kb}{2b-k(a+c)}(x-c)$$

直线 BE 的方程为

$$y = \frac{kb}{2b+k(c-a)}(x+c)$$

CD, BE 的交点 P 为 $\left(\frac{1}{k}(2b-ka), b\right)$, 这里 k 是参数. 由 P 的坐标可知, 其横坐标可取任意值, 而纵坐标恒为 b, 这是过点 $(0, b)$ 且与 x 轴平行的直线. 此直线过点 $A(a, b)$, 所以 BE, CD 交点的轨迹是过点 A 与 BC 平行的直线.

28. 直线 g_1, g_2 与另一条平行于已给直线 g_3 的动直线相交于点 M_1, M_2, 过点 M_1, M_2 分别作 g_1, g_2 的垂线, 求这两条垂线的交点的轨迹方程.

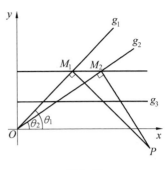

图 1.13

[解] 如图 1.13, 取 g_1, g_2 的交点为原点, 平行于 g_3 且过原点的直线为 x 轴; 过原点且与 x 轴垂直的直线为 y 轴. 设直线 $M_1 M_2$ 平行于 x 轴, 与 g_1, g_2 分别交于点 M_1, M_2, 其坐标分别为 $(x_1, y_1), (x_2, y_1)(-\infty < y_1 < +\infty)$. y_1 是标志动直线的参数, 所以, $k_1 x_1 = k_2 x_2$, 则过点 M_1, g_1 的垂线 g_1' 的方程为

$$y - y_1 = -\frac{1}{k_1}(x - x_1) \tag{1}$$

过点 M_2, g_2 的垂线 g_2' 的方程为

$$y - y_1 = -\frac{1}{k_2}(x - x_2) \tag{2}$$

由方程 (1)(2) 解得

$$x = \frac{k_1 + k_2}{k_1 \cdot k_2} y_1, \quad y = \frac{k_1 \cdot k_2 - 1}{k_1 \cdot k_2} y_1$$

这是交点 P 的坐标 (y_1 是参数), 即所求轨迹的参数方程, 从中消去 y_1, 得

$$y = \frac{k_1 \cdot k_2 - 1}{k_1 + k_2} x$$

这是过原点的直线.

29. 设 $\triangle ABC$ 为已知三角形, 直线 $A'B'$ 平行于 AB 移动, 并且与 AC 及 BC 的交点分别为 A', B', 求 AB' 和 BA' 的交点 P 的轨迹方程.

[解] 取三角形的顶点 C 为原点, CA 在 x 轴上, $CA = a$. 设点 B 的坐标为 (b, c), $A'B' /\!/ AB$, $CA' = \frac{a}{\lambda}(\lambda \neq 0)$[①], $CA' : A'A = \frac{a}{\lambda} : \frac{\lambda - 1}{\lambda} a = 1 : (\lambda - 1)$, $CB' : B'B = 1 : (\lambda - 1)$, 所以 B' 的坐标为 $\left(\frac{b}{\lambda}, \frac{c}{\lambda}\right)$.

直线 $A'B$ 的方程为

① 当 $\lambda = \pm\infty$ 时, 规定 $A' = C$. 令 $CA' = \lambda a$ 也可以.

$$y = \frac{c}{b - \dfrac{a}{\lambda}}\left(x - \frac{a}{\lambda}\right) \tag{1}$$

直线 AB' 的方程为

$$y = \frac{\dfrac{c}{\lambda}}{\dfrac{b}{\lambda} - a}(x - a) \tag{2}$$

解式(1)与式(2)得

$$x = \frac{a+b}{1+\lambda}, y = \frac{c}{1+\lambda} \quad (\lambda \neq 0)$$

所以

$$\frac{y}{x} = \frac{c}{a+b}$$

即

$$y = \frac{c}{a+b}x$$

设 CQ 是以 CB，CA 为两边的平行四边形 $CBQA$ 的对角线，所求直线是通过 CQ 的直线，但不含 CQ 的中点.

30. 求内接于已知三角形的矩形的中心的轨迹方程.

［解］ 如图 1.14，取底边 AB 在 x 轴上，边 AB 上的高 CR 在 y 轴上，设 $CR = p$，$RB = l$，$AR = l'$，则直线 AC，BC 的方程分别为

$$\frac{y}{p} - \frac{x}{l'} = 1 \tag{1}$$

及

$$\frac{y}{p} + \frac{x}{l} = 1 \tag{2}$$

设 $FKLS$ 是内接于 $\triangle ABC$ 的矩形，$FS /\!/ AB$，$FK = \lambda(0 < \lambda < p)$，不同的 λ 表示不同的矩形，则 F，S 两点的纵坐标均为 λ，其横坐标为 x，在式(1)和式(2)中，令 $y = \lambda$，则可分别求得

$$x = -l'\left(1 - \frac{\lambda}{p}\right) \text{ 及 } x = l\left(1 - \frac{\lambda}{p}\right)$$

即点 F，S 的坐标分别是 $F\left(-l'\left(1 - \dfrac{\lambda}{p}\right), \lambda\right)$，$S\left(l\left(1 - \dfrac{\lambda}{p}\right), \lambda\right)$，则 FS 的中点坐

标是 $\left(\dfrac{l-l'}{2}\left(1-\dfrac{\lambda}{p}\right),\lambda\right)$，而矩形 $FKLS$ 的中心 O 的坐标是 $x=\dfrac{l-l'}{2}\left(1-\dfrac{\lambda}{p}\right)$，

$y=\dfrac{\lambda}{2}(0<\lambda<p)$. 当 $\lambda=0$ 时得端点 $\left(\dfrac{l-l'}{2},0\right)$，当 $\lambda=p$ 时得另一端点 $\left(0,\dfrac{p}{2}\right)$，

消去 λ，得 x,y 之间的关系式为

$$\frac{2x}{l-l'}+\frac{2y}{p}=1$$

故所求轨迹为联结高 RC 的中点和底边 BC 的中点的线段.

31. 有一平行四边形，其四个顶点分别在已知四边形的各个边上，且每组对边分别平行于已知四边形的对角线，求此平行四边形的中心轨迹方程.

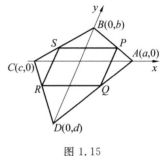

图 1.15

[解]　取直线 AC 为 x 轴，直线 BD 为 y 轴（图 1.15），设各顶点为 $A(a,0),B(0,b),C(c,0)$，$D(0,d)$，则：

AB 的方程为

$$bx+ay-ab=0$$

BC 的方程为

$$bx+cy-bc=0$$

CD 的方程为

$$dx+cy-cd=0$$

DA 的方程为

$$dx+ay-ad=0$$

取 $PQ /\!/ y$ 轴，设其方程为 $x=\lambda(0<\lambda<a)$，有

$$P\left(\lambda,\frac{ab-b\lambda}{a}\right),Q\left(\lambda,\frac{ad-d\lambda}{a}\right)$$

$$S\left(\frac{c}{a}\lambda,\frac{ab-b\lambda}{a}\right),R\left(\frac{c}{a}\lambda,\frac{ad-d\lambda}{a}\right)$$

可见四边形 $PQRS$ 是平行四边形. 此四边形的中心即 PR 的中点为

$$x=\frac{a+c}{2a}\lambda$$

$$y=\frac{1}{2}\left(b+d-\frac{b+d}{a}\lambda\right)=\frac{b+d}{2}\left(1-\frac{\lambda}{a}\right)$$

其中 $0<\lambda<a$，这是所求轨迹的参数方程，消去参数得

$$\frac{x}{\frac{a+c}{2}} + \frac{y}{\frac{b+d}{2}} = 1$$

它是通过 AC, BD 的中点的线段.

32. 如图 1.16, PP' 及 QQ' 是平行于平行四边形的边的任意两条直线, 求直线 PQ 及 $P'Q'$ 的交点的轨迹方程.

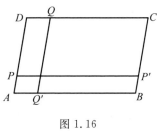

图 1.16

[解] 以平行四边形的两条边为轴, 并设边长分别为 a, b, 又设 $AQ' = m, AP = n(-\infty < m, n < +\infty)$, 则联结 $P(0, n), Q(m, b)$ 的直线 PQ 的方程为

$$(b-n)x - my + mn = 0 \tag{1}$$

联结 $P'(a, n), Q'(m, 0)$ 的直线 $P'Q'$ 的方程为

$$nx - (a-m)y - mn = 0 \tag{2}$$

将方程 (1)(2) 的左端相加, 消去 m, n, 得轨迹方程为

$$bx - ay = 0$$

这是平行四边形对角线的方程.

33. 将直线的极坐标方程 $\rho = \dfrac{p}{\cos(\theta - \alpha)}$ 化为直角坐标方程.

答: $x\cos\alpha + y\sin\alpha = p$.

34. 将直角坐标方程 $Ax + By + C = 0$ 化为极坐标方程.

答: $\rho = \dfrac{-C}{A\cos\theta + B\sin\theta} = -\dfrac{C}{\sqrt{A^2+B^2}\cos(\theta - \alpha)}$.

35. 在极坐标系中求通过两点 $(1, 0), \left(-2, \dfrac{\pi}{3}\right)$ 的直线方程.

答: $\cos\alpha = \dfrac{\sqrt{3}}{\sqrt{7}}, \sin\alpha = \dfrac{2}{\sqrt{7}}, \rho = \dfrac{\sqrt{3}}{\sqrt{7}}$.

所求直线方程为 $\rho\left(\cos\theta - \dfrac{2}{\sqrt{3}}\sin\theta\right) = 1$.

36. A 与 B 为两个定点, 过点 B 引任意直线, 由点 A 向它引垂线 AP, 延长 AP 到点 Q, 使 AP, AQ 之积为定值, 求点 Q 的轨迹方程.

[解] 取 A 为极点, AB 为极轴, 极半径 AQ 用 ρ 表示, 取 $\angle QAB = \theta$, 设定长 $AB = c$, 在 $\mathrm{Rt}\triangle ABC$ 中, $AP = c \cdot \cos\theta$, 由题设, $AP \cdot AQ = k^2$ (定值), 所以

$$c\rho\cos\theta = k^2$$

即

$$\rho\cos\theta = \frac{k^2}{c} \tag{1}$$

这是点 A 到垂直于 AB 的直线的距离.

注:不熟悉极坐标方程的读者,可通过 $x = \rho\cos\theta$,令式(1)为直角坐标方程 $x = \dfrac{k^2}{c}$,再观察.

37. 正 $\triangle ABC$ 的一个顶点 A 固定,顶点 B 在一条定直线 l 上运动,求顶点 C 的轨迹方程.

［解］ 取点 A 为极点,从点 A 向直线 l 引垂线,Ax 为极轴(图 1.17),设点 C 的坐标为 (ρ, θ),AC 在 AB 的逆时针方向,p 为从点 A 到定直线 l 的距离,则有

$$AB\cos\left(\theta - \frac{\pi}{3}\right) = p$$
$$AB = \rho > 0$$

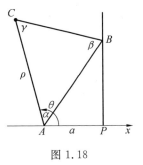

图 1.17

所以

$$\rho\cos\left(\theta - \frac{\pi}{3}\right) = p$$

同理,当 AC 在 AB 的顺时针方向时,可得

$$\rho\cos\left(\theta + \frac{\pi}{3}\right) = p$$

这是两条直线的方程.

38. 设三角形的三个内角为已知,其一顶点 A 固定,另一顶点 B 在一条定直线上滑动,求第三个顶点的轨迹方程.

［解］ 如图 1.18,取顶点 A 为极点,由点 A 向定直线引的垂线 AP 为极轴,并设 $AP = a$,$AC = \rho$,$\angle CAP = \theta$,角 A,B,C 分别为 α,β,γ,则 $\angle BAP = \theta - \alpha$. 因为三个内角固定,所以可设 AB 和 AC 的比为定值 m,因为

$$AP = AB\cos\angle BAP$$

所以

$$m\rho\cos(\theta - \alpha) = a$$

这是与已知直线成 α 角,到点 A 的距离为 $\dfrac{a}{m}$ 的直线方程.

39. 通过定点 O 引直线，设与三条定直线的交点分别为 P_1, P_2, P_3，在直线上取一点 Q，使之满足 $\dfrac{3}{OQ} = \dfrac{1}{OP_1} + \dfrac{1}{OP_2} + \dfrac{1}{OP_3}$，求点 Q 的轨迹方程.

〔解〕 在以点 O 为原点的极坐标系中，设三条定直线的方程为
$$\rho\cos(\theta - \alpha_i) = p_i \quad (i = 1, 2, 3)$$
其中 α_i, p_i 是常数. 如果考虑过点 O 与极轴成 θ 角的直线，那么
$$\frac{1}{OP} = \frac{1}{p_i}\cos(\theta - \alpha_i) = \frac{1}{p_i}(\cos\theta\cos\alpha_i + \sin\theta\sin\alpha_i)$$
$$\sum_{i=1}^{3}\frac{1}{OP} = \cos\theta\sum_{i=1}^{3}\frac{\cos\alpha_i}{p_i} + \sin\theta\sum_{i=1}^{3}\frac{\sin\alpha_i}{p_i}$$

所以，当
$$\sum_{i=1}^{3}\frac{\cos\alpha_i}{p_i} = \sum_{i=1}^{3}\frac{\sin\alpha_i}{p_i} = 0$$

时，点 Q 不存在；在其他时候，设 $A = \sum_{i=1}^{3}\dfrac{\cos\alpha_i}{p_i}$，$B = \sum_{i=1}^{3}\dfrac{\sin\alpha_i}{p_i}$，则这个式子的右边可以写成的形式为
$$\frac{1}{a}\cos(\theta - \alpha) \quad \left(a = \frac{1}{\sqrt{A^2 + B^2}}, \tan\alpha = \frac{B}{A}\right)$$

所以 $Q(\rho, \theta)$ 的轨迹方程为
$$\frac{3}{\rho} = \frac{1}{a}\cos(\theta - \alpha)$$
即
$$\rho\cos(\theta - \alpha) = p \quad (p = 3a)$$
是直线.

注：$A\cos\theta + B\sin\theta = \sqrt{A^2 + B^2}\left(\dfrac{A}{\sqrt{A^2 + B^2}}\cos\theta + \dfrac{B}{\sqrt{A^2 + B^2}}\sin\theta\right)$.

令 $\dfrac{A}{\sqrt{A^2 + B^2}} = \cos\alpha$，$\dfrac{B}{\sqrt{A^2 + B^2}} = \sin\alpha$，则得

$$A\cos\theta + B\sin\theta = \sqrt{A^2 + B^2}\cos(\theta - \alpha)$$

第 2 章　　二次曲线

2.1　圆

提　　要

Ⅰ　圆的标准方程

圆心在 (a,b)，半径为 r 的圆的方程是

$$(x-a)^2+(y-b)^2=r^2 \tag{1.1}$$

特别是，如果 $a=0,b=0$，即圆心在坐标原点，那么方程变为

$$x^2+y^2=r^2 \tag{1.2}$$

如果点 $M(x_1,y_1)$ 在圆的外部，那么有

$$(x_1-a)^2+(y_1-b)^2>r^2 \tag{1.3}$$

如果点 $M(x_1,y_1)$ 在圆的内部，那么有

$$(x_1-a)^2+(y_1-b)^2<r^2 \tag{1.4}$$

Ⅱ　圆的一般方程

对于一般的二次方程

$$Ax^2+Bxy+Cy^2+Dx+Ey+F=0 \tag{1.5}$$

如果坐标的平方项的系数相等，且没有坐标的乘积项，即 $B=0,A=C\neq0$，那么方程表示圆.

因此，圆的一般方程是

$$x^2+y^2+Dx+Ey+F=0 \tag{1.6}$$

经过配方，得到：

(1) 如果 $D^2+E^2-4F>0$，方程 (1.6) 表示一个圆，它的圆心为

37

$\left(-\dfrac{D}{2},-\dfrac{E}{2}\right)$，半径为 $r=\dfrac{1}{2}\sqrt{D^2+E^2-4F}$；

（2）如果 $D^2+E^2-4F=0$，那么方程表示一点 $\left(-\dfrac{D}{2},-\dfrac{E}{2}\right)$，我们称它为点圆，或表示两条虚直线

$$x+\frac{D}{2}+\mathrm{i}\left(y+\frac{E}{2}\right)=0$$

或

$$x+\frac{D}{2}-\mathrm{i}\left(y+\frac{E}{2}\right)=0$$

（3）如果 $D^2+E^2-4F<0$，那么方程(1.6)表示半径为虚数的圆，或者说表示虚圆. 这时坐标平面上没有图形满足方程(1.6).

Ⅲ 圆的切线和法线

若 $P_1(x_1,y_1)$ 是圆

$$(x-a)^2+(y-b)^2=r^2$$

上的一点，则过此点的圆的切线方程为

$$(x_1-a)(x-a)+(y_1-b)(y-b)=r^2 \tag{1.7}$$

特别地，当圆心在坐标原点时，切线方程变为

$$x_1x+y_1y=r^2 \tag{1.8}$$

若已知圆

$$x^2+y^2=r^2$$

的切线斜率为 k，则这个圆的切线方程是

$$y=kx\pm r\sqrt{k^2+1} \tag{1.9}$$

若 $P_1(x_1,y_1)$ 是圆

$$x^2+y^2=r^2$$

上的一点，则过这点的法线方程为

$$y=\frac{y_1}{x_1}x \tag{1.10}$$

Ⅳ 切线长与根轴

设 $P(x_1,y_1)$ 是圆

$$(x-a)^2+(y-b)^2=r^2$$

外的一点，从点 P 向这个圆引切线，则切线长

$$t = \sqrt{(x_1 - a)^2 + (y_1 - b)^2 - r^2} \qquad (1.11)$$

如果圆的方程是

$$x^2 + y^2 + Dx + Ey + F = 0$$

那么切线长公式变为

$$t = \sqrt{x_1^2 + y_1^2 + Dx_1 + Ey_1 + F} \qquad (1.12)$$

两个圆的根轴是直线,这条直线上的任何一点到两圆的切线长都相等.

若

$$C_1 : x^2 + y^2 + D_1 x + E_1 y + F_1 = 0$$
$$C_2 : x^2 + y^2 + D_2 x + E_2 y + F_2 = 0$$

则根轴方程为

$$(D_1 - D_2)x + (E_1 - E_2)y + F_1 - F_2 = 0 \qquad (1.13)$$

当两圆相交时,根轴是它们的公共弦,当两圆相切时,根轴是它们的公切线.

V 极点与极线

如图 2.1,设 $P'(x', y')$ 是圆

$$x^2 + y^2 = r^2$$

外的一点,点 $P_1(x_1, y_1)$ 是从 P' 向圆所作的切线与圆的交点,点 $P_2(x_2, y_2)$ 是从 P' 向圆所作的另一条切线与圆的交点,则联结切点 P_1, P_2 的弦 $P_1 P_2$ 的方程为

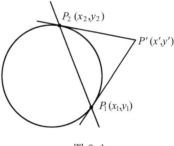

图 2.1

$$xx' + yy' = r^2 \qquad (1.14)$$

直线 $xx' + yy' = r^2$ 称为点 (x', y') 关于圆 $x^2 + y^2 = r^2$ 的极线,而点 (x', y') 称为极线的极.

VI 圆束

设有相交的两个圆

$$C_1 : x^2 + y^2 + D_1 x + E_1 y + F_1 = 0$$
$$C_2 : x^2 + y^2 + D_2 x + E_2 y + F_2 = 0$$

经过 C_1 和 C_2 两圆交点的圆束方程是

$$x^2 + y^2 + D_1 x + E_1 y + F_1 + \lambda(x^2 + y^2 + D_2 x + E_2 y + F_2) = 0 \qquad (1.15)$$

当 $\lambda = -1$ 时变为一条直线(半径为 ∞ 的圆)

$$(D_1 - D_2)x + (E_1 - E_2)y + (F_1 - F_2) = 0 \qquad (1.16)$$

这是两圆的根轴方程.

Ⅶ 反演

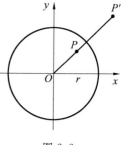

图 2.2

如图 2.2,在 OP 上或 OP 的延长线上取点 P',如满足

$$OP \cdot OP' = r^2 \qquad (1.17)$$

时的点对应 $P \to P'$ 叫作反演. 设点 $P(x,y)$ 在反演 (1.17) 之下变为点 $P'(X,Y)$,则

$$X = \frac{r^2 x}{x^2 + y^2}, Y = \frac{r^2 y}{x^2 + y^2}$$

或

$$x = \frac{r^2 X}{X^2 + Y^2}, y = \frac{r^2 Y}{X^2 + Y^2}$$

习 题

1. 一圆切直线 $l_1 : x - 6y - 10 = 0$ 于点 $P(4,-1)$,且圆心在直线 $l_2 : 5x = 3y$ 上,求这个圆的方程.

〔解〕 过点 $P(4,-1)$ 垂直于直线 $x - 6y - 10 = 0$ 的直线方程是 $6x + y = 23$.圆心在直线 $5x - 3y = 0$ 和 $6x + y = 23$ 的交点上,解方程组

$$\begin{cases} 5x - 3y = 0 \\ 6x + y = 23 \end{cases}$$

得 $\qquad\qquad x = 3, y = 5$

而 $\qquad\qquad r^2 = (3-4)^2 + (5+1)^2 = 37$

因此得到所求圆的方程为

$$(x-3)^2 + (y-5)^2 = 37$$

2. 三角形的三边的方程各为 $4x + 3y - 12 = 0, y - 2 = 0$ 及 $x - 10 = 0$,求这个三角形的内切圆的方程.

〔解〕 三角形的内切圆的圆心在内角平分线的交点(即内心)上,而半径为从内心到三边中任一边的距离,先求 $\angle A$ 的平分线,得

$$\frac{4x + 3y - 12}{\sqrt{4^2 + 3^2}} = -\frac{y - 2}{1} ①$$

化简得

$$2x + 4y - 11 = 0 \qquad\qquad (1)$$

$\angle B$ 的平分线为

$$x - y - 8 = 0 \qquad\qquad (2)$$

解方程组(1)(2),得内心

$$\begin{cases} x = \dfrac{43}{6} \\ y = -\dfrac{5}{6} \end{cases}$$

所以圆心为 $\left(\dfrac{43}{6}, -\dfrac{5}{6} \right)$,半径为 $r = \left| -\dfrac{5}{6} - 2 \right| = \dfrac{17}{6}$,所求圆的方程为

$$\left(x - \frac{43}{6} \right)^2 + \left(y + \frac{5}{6} \right)^2 = \left(\frac{17}{6} \right)^2$$

3. 求圆心为 $(5,4)$,而内切于圆 $x^2 + y^2 - 6x - 8y = 24$ 的圆的方程.

〔解〕 两圆内切时,两圆圆心的距离应等于两圆半径之差. 设要求的圆的半径为 r,圆 $x^2 + y^2 - 6x - 8y = 24$ 的圆心为 $(3,4)$,半径为 7,所以有

$$7 - r = \sqrt{(5-3)^2 + (4-4)^2}$$

所以

$$r = 5$$

所要求的圆的方程为

$$(x - 5)^2 + (y - 4)^2 = 5^2$$

4. 设以 $C_1(a_1, b_1)$,$C_2(a_2, b_2)$ 为圆心,r_1 和 r_2 为半径的两个圆有公共点 P,证明

$$\cos \angle C_1 P C_2 = \frac{r_1^2 + r_2^2 - \left[(a_1 - a_2)^2 + (b_1 - b_2)^2 \right]}{2 r_1 r_2}$$

($\angle C_1 P C_2$ 叫作两个圆的夹角,当 $\angle C_1 P C_2 = \pi$ 时,两个圆外切;当 $\angle C_1 P C_2 = 0$ 时,两个圆内切;又当 $\angle C_1 P C_2 = \dfrac{\pi}{2}$ 时,称这两个圆垂直).

〔证〕 根据余弦定理

41

---

① 设内心 P 的坐标为 (x, y),因 P 和原点 O 分布在 AC 的两侧(画出三角形看),故从 P 到 AC 的距离为 $\dfrac{|4x + 3y - 12|}{\sqrt{4^2 + 3^2}} = \dfrac{4x + 3y - 12}{\sqrt{4^2 + 3^2}}$.

$$\cos \angle C_1 P C_2 = \frac{r_1^2 + r_2^2 - C_1 C_2^2}{2 r_1 r_2} = \frac{r_1^2 + r_2^2 - [(a_1 - a_2)^2 + (b_1 - b_2)^2]}{2 r_1 r_2}$$

5. 两个圆 $x^2 + y^2 + 2a_i x + 2b_i y + c_i = 0 (i = 1, 2)$ 相交,设夹角为 θ,则 $\cos \theta = \dfrac{2a_1 a_2 + 2b_1 b_2 - c_1 - c_2}{2\sqrt{(a_1^2 + b_1^2 - c_1)(a_2^2 + b_2^2 - c_2)}}$,试证之.

[证] 设两个圆的圆心分别为 O_1, O_2,一交点为 P,$O_1 P, O_2 P$ 分别垂直于圆 O_1, O_2 的切线,因此 $O_1 P, O_2 P$ 交成的角,与在点 P 的两条切线的适当方向成的角相等.根据三角法的余弦定理,有

$$2 O_1 P \cdot O_2 P \cos \theta = O_1 P^2 + O_2 P^2 - O_1 O_2^2$$

两个圆的圆心坐标为 $O_1(-a_1, -b_1), O_2(-a_2, -b_2)$,所以

$$O_1 O_2^2 = (a_1 - a_2)^2 + (b_1 - b_2)^2$$

两个圆的半径为

$$O_1 P^2 = a_1^2 + b_1^2 - c_1, O_2 P^2 = a_2^2 + b_2^2 - c_2$$

所以

$$O_1 P^2 + O_2 P^2 - O_1 O_2^2 = 2a_1 a_2 + 2b_1 b_2 - c_1 - c_2$$

$$\cos \theta = \frac{2a_1 a_2 + 2b_1 b_2 - c_1 - c_2}{2\sqrt{(a_1^2 + b_1^2 - c_1)(a_2^2 + b_2^2 - c_2)}}$$

6. 求两个圆 $(x - a_1)^2 + (y - b_1)^2 = r_1^2$ 和 $(x - a_2)^2 + (y - b_2)^2 = r_2^2$ 垂直(即相交成直角)的条件.

[解法一] 若两个圆垂直,则过两个圆交点的两条切线互相垂直,从而连心线和过切点的半径成直角三角形,所以

$$(\sqrt{(a_1 - a_2)^2 + (b_1 - b_2)^2})^2 = r_1^2 + r_2^2$$

即

$$(a_1 - a_2)^2 + (b_1 - b_2)^2 = r_1^2 + r_2^2$$

[解法二] 若两个圆垂直,则 $\angle C_1 P C_2 = \dfrac{\pi}{2}$,由题 4 得

$$\frac{r_1^2 + r_2^2 - [(a_1 - a_2)^2 + (b_1 - b_2)^2]}{2 r_1 r_2} = \cos \frac{\pi}{2} = 0$$

所以

$$(a_1 - a_2)^2 + (b_1 - b_2)^2 = r_1^2 + r_2^2$$

7. 求经过点 $(5, -4)$ 的圆,与已知两个圆 $(x - 3)^2 + y^2 = 24$ 和 $x^2 + (y + 1)^2 = 16$ 垂直.

[解] 设要求的圆的方程为 $(x - a)^2 + (y - b)^2 = r^2$. 这个圆经过点 $(5, -4)$,所以有

$$(5 - a)^2 + (-4 - b)^2 = r^2 \tag{1}$$

又根据上一道题两个圆垂直的条件,有

$$(a-3)^2 + b^2 = r^2 + 24 \tag{2}$$
$$a^2 + (b+1)^2 = r^2 + 16 \tag{3}$$

由式(1)(2)(3),解得

$$a = 2, b = -6, r^2 = 13$$

所以所求圆的方程为

$$(x-2)^2 + (y+6)^2 = 13$$

8.用解析法证明圆周上一点至直径的垂线,分直径成两条线段,而此条垂线为两条线段的比例中项.

[证] 取 x 轴为直径,坐标原点在圆心,设 (x, y) 为圆 $x^2 + y^2 = a^2$ 上任意一点,则 (x, y) 至 x 轴的垂线长为 y,而此垂足分直径为 $a+x$ 和 $a-x$ 两部分.由圆的方程

$$x^2 + y^2 = a^2$$

有

$$y^2 = a^2 - x^2 = (a+x)(a-x)$$

所以 y 为 $a+x$ 和 $a-x$ 的比例中项.

9.证明:以 $P(x_1, y_1)$, $Q(x_2, y_2)$ 为直径两端的圆的方程是 $(x-x_1)(x-x_2) + (y-y_1)(y-y_2) = 0$.

[证] 设 $M(x, y)$ 是圆上任意一点,因为直径上的圆周角等于直角,所以

$$MP \perp MQ$$

即

$$\frac{y-y_1}{x-x_1} = -\frac{x-x_2}{y-y_2}$$

因此

$$(x-x_1)(x-x_2) + (y-y_1)(y-y_2) = 0$$

10.用解析法证明,通过三角形三条边中点的圆,必通过此三角形三条高之足,并等分各顶点至三条高交点的联结线(九点圆).

[证] 设三角形的三个顶点为 $(0,0)$, $(a,0)$, (b,c),则三条边的中点分别为 $\left(\dfrac{a}{2}, 0\right)$, $\left(\dfrac{b}{2}, \dfrac{c}{2}\right)$, $\left(\dfrac{a+b}{2}, \dfrac{c}{2}\right)$. 一个垂足为 $(b,0)$,其余两个垂足可从两条边的方程和相应的高的方程联立求得

$$\left(\frac{ab^2}{b^2+c^2}, \frac{abc}{b^2+c^2}\right), \left(\frac{ac^2}{c^2+(a^2+b^2)}, \frac{ac(a-b)}{c^2+(a-b)^2}\right)$$

再解三角形的两条高的方程式,可得垂心. 由此可求得垂心与三个顶点的中点分别为

$$\left(\frac{a+b}{2}, \frac{b(a-b)}{2c}\right), \left(b, \frac{b(a-b)+c^2}{2c}\right), \left(\frac{b}{2}, \frac{b(a-b)}{2c}\right)$$

以这九个点中任意三个点（比如 $\left(\dfrac{a}{2},0\right)$，$\left(\dfrac{b}{2},\dfrac{c}{2}\right)$，$\left(\dfrac{a+b}{2},\dfrac{c}{2}\right)$），求出圆的方程 $x^2+y^2-\dfrac{a+2b}{2}x+\dfrac{b^2-c^2-ab}{2c}y+\dfrac{ab}{2}=0$，然后把其余六个点代入，可看出适合此方程.

11. 设直线 $\dfrac{x}{a}+\dfrac{y}{b}=1$ 和圆 $x^2+y^2=r^2$ 相切，a,b,r 之间应满足什么关系？

［解法一］ 设直线和圆相切的切点为 (x_1,y_1)，则切线的方程为

$$\dfrac{x_1 x}{r^2}+\dfrac{y_1 y}{r^2}=1 \tag{1}$$

和 $\dfrac{x}{a}+\dfrac{y}{b}=1$ 表示同一切线的方程

$$\dfrac{1}{a}=\dfrac{x_1}{r^2},\ \dfrac{1}{b}=\dfrac{y_1}{r^2}$$

即

$$\dfrac{r}{a}=\dfrac{x_1}{r},\ \dfrac{r}{b}=\dfrac{y_1}{r}$$

所以

$$\dfrac{r^2}{a^2}+\dfrac{r^2}{b^2}=\dfrac{x_1^2}{r^2}+\dfrac{y_1^2}{r^2}=1$$

因此，a,b,r 之间应满足关系

$$\dfrac{1}{r^2}=\dfrac{1}{a^2}+\dfrac{1}{b^2} \tag{2}$$

［解法二］ 从圆心到切线的距离应等于半径，从原点（本问题的圆心）到切线 $\dfrac{x}{a}+\dfrac{y}{b}-1=0$ 的距离为

$$\dfrac{1}{\sqrt{\dfrac{1}{a^2}+\dfrac{1}{b^2}}}$$

故得

$$\dfrac{1}{\sqrt{\dfrac{1}{a^2}+\dfrac{1}{b^2}}}=r$$

整理得式（2）.

12. 若圆 $x^2+y^2=a^2$ 的切线与两个坐标轴所围成的三角形的面积为 a^2，求切线的方程.

［解法一］ 设切线的方程是 $\dfrac{x}{x_1}+\dfrac{y}{y_1}=1$，其中 x_1,y_1 分别是切线在 x 轴和

y 轴上的截距. 根据 11 题, 应有 $\dfrac{1}{x_1^2} + \dfrac{1}{y_1^2} = \dfrac{1}{a^2}$, 又 x_1, y_1 应满足方程 $\dfrac{1}{2} \mid x_1 y_1 \mid = a^2$, 所以解方程组

$$\begin{cases} \dfrac{1}{x_1^2} + \dfrac{1}{y_1^2} = \dfrac{1}{a^2} \\[3mm] \dfrac{1}{2} \mid x_1 y_1 \mid = a^2 \end{cases}$$

得
$$x_1 = \pm\sqrt{2}\,a, y_1 = \pm\sqrt{2}\,a$$

所以切线的方程为

$$x + y \pm \sqrt{2}\,a = 0$$

和
$$x - y \pm \sqrt{2}\,a = 0$$

[解法二]　设切线的方程为 $x_1 x + y_1 y = a^2$, 则截距分别为 $\dfrac{a^2}{x_1}, \dfrac{a^2}{y_1}$, 由题设

知 $\dfrac{1}{2}\,\dfrac{a^2}{\mid x_1 \mid} \cdot \dfrac{a^2}{\mid y_1 \mid} = a^2$, 即 $2 \mid x_1 y_1 \mid = a^2$, 然而 $x_1^2 + y_1^2 = a^2$, 解之得

$$x_1 = y_1 = \pm \dfrac{a}{\sqrt{2}}$$

所以切线的方程为

$$x + y \pm \sqrt{2}\,a = 0$$

和
$$x - y \pm \sqrt{2}\,a = 0$$

13. 从圆外一点引圆的割线, 与圆外部分长度的积, 等于这点向圆所引的切线长的平方, 试证之. (切割线定理)

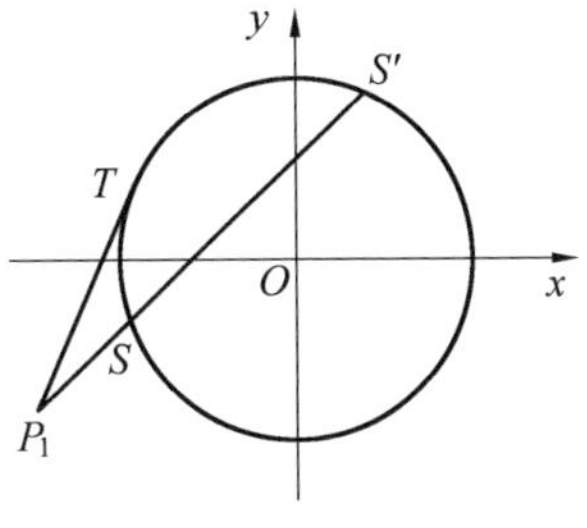

[证]　如图 2.3, 设圆的方程为
$$x^2 + y^2 = a^2 \qquad (1)$$
圆外一点为 $P_1(x_1, y_1)$, 过点 P_1 的任意一条直线的方程是

$$\begin{cases} x = x_1 + l\cos\alpha \\ y = y_1 + l\sin\alpha \end{cases} \qquad (2)$$

图 2.3

其中 α 是常数, l 是参数. 把式 (2) 中 x, y 的值代入式 (1), 整理得
$$l^2 + 2(x_1\cos\alpha + y_1\sin\alpha)l + (x_1^2 + y_1^2 - a^2) = 0$$
此方程的两个根 l_1, l_2 是 P_1 到圆周的两条线段的长, 即 $P_1 S = l_1, P_1 S' = l_2$. 由二次方程根与系数的关系有

$$P_1 S \cdot P_1 S' = l_1 \cdot l_2 = x_1^2 + y_1^2 - a^2 \tag{3}$$

又从 P_1 向圆所作切线长的平方是

$$P_1 T^2 = x_1^2 + y_1^2 - a^2$$

所以

$$P_1 S \cdot P_1 S' = P_1 T^2$$

14. 由圆周上的点向两条切线引的垂线长之积,等于向联结切点的弦引的垂线长的平方,试证之.

〔证〕 设圆 $x = r\cos\theta, y = r\sin\theta$ 上两个点对应 θ_1, θ_2,过这两个点引圆的切线,则由点 (x, y) 向切线引的垂线长的积为

$$\mid (x\cos\theta_1 + y\sin\theta_1 - r)(x\cos\theta_2 + y\sin\theta_2 - r) \mid =$$
$$r \mid (\cos\theta\cos\theta_1 + \sin\theta\sin\theta_1 - 1) \mid \cdot$$
$$r \mid (\cos\theta\cos\theta_2 + \sin\theta\sin\theta_2 - 1) \mid =$$
$$r^2 \mid \cos(\theta - \theta_1) - 1 \mid \mid \cos(\theta - \theta_2) - 1 \mid =$$
$$4r^2 \sin^2 \frac{\theta - \theta_1}{2} \sin^2 \frac{\theta - \theta_2}{2}$$

因为联结 θ_1, θ_2 两点的弦的法式方程为

$$x\cos\frac{\theta_1 + \theta_2}{2} + y\sin\frac{\theta_1 + \theta_2}{2} - r\cos\frac{\theta_1 - \theta_2}{2} = 0$$

所以点 $\theta(x = r\cos\theta, y = r\sin\theta)$ 到此直线的距离平方为

$$\left(r\cos\theta\cos\frac{\theta_1 + \theta_2}{2} + r\sin\theta\sin\frac{\theta_1 + \theta_2}{2} - r\cos\frac{\theta_1 - \theta_2}{2} \right)^2 =$$
$$r^2 \left[\cos\left(\theta - \frac{\theta_1 + \theta_2}{2}\right) - \cos\frac{\theta_1 - \theta_2}{2} \right]^2 =$$
$$4r^2 \sin^2 \frac{\theta - \theta_1}{2} \sin^2 \frac{\theta - \theta_2}{2}$$

15. 已知三个圆,其圆心不在一条直线上,且两两不相交,试证明和它们垂直的圆只有一个.

〔证〕 设三个圆 $O_i (i = 1, 2, 3)$ 的方程为[①]

$$S_i \equiv x^2 + y^2 + 2a_i x + 2b_i y + c_i = 0 \quad (i = 1, 2, 3)$$

若设圆 O 与圆 O_i 垂直,则联结交点和点 O 的半径是圆 O_i 的切线.因而从圆心 $O(x, y)$ 向三个圆引的切线长相等,所以

$$S_1 = S_2 = S_3$$

---

① 下式中的"≡"表示定义,即用 S_i 表示 $x^2 + y^2 + 2a_i x + 2b_i y + c_i$.

即
$$S_1 - S_2 = 2(a_1 - a_2)x + 2(b_1 - b_2)y + (c_1 - c_2) = 0$$
$$S_2 - S_3 = 2(a_2 - a_3)x + 2(b_2 - b_3)y + (c_2 - c_3) = 0$$

$S_1 - S_2 = 0$ 是圆 O_1, O_2 的根轴与 O_1O_2 垂直, 且与两个圆不相交. 同样, $S_2 - S_3 = 0$ 与 O_2O_3 垂直且与圆 O_2, O_3 也不相交. 而且圆心 $O_i(-a_i, -b_i)(i = 1, 2, 3)$ 不在一条直线上. 所以两条直线(根轴)在各个圆的外面相交, 这个交点 O 就是所求的圆的圆心. 故与三个圆垂直的圆只有一个.

16. $(x - x_1)^2 + (y - y_1)^2 = r_1^2$, $(x - x_2)^2 + (y - y_2)^2 = r_2^2$ 为已知的两个圆, 试求这两个圆的外公切线与内公切线的交点.

[解]　因为两条内公切线的交点是两个圆的圆心 (x_1, y_1), (x_2, y_2) 联结线段按 $r_1 : r_2$ 的内分点, 所以其坐标为
$$x = \frac{r_1 x_2 + r_2 x_1}{r_1 + r_2}, y = \frac{r_1 y_2 + r_2 y_1}{r_1 + r_2}$$

在上式里, 如果将内分变为外分, 那么可得外公切线的交点, 其坐标为
$$x = \frac{r_1 x_2 - r_2 x_1}{r_1 - r_2}, y = \frac{r_1 y_2 - r_2 y_1}{r_1 - r_2}$$

17. 求两个圆 $x^2 + y^2 + 2x + 6y + 9 = 0$, $x^2 + y^2 - 6x + 2y + 1 = 0$ 的切线长.

[提示]　根据上一道题知, 内公切线的交点为 $(0, -2\frac{1}{2})$, 外公切线的交点为 $(-3, -4)$, 再利用勾股定理即可求得内公切线长为 2, 外公切线长为 4.

18. 求经过点 $(2, -1)$ 以及两圆 $x^2 + y^2 - x - 2y = 3$ 和 $x^2 + y^2 - 6x = 4$ 的交点的圆的方程.

[解]　设所求的圆的方程是
$$x^2 + y^2 - x - 2y - 3 + \lambda(x^2 + y^2 - 6x - 4) = 0$$

把点 $(2, -1)$ 代入方程得 $\lambda = \frac{2}{11}$, 所以
$$x^2 + y^2 - x - 2y - 3 + \frac{2}{11}(x^2 + y^2 - 6x - 4) = 0$$

整理后, 就是所求方程
$$13x^2 + 13y^2 - 23x - 22y - 41 = 0$$

19. 求经过两个圆 $x^2 + y^2 + 6x - 5 = 0$ 和 $x^2 + y^2 + 6y - 7 = 0$ 的交点, 并且圆心在直线 $x - y - 4 = 0$ 上的圆的方程.

[解]　设所求的圆的方程是

47

$$x^2 + y^2 + 6x - 5 + \lambda(x^2 + y^2 + 6y - 7) = 0$$

即

$$x^2 + y^2 + \frac{6}{1+\lambda}x + \frac{6\lambda}{1+\lambda}y - \frac{5+7\lambda}{1+\lambda} = 0$$

它的圆心是 $\left(-\dfrac{3}{1+\lambda}, -\dfrac{3\lambda}{1+\lambda}\right)$, 把它代入直线方程

$$-\frac{3}{1+\lambda} + \frac{3\lambda}{1+\lambda} - 4 = 0$$

得

$$\lambda = -7$$

所求圆的方程是

$$3x^2 + 3y^2 - 3x + 21y - 22 = 0$$

20. 求圆心在 x 轴上且和直线 $y = x$ 相切的圆族的方程.

［解］ 如图 2.4, 圆心在 x 轴上的圆的方程为

$$(x-a)^2 + y^2 = r^2$$

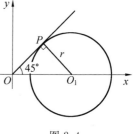

48 如图 2.4, 因为这个圆和直线 $y = x$ 相切, $\triangle OPO_1$ 为等腰直角三角形, r 为其一直角边长, 斜边长为 $|a|$, 故

$$2r^2 = a^2$$

图 2.4

即 $r = \pm\dfrac{a}{\sqrt{2}}$, 选择 ＋ 号使 $r > 0$. 因此得出所求的圆族方程为

$$(x-a)^2 + y^2 = \frac{a^2}{2} \quad (a \text{ 为参数})$$

21. 设

$$C_1 : x^2 + y^2 + D_1 x + E_1 y + F_1 = 0 \tag{1}$$
$$C_2 : x^2 + y^2 + D_2 x + E_2 y + F_2 = 0 \tag{2}$$

的同轴圆束方程为

$$C_1 + \lambda C_2 = 0 \tag{3}$$

试证明式 (3) 中任意一个圆的圆心必在圆 C_1 及圆 C_2 的连心线上.

［证］ C_1 的圆心是

$$O_1\left(-\frac{D_1}{2}, -\frac{E_1}{2}\right)$$

C_2 的圆心是

$$O_2\left(-\frac{D_2}{2}, -\frac{E_2}{2}\right)$$

$C_1 + \lambda C_2 = 0$ 的圆心是

$$O_3\left(-\frac{D_1 + \lambda D_2}{2(1+\lambda)}, -\frac{E_1 + \lambda E_2}{2(1+\lambda)}\right)$$

可见 O_3 是 $O_1 O_2$ 按比 $\dfrac{O_1 O_3}{O_3 O_2} = \lambda$ 的分点，所以 O_1, O_2, O_3 三个点在一条直线上.

此问题也可用三点共线条件来判断.

22. 求两个圆

$$x^2 + y^2 + 3x - 3y - 52 = 0 \tag{1}$$
$$x^2 + y^2 - 2x + 2y - 32 = 0 \tag{2}$$

的交点及公共弦的长.

[解]　两个圆的根轴为

$$x - y - 4 = 0 \tag{3}$$

将 (1)(3) 两方程联立，解得 $(6,2)$ 及 $(-2,-6)$ 两点，即两个圆的交点.

公共弦的长 l 为

$$l = \sqrt{(6+2)^2 + (2+6)^2} = 8\sqrt{2}$$

23. 为使圆 $x^2 + y^2 + 2Ax + 2By + C = 0$ 把圆 $x^2 + y^2 + 2A'x + 2B'y + C' = 0$ 49 的圆周二等分，两式的系数应有什么关系？

[解]　在两个圆中，前者将后者的圆周二等分，就是前者和后者的公共弦是后者的直径，即两个圆的根轴通过第二个圆的圆心 $(-A', -B')$. 因此有

$$(2A - 2A')(-A') + (2B - 2B')(-B') + (C - C') = 0$$

即

$$2AA' + 2BB' - 2A'^2 - 2B'^2 - C + C' = 0$$

24. 证明：两个圆的根轴垂直于这两个圆的连心线.

[证]　设两个圆的方程分别为

$$C_1 : x^2 + y^2 + D_1 x + E_1 y + F_1 = 0$$
$$C_2 : x^2 + y^2 + D_2 x + E_2 y + F_2 = 0$$

根轴方程为

$$(D_1 - D_2)x + (E_1 - E_2)y + F_1 - F_2 = 0$$

这里不妨设 $E_1 \neq E_2$，这时这条直线的斜率为

$$k_1 = -\frac{D_1 - D_2}{E_1 - E_2}$$

而连心线的斜率为

$$k_2 = \frac{\left(-\frac{E_1}{2}\right) - \left(-\frac{E_2}{2}\right)}{\left(-\frac{D_1}{2}\right) - \left(-\frac{D_2}{2}\right)} = \frac{E_1 - E_2}{D_1 - D_2}$$

从而

$$k_1 \cdot k_2 = -1$$

即两个圆的根轴垂直于这两个圆的连心线.

25. 证明:圆心不在一条直线上的任意三个圆中任意两个圆的根轴相交于一点,此点称为根心.

[证法一]　设三个圆的方程分别是

$$x^2 + y^2 + D_1 x + E_1 y + F_1 = 0 \qquad (1)$$
$$x^2 + y^2 + D_2 x + E_2 y + F_2 = 0 \qquad (2)$$
$$x^2 + y^2 + D_3 x + E_3 y + F_3 = 0 \qquad (3)$$

设圆(1)和圆(2)的根轴与圆(1)和圆(3)的根轴相交于点 P,则由定义知点 P 到圆(1)(2)的切线长相等,同样点 P 到圆(1)(3)的切线长也相等.因此,点 P 到圆(2)(3)的切线长相等,即点 P 也在圆(2)(3)的根轴上.

所以三个圆的三条根轴通过一个共同点.

[证法二]　三条根轴的方程分别为

$$(D_1 - D_2)x + (E_1 - E_2)y + F_1 - F_2 = 0$$
$$(D_2 - D_3)x + (E_2 - E_3)y + F_2 - F_3 = 0$$
$$(D_3 - D_1)x + (E_3 - E_1)y + F_3 - F_1 = 0$$

$$\Delta = \begin{vmatrix} D_1 - D_2 & E_1 - E_2 & F_1 - F_2 \\ D_2 - D_3 & E_2 - E_3 & F_2 - F_3 \\ D_3 - D_1 & E_3 - E_1 & F_3 - F_1 \end{vmatrix}$$

把行列式的第二行、第三行加到第一行,可得

$$\Delta = \begin{vmatrix} 0 & 0 & 0 \\ D_2 - D_3 & E_2 - E_3 & F_2 - F_3 \\ D_3 - D_1 & E_3 - E_1 & F_3 - F_1 \end{vmatrix} = 0$$

根据三条直线共点的条件,所以根轴相交于一点.

26. 求直线

$$3x + 4y = 7 \qquad (1)$$

关于圆 $x^2 + y^2 = 14$ 的极点.

[解]　设极点为 (x_1, y_1),则其极线的方程为

$$xx_1 + yy_1 = 14 \qquad (2)$$

因式(1)和式(2)表示一条极线的方程,故其系数对应成比例,即

$$\frac{x_1}{3} = \frac{y_1}{4} = \frac{14}{7}$$

故得 $x_1 = 6, y_1 = 8$. 所以极点是 $(6, 8)$.

27. 证明:点 (x', y') 关于圆 $(x-a)^2 + (y-b)^2 = r^2$ 的极线是 $(x-a)(x'-a) + (y-b)(y'-b) = r^2$.

［证］ 从公式 (1.7) 可见,过点 $P_1(x_1, y_1)$ 和点 $P_2(x_2, y_2)$ 的切线方程分别是

$$(x-a)(x_1-a) + (y-b)(y_1-b) = r^2 \qquad (1)$$

$$(x-a)(x_2-a) + (y-b)(y_2-b) = r^2 \qquad (2)$$

因为这些切线经过点 $P'(x', y')$,所以 P' 的坐标一定满足方程 (1) 和 (2),即

$$(x'-a)(x_1-a) + (y'-b)(y_1-b) = r^2$$

$$(x'-a)(x_2-a) + (y'-b)(y_2-b) = r^2$$

可见,两个点 (x_1, y_1) 和 (x_2, y_2) 满足方程

$$(x'-a)(x-a) + (y'-b)(y-b) = r^2$$

而此方程是直线方程,所以它就是经过两个点 (x_1, y_1) 和 (x_2, y_2) 的直线,即是点 (x', y') 关于圆 $(x-a)^2 + (y-b)^2 = r^2$ 的极线.

28. 求 $(4, 5)$ 关于 $x^2 + y^2 - 3x - 4y = 8$ 的极线.

［解］ 把圆化成标准形为

$$\left(x - \frac{3}{2}\right)^2 + (y-2)^2 = \frac{57}{4}$$

利用公式有

$$\left(x - \frac{3}{2}\right)\left(4 - \frac{3}{2}\right) + (y-2)(5-2) = \frac{57}{4}$$

整理得

$$5x + 6y = 48$$

这就是极线.

29. 求 $2x + 3y = 6$ 关于圆 $(x-1)^2 + (y-2)^2 = 12$ 的极点.

［解］ 设极点为 (x', y'),则点 (x', y') 的极线方程是

$$(x-1)(x'-1) + (y-2)(y'-2) = 12$$

整理得

$$(x'-1)x + (y'-2)y = x' + 2y' + 7$$

与直线 $2x + 3y = 6$ 比较有

$$\frac{x'-1}{2} = \frac{y'-2}{3} = \frac{x' + 2y' + 7}{6}$$

即

$$\begin{cases} 3x' - 2y' = -1 \\ x' - y' = 5 \end{cases}$$

解此方程组得 $x'=-11,y'=-16$. 所以极点是 $(-11,-16)$.

30. 证明:如果点 P' 是圆 $x^2+y^2=r^2$ 外的一点,点 P' 的极线通过点 P'',则点 P'' 的极线也一定通过点 P'.

[证] 设点 $P'(x',y')$,$P''(x'',y'')$ 的极线方程分别是

$$xx'+yy'=r^2 \tag{1}$$
$$xx''+yy''=r^2 \tag{2}$$

如果点 P'' 在点 P' 的极线上,那么代入方程(1)有

$$x''x'+y''y'=r^2$$

由此可见 (x',y') 也满足方程(2),即点 P' 也在点 P'' 的极线上.

31. 过任一固定点向圆引弦,在弦的端点向圆引切线,当弦关于固定点转动时,求这些切线的交点的轨迹方程.

[解] 设 $P_1(x_1,y_1)$ 是一个固定点,过点 P_1 引弦交圆于点 Q,R,过点 Q,R 分别作切线,两条切线交于点 $P'(x',y')$,从题意可见点 P_1 在点 P' 的极线上,根据习题30,知道点 P' 也在点 P_1 的极线上,因此所求的交点轨迹为点 P_1 的极线

$$x_1x+y_1y=r^2$$

32. 当关于圆 $x^2+y^2=r^2$ 的极点恒在圆 $x^2+y^2=4r^2$ 上时,证明其极线恒与圆 $x^2+y^2=\dfrac{1}{4}r^2$ 相切.

[证] 设 (x_0,y_0) 在圆 $x^2+y^2=4r^2$ 上,而点 (x_0,y_0) 关于圆 $x^2+y^2=r^2$ 的极线方程是

$$x_0x+y_0y=r^2$$

此直线是否与圆 $x^2+y^2=\dfrac{1}{4}r^2$ 相切,决定于圆心到直线的距离是否等于圆的半径 $\dfrac{1}{2}r$.

因为

$$\frac{0\cdot x_0+0\cdot y_0-r^2}{-\sqrt{x_0^2+y_0^2}}=\frac{-r^2}{-\sqrt{4r^2}}=\frac{r}{2}$$

所以极线恒与圆 $x^2+y^2=\dfrac{1}{4}r^2$ 相切.

33. 求到圆 $(x-5)^2+(y+2)^2=9$ 的切线都有相同长度 $l=4$ 的点的轨迹方程.

[解] 设动点的坐标为 (x_1,y_1),则

$$\sqrt{(x_1-5)^2+(y_1+2)^2-9}=4$$

即
$$(x_1-5)^2+(y_1+2)^2=25$$

故所求的轨迹是圆 $(x-5)^2+(y+2)^2=9$ 的同心圆,半径为5.

34.点 P 到两个圆 $x^2+y^2-12x=0$ 和 $x^2+y^2+8x-3y-4=0$ 的切线长之比为 2:3,证明它的轨迹是一个圆,并求这个圆的圆心坐标.

[证] $\dfrac{\sqrt{x^2+y^2-12x}}{\sqrt{x^2+y^2+8x-3y-4}}=\dfrac{2}{3}$,两边平方化简得圆

$$5x^2+5y^2-140x+12y+16=0$$

圆心是 $\left(14,-\dfrac{6}{5}\right)$.

35.点 $P(x,y)$ 到 $P_1(x_1,y_1)$ 与 $P_2(x_2,y_2)$ 两个定点的距离的比是一个正数 m,求点 P 的轨迹的方程,并说明轨迹是什么图形(考虑 $m=1$ 或 $m\neq1$ 两种情况).

答:$(1-m^2)x^2+(1-m^2)y^2-2(x_1-m^2x_2)x-2(y_1-m^2y_2)y+x_1^2+y_1^2-m^2(x_2^2+y_2^2)=0$,当 $m=1$ 时,轨迹为直线;当 $m\neq1$ 时,轨迹为圆.这个圆叫作阿波罗尼斯(Apollonius)圆.

36.已知三角形的底为 $2m$,它的另外两条边的平方和为 $2s^2$,求它的顶点的轨迹方程.$(s>m)$

[解] 取三角形的底边作为 x 轴,底边的垂直平分线作为 y 轴,则底边上两顶点为 $(-m,0)$,$(m,0)$,设另一顶点坐标为 (x,y),有

$$(x+m)^2+y^2+(x-m)^2+y^2=2s^2$$

化简得

$$x^2+y^2=s^2-m^2$$

所以顶点轨迹是以原点为圆心,$\sqrt{s^2-m^2}$ 为半径的圆.(点 $(\sqrt{s^2-m^2},0)$,$(-\sqrt{s^2-m^2},0)$ 除外)

37.如果 $\triangle ABC$ 有两个顶点 A 和 B 固定,第三个顶点 C 在一圆上移动一周,求这个三角形重心的轨迹方程.

[提示] 设重心为 $G(x_1,y_1)$,则有 $OG=\dfrac{1}{3}OC$.

[解] 坐标轴的选法如前题所作,设 $A(-m,0)$,$B(m,0)$,又设已知圆的方程为

$$x^2+y^2+2Ax+2By+C=0 \tag{1}$$

设重心为 $G(x_1,y_1)$, 则 $OG=\frac{1}{3}OC$, 故 $x_1=\frac{x}{3}$, $y_1=\frac{y}{3}$. 即 $x=3x_1$, $y=3y_1$,

代入方程(1),得轨迹上的任意点 (x',y') 满足方程

$$9x_1^2+9y_1^2+6Ax_1+6By_1+C=0$$

此式说明所求重心的轨迹也是圆. 但此圆与 x 轴的两交点除外.

38. 从一定点向定圆作弦, 求这些弦的中点轨迹方程.

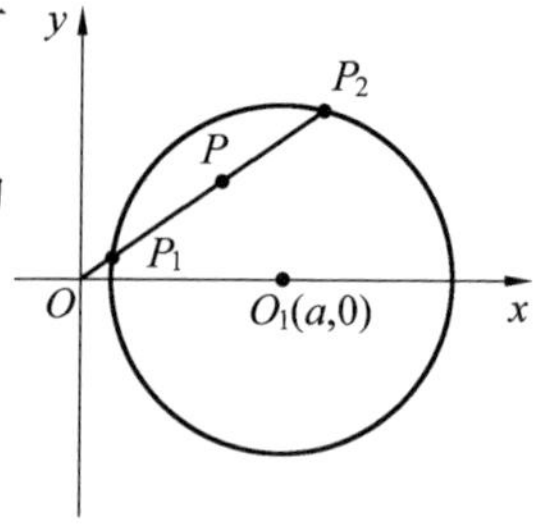

[解] 如图 2.5, 取定点为原点, 定点与圆心 O_1 的连线为 x 轴. 设定圆方程为

$$(x-a)^2+y^2=r^2 \qquad (1)$$

动弦的方程为

$$y=kx \qquad (2)$$

方程(1)(2)的交点 P_1, P_2 的横坐标满足

$$(x-a)^2+k^2x^2=r^2$$

即 $$(1+k^2)x^2-2ax+a^2-r^2=0$$

图 2.5

P_1, P_2 可能是实点、虚点或重点, 但 P_1, P_2 的中点坐标 $P(x,y)$ 为

$$x=\frac{a}{1+k^2}, \quad y=\frac{ak}{1+k^2}$$

x,y 是实数. 这是所求轨迹的参数方程, 消去参数 k 得

$$x^2+y^2-ax=0$$

故所求轨迹为以 OO_1 为直径的圆弧.(显而易见, 从初等几何角度看, 因为 $\angle OPO_1=90°$, 故点 P 在以 OO_1 为直径的圆弧上. 这说明初等几何也有独到之处.)

39. P 是动点, 从点 P 到两个定圆的切线长之比是一个常数, 证明点 P 的轨迹是一个经过两个定圆的交点(实的或虚的)的圆.

[证] 设两个定圆的方程分别为

$$C_1:x^2+y^2+D_1x+E_1y+F_1=0$$
$$C_2:x^2+y^2+D_2x+E_2y+F_2=0$$

又设点 P 的坐标为 (x',y'), 比例常数为 k, 依题意及式(1.12), 有

$$\frac{\sqrt{x'^2+y'^2+D_1x'+E_1y'+F_1}}{\sqrt{x'^2+y'^2+D_2x'+E_2y'+F_2}}=k$$

$$x'^2+y'^2+D_1x'+E_1y'+F_1=k^2(x'^2+y'^2+D_2x'+E_2y'+F_2)$$

令 $\lambda=-k^2$, 则有

$$x'^2 + y'^2 + D_1 x' + E_1 y' + F_1 + \lambda(x'^2 + y'^2 + D_2 x' + E_2 y' + F_2) = 0$$

此方程表示过两个圆 C_1, C_2 交点的圆束. 当 $\lambda = -1$ 时, 即 $k = 1$ 时, 方程变为直线方程, 即两个圆的根轴.

40. 有圆心为 O, 半径为 r 的定圆, 在 OP 或 OP 的延长线上取与 O 不同的点 P', 经 $OP \cdot OP' = r^2$ 的变换变到点 P' 时, 这样的变换叫作关于圆 O 的反演. 圆 O, 点 O, r 分别叫作反演圆、反演中心、反演半径. 一图形 C 的各点关于圆 O 经反演而得的点集① C' 叫作 C 关于圆 O 的反形, 关于反形有下列性质:

(1) 圆的反形为圆;

(2) 过反演中心的圆的反形为直线;

(3) 直线的反形为通过反演中心的圆;

(4) 通过反演中心的直线的反形是通过反演中心的直线.

［证］　首先证明基本知识, 取反演中心为原点, 引进直角坐标系, 设点 $P(x, y)$ 的反演为点 $P'(X, Y)$, 则

$$X = \frac{r^2 x}{x^2 + y^2}, Y = \frac{r^2 y}{x^2 + y^2} \tag{1}$$

反之

$$x = \frac{r^2 X}{X^2 + Y^2}, y = \frac{r^2 Y}{X^2 + Y^2} \tag{2}$$

成立.

从图 2.6 可见

$$\frac{X}{x} = \frac{Y}{y} = \frac{OP'}{OP} = \frac{\sqrt{X^2 + Y^2}}{\sqrt{x^2 + y^2}} (= k) \tag{3}$$

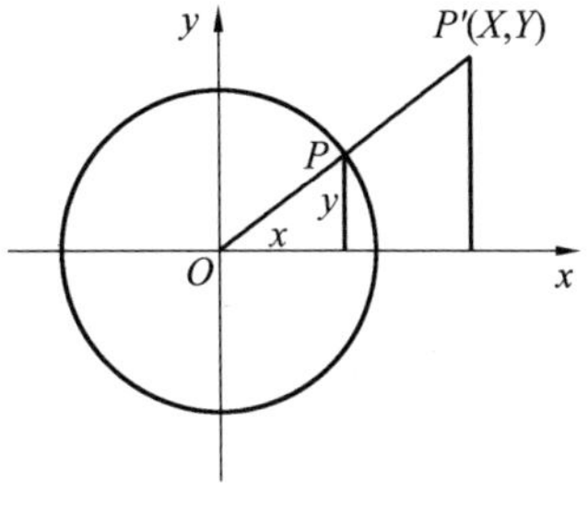

即

$$X = kx, Y = ky \tag{4}$$

$$\sqrt{X^2 + Y^2} = k\sqrt{x^2 + y^2}$$

$$r^2 = OP \cdot OP' = k(x^2 + y^2)$$

即

$$k = \frac{r^2}{x^2 + y^2} \tag{5}$$

同理

$$k = \frac{X^2 + Y^2}{r^2} \tag{6}$$

将式(5)(6) 代入式(4) 得式(1)(2).

图 2.6

55

———————————

① 　满足一定条件的点的全体叫作点集.

（1）的证明，一般的圆（包括直线在内）都可写成

$$A_0(x^2 + y^2) + 2Ax + 2By + C = 0 \tag{7}$$

在反演之下，根据式（2）则得式（7）的反形

$$A_0 \frac{r^4}{X^2 + Y^2} + 2A \frac{r^2 X}{X^2 + Y^2} + 2B \frac{r^2 Y}{X^2 + Y^2} + C = 0$$

即

$$C(X^2 + Y^2) + 2Ar^2 X + 2Br^2 Y + A_0 r^4 = 0 \tag{8}$$

可见不通过反演中心的圆（$C \neq 0$）的反形为圆.

（2）的证明，这时式（7）中的 $C = 0$. 从式（8）可见，过反演中心的圆的反形方程是 X,Y 的一次方程，故反形为直线.

（3）的证明，这时式（7）中 $A_0 = 0$. 从式（8）可见，直线的反形方程缺常数项，故其反形为通过反演中心的圆.

（4）的证明，这时式（7）中 $A_0 = 0, C = 0$. 从式（8）可见，通过反演中心的直线的反形仍为通过反演中心的直线.

56

2.2 抛　物　线

提　要

I **抛物线的标准方程为**

$$y^2 = 2px \tag{2.1}$$

焦点：$F\left(\dfrac{p}{2}, 0\right)$.

准线：$x = -\dfrac{p}{2}$（图 2.7）.

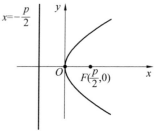

图 2.7

抛物线上任一点 $M(x_1, y_1)$ 的焦点半径等于

$$r = x + \frac{p}{2} \tag{2.2}$$

抛物线的离心率 $e = 1$.

Ⅱ　抛物线的直径

设抛物线方程为

$$y^2 = 2px$$

用 k 表示诸平行弦的斜率,则所有平行弦的中点都在直线

$$y = \frac{p}{k} \tag{2.3}$$

上,此直线称为抛物线的直径.

抛物线的所有直径都平行于 x 轴. 特别 x 轴(抛物线的对称轴)也是直径,称为主直径.

Ⅲ　抛物线的切线

设 $P_1(x_1, y_1)$ 是抛物线 $y^2 = 2px$ 上的一点,则过这点的切线方程为

$$y_1 y = p(x + x_1) \tag{2.4}$$

已知切线的斜率为 k,则切线方程为

$$y = kx + \frac{p}{2k} \tag{2.5}$$

Ⅳ　抛物线的参数方程

设 $y = 2p\lambda$,则从 $y^2 = 2px$ 知 $x = 2p\lambda^2$,即

$$\begin{cases} x = 2p\lambda^2 \\ y = 2p\lambda \end{cases} \tag{2.6}$$

是抛物线的参数方程.

设切点为 $P(2p\lambda^2, 2p\lambda)$,则于 P 处的切线方程 $y_1 y = p(x + x_1)$ 可写为

$$2\lambda y = x + 2p\lambda^2 \tag{2.7}$$

Ⅴ　极点和极线

点 $P(x_0, y_0)$ 关于抛物线 $y^2 = 2px$ 的极线是

$$y_0 y = p(x + x_0) \tag{2.8}$$

点 $P(x_0, y_0)$ 叫作此直线关于抛物线 $y^2 = 2px$ 的极点.

习　　题

1. 求抛物线 $y^2 = 18x$ 和圆 $(x + 6)^2 + y^2 = 100$ 的公共弦的方程.

57

[解] 求抛物线和圆的交点,即解下列方程组

$$\begin{cases} y^2 = 18x \\ (x+6)^2 + y^2 = 100 \end{cases}$$

得交点为 $(2,6)$ 和 $(2,-6)$.

故所求的公共弦方程是 $x=2$.

2. 在抛物线 $y^2 = 9x$ 中,求弦 $2x - 3y = 8$ 的中点的坐标.

[解法一] $y^2 = 9x$ 与 $2x - 3y = 8$ 的两个交点的横坐标 x_1, x_2 应满足方程

$$\left(\frac{2x-8}{3}\right)^2 = 9x$$

整理得

$$4x^2 - 113x + 64 = 0$$

再利用韦达定理,得

$$中点的横坐标 = \frac{x_1 + x_2}{2} = \frac{113}{8}$$

$$中点的纵坐标 = \frac{2 \times \frac{113}{8} - 8}{3} = \frac{27}{4}$$

[解法二] $p = \frac{9}{2}, k = \frac{2}{3}$,所以直径方程为

$$y = \frac{27}{4}$$

所求的中点即为直径与弦的交点,所以把 y 值代入弦的方程,得

$$2x - 3 \times \frac{27}{4} = 8$$

$$x = \frac{113}{8}$$

因此,中点的坐标为

$$\left(\frac{113}{8}, \frac{27}{4}\right)$$

3. 求抛物线 $y^2 = 64x$ 与直线 $4x + 3y + 46 = 0$ 的最短距离.

[解] 求与直线 $4x + 3y + 46 = 0$ 平行,且与抛物线相切的切线,再求这两条平行线间的距离.

切线斜率 $k = -\frac{4}{3}, p = 32$.根据公式(2.5),切线方程为

$$y = -\frac{4}{3}x + \frac{32}{2\left(-\frac{4}{3}\right)}$$

即
$$4x + 3y + 36 = 0$$

在这个直线方程中令 $x = 0$,得 $y = -12$,即 $(0, -12)$ 是此直线上一点.这个点到另一条直线的距离

$$d = \frac{|4 \times 0 + 3 \times (-12) + 46|}{\sqrt{4^2 + 3^2}} = 2$$

4.过抛物线的焦点,引垂直于其对称轴的弦,试证:在这条弦的两个端点处的切线交成直角.

[证] 如图 2.8,设抛物线方程为

$$y^2 = 2px$$

弦的两个端点为 $\left(\frac{p}{2}, p\right)$ 和 $\left(\frac{p}{2}, -p\right)$.过这两个点的切

线方程分别为

$$py = p\left(x + \frac{p}{2}\right)$$

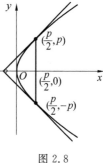

图 2.8

59

和
$$-py = p\left(x + \frac{p}{2}\right)$$

两条直线的斜率分别为 $k_1 = 1, k_2 = -1$,所以这两条切线互相垂直.

5.求下列圆锥曲线的公切线.

(1) 椭圆 $\frac{x^2}{45} + \frac{y^2}{20} = 1$ 与抛物线 $y^2 = \frac{20}{3}x$.

(2) 椭圆 $\frac{x^2}{5} + \frac{y^2}{4} = 1$ 与椭圆 $\frac{x^2}{4} + \frac{y^2}{5} = 1$.

(3) 椭圆 $9x^2 + 16y^2 = 144$ 与双曲线 $7x^2 - 32y^2 = 224$.

[解] (1)设公切线方程为

$$y = kx + m \tag{1}$$

因为它是椭圆的切线,因此有

$$y = kx \pm \sqrt{45k^2 + 20} \tag{2}$$

它又是抛物线的切线,所以有

$$y = kx + \frac{5}{3k} \tag{3}$$

直线(2)(3)是同一条直线,所以

$$\pm\sqrt{45k^2+20}=\frac{5}{3k}$$

解此方程得 $k=\pm\frac{1}{3}$.

所以公切线方程为

$$x-3y+15=0 \text{ 和 } x+3y+15=0$$

同理可得(2)的公切线 $x\pm y\pm 3=0$；(3)的公切线 $x\pm y\pm 5=0$.

6.设在抛物线上两点 (x_1,y_1) 和 (x_2,y_2) 处的切线相交于 (x,y)，证明：$x=\sqrt{x_1x_2}$，$y=\dfrac{y_1+y_2}{2}$.

[提示] 解方程组

$$\begin{cases} y_1y=p(x_1+x) \\ y_2y=p(x_2+x) \end{cases}$$

得

$$x=\sqrt{x_1x_2}$$
$$y=\frac{y_1+y_2}{2}$$

7.证明：抛物线 $y^2=2px$ 的任何切线截 x 轴负方向的线段等于切点的横坐标，而截 y 轴上的线段等于切点的纵坐标的一半.

[证] 令 (x_1,y_1) 是抛物线 $y^2=2px$ 上任意一点，过此点的切线方程为

$$y_1y=p(x+x_1)$$

令 $y=0$，得 $x=x_1$，令 $x=0$，得 $y=\dfrac{y_1}{2}$.

此题为上一道题的特例.

8.证明：内接于抛物线 $y^2=2px$ 的三角形的面积是

$$S=\left| \frac{1}{4p}(y_1-y_2)(y_2-y_3)(y_3-y_1) \right|$$

其中 y_1,y_2,y_3 是三角形的三个顶点的纵坐标.

[证] 已知 (x_1,y_1)，(x_2,y_2)，(x_3,y_3) 为三角形的顶点的坐标，三角形的面积 S 为

$$S=\pm\frac{1}{2}\begin{vmatrix} x_1-x_3 & y_1-y_3 \\ x_2-x_3 & y_2-y_3 \end{vmatrix}$$

式中"$\pm$"号表示取绝对值.

如果 $(x_1,y_1),(x_2,y_2),(x_3,y_3)$ 在抛物线上,那么将 $x_1=\dfrac{y_1^2}{2p},x_2=\dfrac{y_2^2}{2p},x_3=\dfrac{y_3^2}{2p}$ 代入上式整理之即得.

9. 从对称轴上距焦点等距离的两点,作抛物线的任一切线的垂线,证明:它们的平方差是一个常数.

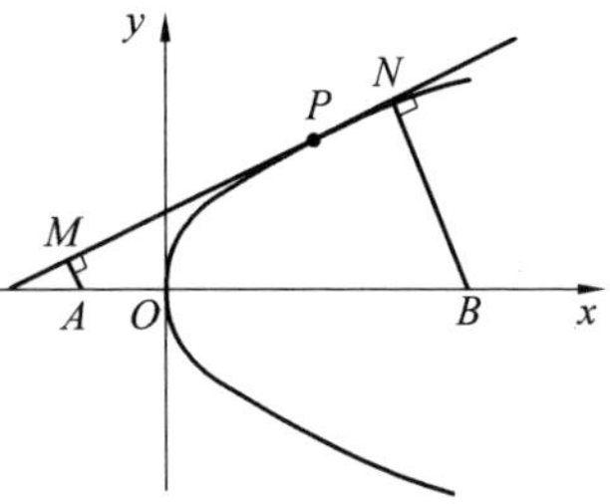

[证] 如图 2.9,设 $P(x_1,y_1)$ 是抛物线上任意一点,则在点 P 处的切线方程为

$$y_1 y=p(x_1+x)$$

即

$$px-y_1 y+px_1=0$$

设距焦点等距离的两点分别为

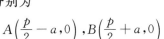

图 2.9

61

$$A\left(\frac{p}{2}-a,0\right),B\left(\frac{p}{2}+a,0\right)$$

过 A,B 两点作切线的垂线,交切线于点 M,N. 要证 $BN^2-AM^2=$ 常数,即

$$\left(\frac{p\left(\dfrac{p}{2}+a\right)+px_1}{\sqrt{p^2+y_1^2}}\right)^2-\left(\frac{p\left(\dfrac{p}{2}-a\right)+px_1}{\sqrt{p^2+y_1^2}}\right)^2=$$

$$\frac{2p^3 a+4p^2 ax_1}{p^2+y_1^2}=2pa \quad (2pa \text{ 为常数})$$

10. 证明:抛物线上三条切线所围成的三角形的垂心必在准线上.

[证] 设抛物线的方程为

$$y^2=2px$$

三条切线的方程为

$$y=k_1 x+\frac{p}{2k_1} \tag{1}$$

$$y=k_2 x+\frac{p}{2k_2} \tag{2}$$

$$y=k_3 x+\frac{p}{2k_3} \tag{3}$$

解方程(1) 和方程(2)得交点

$$\left(\frac{p}{2k_1 k_2},\frac{p}{2k_2}+\frac{p}{2k_1}\right)$$

过此点且垂直于直线(3)的方程为

$$y+\frac{1}{k_3}x=\frac{p}{2}\left(\frac{1}{k_1}+\frac{1}{k_2}+\frac{1}{k_1 k_2 k_3}\right) \tag{4}$$

同样,过方程(2)和方程(3)的交点垂直于方程(1)的方程为

$$y + \frac{1}{k_1}x = \frac{p}{2}\left(\frac{1}{k_3} + \frac{1}{k_2} + \frac{1}{k_1 k_2 k_3}\right) \tag{5}$$

解方程(4)(5)得

$$\left(-\frac{p}{2}, \frac{p}{2}\left(\frac{1}{k_1} + \frac{1}{k_2} + \frac{1}{k_3} + \frac{1}{k_1 k_2 k_3}\right)\right)$$

显见此点在准线 $x = -\dfrac{p}{2}$ 上.

11. 证明:在抛物线 $y^2 = 2px$ 中,若平分斜率 k 的弦的直径交抛物线于点 P,则过点 P 的切线平行于这些弦.

〔证〕 直径的方程为

$$y = \frac{p}{k}$$

直径与抛物线的交点就是方程组

$$\begin{cases} y^2 = 2px \\ y = \dfrac{p}{k} \end{cases}$$

的解,解此方程组,得

$$P\left(\frac{p}{2k^2}, \frac{p}{k}\right)$$

过点 P 的切线方程为

$$y = kx + \frac{p}{2k}$$

因此,这条直线的斜率也为 k. 所以切线与这些弦平行.

12. 证明:从焦点到抛物线的任一切线的垂线和过切点平行于抛物线的对称轴的直线相交于准线上.

〔证〕 设抛物线为 $y^2 = 2px$,切点为 (x_1, y_1),所以过焦点 $\left(\dfrac{p}{2}, 0\right)$ 且垂直于切线的垂线方程为

$$y - 0 = -\frac{y_1}{p}\left(x - \frac{p}{2}\right) \tag{1}$$

而过 (x_1, y_1) 平行于对称轴的直线方程为

$$y = y_1 \tag{2}$$

抛物线的准线方程为

62

$$x = -\frac{p}{2} \qquad (3)$$

本问题就是要证明方程(1)(2)(3)三线共点. 求出方程(1)(2)的交点 $\left(-\frac{p}{2}, y_1\right)$,因此,交点在准线上.

13. 证明:抛物线的切线是切点的焦半径和从切点到准线的垂线间夹角的平分线.

[证] 如图 2.10,设 $M(x_1, y_1)$ 是切点,N 是从这个点到准线的垂线的垂足,A 是切线与 x 轴的交点,则过点 M 的切线方程为 $y_1 y = p(x_1 + x)$. 在此方程中令 $y = 0$,得 $x = -x_1$,即
$$AO = |-x_1| = x_1$$
因此,我们有
$$FA = AO + OF = x_1 + \frac{p}{2}$$

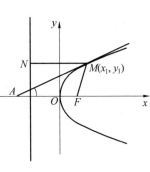

图 2.10

63

又
$$FM = MN = \frac{p}{2} + x_1$$
所以
$$FA = FM$$
因此
$$\angle FMA = \angle FAM = \angle NMA$$

14. 过抛物线上一点 M(不是顶点)作法线交其对称轴于点 N,试证:$MF = NF$,这里 F 为抛物线的焦点.

[提示] 可用前题结论证明.

15. 设 P 为抛物线上任意一点,A 为其顶点,F 为其焦点,PL,AL 为其两条切线,L 为两条切线的交点,试证:$FL \perp TP$.

坐标原点取在抛物线顶点 A,坐标轴取法如图 2.11 所示.

[证] 设点 P 的坐标为 (X, Y),由公式 (2.2),有
$$FP = X + \frac{p}{2}$$

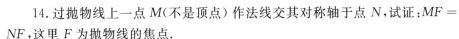

过点 P 的切线方程为
$$Yy = p(x + X)$$

图 2.11

所以

$$OT = -X$$

$$FT = X + \frac{p}{2}$$

因此

$$FT = FP$$

L 为 TP 的中点,所以

$$FL \perp TP$$

16. 设 P,Q 是抛物线上的两点,若设在 P,Q 两点的切线相交于点 T,F 是焦点,则有 $\angle FPT = \angle FTQ$,$\angle FQT = \angle FTP$,因而 $\angle PFT = \angle TFQ$,试证之.

〔证法一〕 设 PT 和抛物线的轴的交点为 S,PT,QT 和在抛物线顶点 O 的切线的交点为 A,B,则 $FA \perp PT$,$FB \perp QT$,因而点 A,B,F,T 在同一个圆上.

因为

$$\angle FTQ = \angle FAB$$

$$\angle FAB = \angle ASF$$

另一方面,从前题证明可见

$$\angle ASF = \angle APF$$

所以

$$\angle FTQ = \angle APF$$

同样可证

$$\angle FQT = \angle FTP$$

因为在 $\triangle FPT$,$\triangle FTQ$ 中有两个角相等,所以

$$\angle PFT = \angle TFQ$$

〔证法二〕 如图 2.12,设抛物线 $y^2 = 2px$ 上的点 P,Q 的坐标分别为 $(2p\lambda^2, 2p\lambda)$,$(2p\mu^2, 2p\mu)$,则切线 PT,QT 的方程分别为 $2\lambda y = x + 2p\lambda^2$,$2\mu y = x + 2p\mu^2$. 从而得

$$T(2p\lambda\mu, p(\lambda + \mu))$$

FP 的斜率为 $\dfrac{2\lambda}{2\lambda^2 - \dfrac{1}{2}}$,$TP$ 的斜率为 $\dfrac{1}{2\lambda}$,所以有

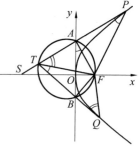

图 2.12

$$\tan\angle TPF = \dfrac{\dfrac{2\lambda}{2\lambda^2 - \dfrac{1}{2}} - \dfrac{1}{2\lambda}}{1 + \dfrac{2\lambda}{2\lambda^2 - \dfrac{1}{2}} \cdot \dfrac{1}{2\lambda}} = \dfrac{1}{2\lambda}$$

又 TF 的斜率为 $\dfrac{\lambda + \mu}{2\lambda\mu - \dfrac{1}{2}}$, TQ 的斜率为 $\dfrac{1}{2\mu}$, 所以有

$$\tan\angle QTF = \dfrac{\dfrac{\lambda + \mu}{2\lambda\mu - \dfrac{1}{2}} - \dfrac{1}{2\mu}}{1 + \dfrac{\mu + \lambda}{2\lambda\mu - \dfrac{1}{2}} \cdot \dfrac{1}{2\mu}} = \dfrac{1}{2\lambda}$$

因此
$$\tan\angle TPF = \tan\angle QTF$$

从而
$$\angle TPF = \angle QTF$$

同样
$$\angle TQF = \angle PTF$$

17. 过抛物线的一条弦的两个端点作切线, 两条切线的交点与此条弦中点的连线平行于对称轴, 试证之.

［证］ 如图 2.13, 设点 $A(x_1, y_1)$, $B(x_2, y_2)$, 过点 A, B 的切线方程分别为
$$y_1 y = p(x + x_1)$$

与
$$y_2 y = p(x + x_2)$$

两条切线交点的纵坐标为

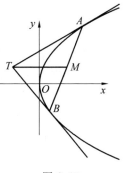

图 2.13

$$y = \frac{px_1 - px_2}{y_1 - y_2} = \frac{y_1 + y_2}{2}$$

点 T 与点 M 的纵坐标相等, 因此 TM 平行于对称轴.

18. 抛物线和它的一条弦所围成的面积, 等于此弦的两个端点的两条切线和这条弦所围成的三角形的面积的 $\dfrac{2}{3}$ 倍, 试证之.

［证］ 如图 2.14, 设弦为 AB, 抛物线在点 A, B 处的切线交于点 T, 若设 AB 的中点为 M, 则 TM 和 x 轴平行, 和抛物线交于中点 C, 抛物线在点 C 处的切线平行于 AB. 设这条切线与 AT, BT 的交点分别为 D, E, 则有

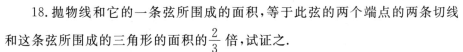

$$S_{\triangle ABC} = \frac{1}{2} S_{\triangle ABT}$$

$$S_{\triangle ACD} = S_{\triangle TCD} = \frac{1}{4} S_{\triangle MAT} = \frac{1}{8} S_{\triangle ABT}$$

同样，$S_{\triangle BCE} = \frac{1}{8} S_{\triangle ABT}$.

另外，对于 $\triangle ACD$，$\triangle BCE$ 若采用同样作法，可知抛物线和弦 AB 围成的面积

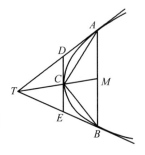

图 2.14

$$S = \frac{1}{2} S_{\triangle ABT} + \left(\frac{1}{2} S_{\triangle ACD} + \frac{1}{2} S_{\triangle BCE} \right) + \cdots =$$

$$\frac{1}{2} S_{\triangle ABT} + \frac{1}{2} \cdot \frac{1}{8} S_{\triangle ABT} \cdot 2 + \cdots =$$

$$\frac{1}{2} S_{\triangle ABT} \cdot \left(1 + \frac{1}{4} + \frac{1}{4^2} + \cdots \right)$$

括号中是以 $\frac{1}{4}$ 为公比的等比级数，所以其和为 $\frac{4}{3}$. 因而有

66

$$S = \frac{2}{3} S_{\triangle ABT}$$

19. 抛物线的三条切线作成的三角形的外接圆，通过抛物线的焦点，试证之.

[证]　因由抛物线的焦点向任意切线引的垂线的垂足在过顶点的切线上，因而，从焦点向抛物线的三条切线引的垂线的垂足总在一条直线上，所以焦点在这三条切线作成的三角形的外接圆上.

注：从一点 P 向 $\triangle ABC$ 的三边分别引垂线，如果三条垂线的垂足在一条直线上，则点 P 在 $\triangle ABC$ 的外接圆上.

[证]　如图 2.15，设三个垂足 D,E,F 在一条直线上，则 B,D,E,P 四点共圆，C,E,P,F 四点共圆

$$\angle BPC = \angle BPD + \angle DPE + \angle EPC =$$
$$\angle ABC + \angle BED + \angle CFE =$$
$$\angle ABC + \angle ACB =$$
$$180° - \angle A$$

即　　　　$\angle A + \angle BPC = 180°$

所以点 A,B,P,C 共圆，即点 P 在 $\triangle ABC$ 的外接

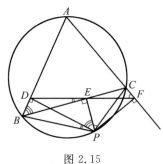

图 2.15

圆上.

20.求抛物线 $y^2 = 2px$ 上各点的纵坐标的中点的轨迹方程.

[解]　设中点坐标为 (x', y'),则

$$\begin{cases} x' = x \\ y' = \dfrac{1}{2}y \end{cases}$$

把 x, y 值代入抛物线的方程,得到所求轨迹方程

$$(2y')^2 = 2px'$$

即

$$2y'^2 = px'$$

因此,轨迹仍然是抛物线.

21.求抛物线 $y^2 = 2px$ 上各点的焦点半径的中点的轨迹方程.

[解]　设抛物线上的点为 (x_1, y_1),焦点半径的中点为 (x', y'),焦点坐标为 $\left(\dfrac{p}{2}, 0\right)$,则根据中点公式有

$$x' = \frac{x_1 + \dfrac{p}{2}}{2} \tag{1}$$

67

$$y' = \frac{y_1 + 0}{2} \tag{2}$$

由式(2)得

$$4y'^2 = y_1^2 = 2px_1 \tag{3}$$

由式(1)得

$$x_1 = 2x' - \frac{p}{2} \tag{4}$$

把式(4)代入式(1)得

$$4y'^2 = 2p\left(2x' - \frac{p}{2}\right) = 4px' - p^2$$

所以中点的轨迹方程为

$$4y'^2 = 4px' - p^2$$

这也是抛物线的方程,不过顶点在 $\left(\dfrac{p}{4}, 0\right)$,焦距 $= \dfrac{p}{2}$ 而已.

22.证明抛物线的互相垂直的两条切线的交点轨迹是准线.

[证]　通过点 (x, y) 的切线的斜率为 k,则 k 是方程

$$y = kx + \frac{p}{2k}$$

的根,即 $xk^2 - yk + \dfrac{p}{2} = 0$ 的根.

对应互相垂直的切线的交点,两个根的积应当是 -1,所以 $\dfrac{p}{2x} = -1$,

$x = -\dfrac{p}{2}$. 即所求的轨迹是准线.

23. 从抛物线的顶点作它的切线的垂线,求垂足的轨迹方程.

〔解〕 设 k 为切线 AB 的斜率,则切线的方程为

$$y = kx + \frac{p}{2k} \tag{1}$$

垂线的方程为

$$y = -\frac{1}{k}x \tag{2}$$

由式(1)(2)消去参数 k,并化简得

$$y^2\left(x + \frac{p}{2}\right) = -x^3$$

68　此方程表示的曲线叫作蔓叶线.

24. 一点移动时,到直线 $x = 3$ 的距离和到圆 $x^2 + y^2 = 16$ 所作切线长相等,求此动点的轨迹方程.

〔解〕 设 (x, y) 为轨迹上的一点,则此点到直线 $x = 3$ 的距离为 $|x - 3|$,而向圆 $x^2 + y^2 = 16$ 所作的切线长为 $\sqrt{x^2 + y^2 - 16}$,因此

$$|x - 3| = \sqrt{x^2 + y^2 - 16}$$

平方化简得

$$y^2 = -6x + 25$$

这是抛物线.

25. 设一动圆通过一定点,且切于一定直线,求圆心的轨迹方程.

〔解法一〕 如图 2.16,设定点取为坐标原点,定直线方程为 $x = a$,动圆的圆心为 (x, y),则有

$$|a - x| = \sqrt{x^2 + y^2}$$
$$a^2 - 2ax + x^2 = x^2 + y^2$$
$$y^2 = a^2 - 2ax$$

所以圆心的轨迹是一条抛物线.

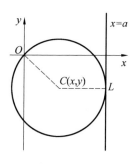

图 2.16

［解法二］ 设圆心为 C,动圆与定直线相切就是从圆心 C 到定直线的距离 CL 为半径,依定义

$$CO = CL$$

由抛物线的定义知 C 的轨迹是抛物线.

26. 抛物线的轴和准线的交点为 A,通过点 A 引抛物线的一条割线,设交点为 B,C.通过抛物线焦点 F 引平行于割线的直线和抛物线的交点为 Q,R,则

$$AB \cdot AC = QF \cdot FR$$

试证之.

［证］ 设抛物线的方程为

$$y^2 = 2px \tag{1}$$

则有

$$A\left(-\frac{p}{2},0\right), F\left(\frac{p}{2},0\right)$$

设通过点 A 的割线和 x 轴交成的角为 θ,则割线的方程为

$$x = -\frac{p}{2} + r\cos\theta, y = r\sin\theta \tag{2}$$

平行于式(2)且通过点 F 的割线的方程为

$$x = \frac{p}{2} + r\cos\theta, y = r\sin\theta \tag{3}$$

把式(2)代入式(1),则有

$$r^2\sin^2\theta - 2pr\cos\theta + p^2 = 0$$

因为这个方程的两个根是 AB,AC,所以

$$AB \cdot AC = \frac{p^2}{\sin^2\theta}$$

把式(3)代入式(1),则有

$$r^2\sin^2\theta - 2pr\cos\theta - p^2 = 0$$

所以

$$FQ \cdot FR = -\frac{p^2}{\sin^2\theta}$$

式中的负号是因为 FQ,FR 反向,所以

$$QF \cdot FR = \frac{p^2}{\sin^2\theta}$$

所以

$$AB \cdot AC = QF \cdot FR$$

27. 设 F 为已知抛物线的焦点,A 为平面上任意点,从点 A 向点 A(关于此

抛物线）的极线引垂线,若和极线交于点 B,和抛物线的对称轴交于点 C,则 $FB=FC$,试证之.

[证] 设抛物线的方程为 $y^2=2px$,点 $A(x',y')$ 的极线 $y'y=p(x+x')$ 和 x 轴交于点 $D(-x',0)$,通过点 A 作极线的垂线 $y-y'=-\dfrac{y'}{p}(x-x')$ 与 x 轴交于点 $C(x'+p,0)$,则 $\triangle BDC$ 为直角三角形,CD 为斜边,斜边的中点坐标为 $\left(\dfrac{-x'+x'+p}{2},0\right)$,即 $\left(\dfrac{p}{2},0\right)$.因而点 F 到点 B,C 的距离相等.

28.从点 P 向抛物线 $y^2=2px$ 引两条切线,设切点为 A,B,当 $\triangle PAB$ 的面积为一定值时,求点 P 的轨迹方程.

[解] 设点 A,B 的坐标分别为 $(2p\lambda^2,2p\lambda)$,$(2p\mu^2,2p\mu)$,则切线的方程为

$$2\lambda y=x+2p\lambda^2,\quad 2\mu y=x+2p\mu^2$$

再设点 P 的坐标为

$$(x,y),x=2p\lambda\mu,y=p(\lambda+\mu) \tag{1}$$

$\triangle PAB$ 的面积为

$$S_{\triangle PAB}=\pm\frac{1}{2}\begin{vmatrix} 2p\lambda^2 & 2p\lambda & 1 \\ 2p\mu^2 & 2p\mu & 1 \\ 2p\lambda\mu & p(\lambda+\mu) & 1 \end{vmatrix}=$$

$$\pm\frac{1}{2}2p^2(\mu-\lambda)^2$$

设定面积为 S,则

$$S=p^2\mid\mu-\lambda\mid^3$$

所以

$$\mid\mu-\lambda\mid^2=\left(\frac{S}{p^2}\right)^{\frac{2}{3}}$$

因为

$$\mid\mu-\lambda\mid^2=(\lambda+\mu)^2-4\lambda\mu$$

所以根据式(1),有

$$\left(\frac{y}{p}\right)^2-2\frac{x}{p}=\left(\frac{S}{p^2}\right)^{\frac{2}{3}}$$

$$y^2-2px=(pS)^{\frac{2}{3}}$$

这是把抛物线 $y^2=2px$ 向 x 轴的负方向平行移动得到的抛物线.

29.设抛物线上的三点 A,B,C 处的切线作成的三角形为 $A'B'C'$,F 为焦点,则有

$$FA \cdot FB \cdot FC = FA' \cdot FB' \cdot FC'$$

试证明之.

[证] 设抛物线为 $y^2 = 2px$,点 A, B, C 的坐标分别为

$$(2p\lambda^2, 2p\lambda), (2p\mu^2, 2p\mu), (2p\nu^2, 2p\nu)$$

在这些点的切线方程分别为

$$2\lambda y = x + 2p\lambda^2, 2\mu y = x + 2p\mu^2, 2\nu y = x + 2p\nu^2$$

解方程组可得每两条切线的交点分别为

$$A'(2p\mu\nu, p(\mu+\nu))$$
$$B'(2p\nu\lambda, p(\nu+\lambda))$$
$$C'(2p\lambda\mu, p(\lambda+\mu))$$

因而

$$FA'^2 = p^2\left(2\mu\nu - \frac{1}{2}\right)^2 + p^2(\mu+\nu)^2 =$$

$$p^2\left(4\mu^2\nu^2 + \mu^2 + \nu^2 + \frac{1}{4}\right) =$$

$$4p^2\left(\mu^2 + \frac{1}{4}\right)\left(\nu^2 + \frac{1}{4}\right)$$

71

同样

$$FB'^2 = 4p^2\left(\nu^2 + \frac{1}{4}\right)\left(\lambda^2 + \frac{1}{4}\right)$$

$$FC'^2 = 4p^2\left(\lambda^2 + \frac{1}{4}\right)\left(\mu^2 + \frac{1}{4}\right)$$

所以

$$FA'^2 \cdot FB'^2 \cdot FC'^2 = 2^6 p^6 \left(\lambda^2 + \frac{1}{4}\right)^2 \left(\mu^2 + \frac{1}{4}\right)^2 \left(\nu^2 + \frac{1}{4}\right)^2$$

$$FA' \cdot FB' \cdot FC' = 2^3 p^3 \left(\lambda^2 + \frac{1}{4}\right)\left(\mu^2 + \frac{1}{4}\right)\left(\nu^2 + \frac{1}{4}\right)$$

又

$$FA^2 = 2^2 p^2 \left(\lambda^2 - \frac{1}{4}\right)^2 + p^2(2\lambda)^2 =$$

$$2^2 p^2 \left(\lambda^2 + \frac{1}{4}\right)^2$$

$$FA = 2p(\lambda^2 + \frac{1}{4})$$

对于 FB, FC 亦同,所以有

$$FA \cdot FB \cdot FC = FA' \cdot FB' \cdot FC'$$

30.抛物线的四条切线作成四边形,则此四边形的对角线中点的连线与抛物线的轴平行,试证之.

[证] 抛物线 $y^2 = 2px$ 的参数表示是 $(2p\lambda^2, 2p\lambda)$. 设四点的参数为 $\lambda_1, \lambda_2, \lambda_3, \lambda_4$,在这些点的切线作成的四边形的顶点设为 $P_{12}, P_{23}, P_{34}, P_{41}$,则有 $P_{ij}(2p\lambda_i\lambda_j, p(\lambda_i + \lambda_j))$,所以,线段 $P_{12}P_{34}$ 中点的纵坐标为

$$y_0 = \frac{1}{2}\left[p(\lambda_1 + \lambda_2) + p(\lambda_3 + \lambda_4)\right] =$$

$$\frac{1}{2}p(\lambda_1 + \lambda_2 + \lambda_3 + \lambda_4)$$

因为线段 $P_{23}P_{41}$ 的中点也有同一个值,所以

$$y = \frac{1}{2}p(\lambda_1 + \lambda_2 + \lambda_3 + \lambda_4) = 常数$$

是两个中点连线的直线方程.因而此直线平行于抛物线的轴.

31.由抛物线的三条切线构成的三角形,其垂心在准线上,试证之.

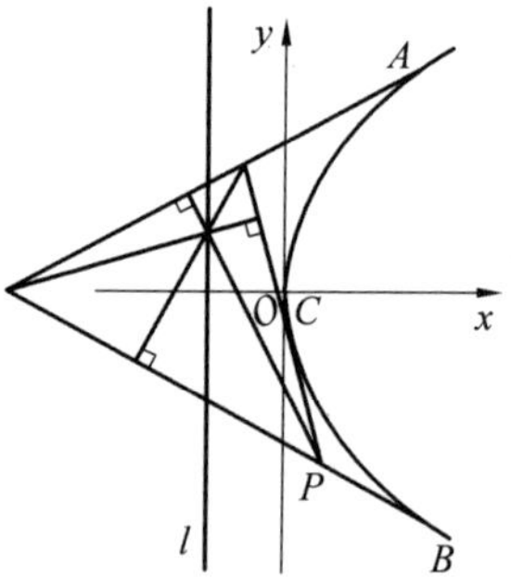

[证] 如图 2.17,设三个切点为 $A(2p\lambda^2, 2p\lambda)$, $B(2p\mu^2, 2p\mu), C(2p\nu^2, 2p\nu)$,则在点 B, C 处的切线的交点 P 的坐标为 $(2p\mu\nu, p(\mu + \nu))$.

从点 P 向点 A 处的切线 $2\lambda y = x + 2p\lambda^2$ 引垂线,其方程为

$$y - p(\mu + \nu) = -2\lambda(x - 2p\mu\nu)$$

它和准线 $x = -\dfrac{p}{2}$ 的交点的纵坐标为 $y = p(\lambda + \mu + \nu) +$

图 2.17

$4p\lambda\mu\nu$. 这个坐标因为关于 λ, μ, ν 是对称的,所以由点 A, B, C 处的切线所构成的三角形的各边的高和准线的交点都是此点.因而,这个三角形的垂心在准线上.

32.试求抛物线与直线的交点.

[解] 抛物线方程

$$y^2 = 2px \tag{1}$$

与直线方程

$$y = kx + b \tag{2}$$

作为联立方程而解得的 x, y 之值是抛物线与直线的交点的坐标.由方程(1)(2)消去 y 得

72

$$(kx + b)^2 = 2px$$

即

$$k^2 x^2 + 2(kb - p)x + b^2 = 0 \qquad (3)$$

当 $k \neq 0$ 时是关于 x 的二次方程, 就此 x 求方程的两个根代入方程(2), 得到相应的两个值, 因此当 $k \neq 0$ 时, 满足方程(1)(2)的(x, y)有两组, 换言之, 抛物线与 x 轴不平行的直线交于两个点.

与此相反, 当 $k = 0$ 时, 方程(3)变为一次方程, 把由此得到的 x 值代入方程(2)后得到相应的 y 值, 因此, 此时直线与抛物线只交于一点.

不与 x 轴平行的直线即使与方程(1)交于两点也未必是实点, 若方程(3)的两个根是实根, 代入方程(2)时得到的两个 y 值也是实值, 故两个交点为实点. 然而如果方程(3)的两个根为虚根时, 那么两个交点为虚点. 如果方程(3)的两个根是重根时, 那么相对应的两个 y 值也一致, 两个交点叠合. 这时直线与抛物线相切. 今用 D 表示方程(3)的判别式

$$D = (kb - p)^2 - k^2 b^2 = p(-2kb + p)$$

因 $D > 0$ 时方程(3)有两个不同实根, $D = 0$ 时方程(3)有两个重根, $D < 0$ 时方程(3)有两个虚根, 故得如下结论[①]:

当 $p > 2kb$ 时, 直线与抛物线交于两个实点;

当 $p = 2kb$ 时, 直线与抛物线相切;

当 $p < 2kb$ 时, 直线与抛物线交于两个虚点[②].

33. 试求抛物线的直径.

[解]　我们来求抛物线

$$y^2 = 2px \qquad (1)$$

的平行弦的中点轨迹.

设抛物线方程(1)与斜率为 k 的直线

$$y = kx + b \quad (k \neq 0) \qquad (2)$$

的交点为 P_1 与 P_2, 则点 P_1, P_2 的坐标是联立方程(1)与方程(2)的解, 今由方程(1)与方程(2)消去 x 得

$$y^2 = 2p \frac{y - b}{k}$$

设此方程的两个根为 y_1, y_2, 则 y_1, y_2 为点 P_1, P_2 的纵坐标, 其和满足

---

①　这里假定 $k \neq 0$, 即直线不与 x 轴平行.

②　虚点在坐标平面上表示不出来.

$$y_1 + y_2 = \frac{2p}{k}$$

故将抛物线的弦 P_1P_2 的中点 P 的坐标设为 x，y 时，有

$$y = \frac{1}{2}(y_1 + y_2) = \frac{p}{k}$$

此式与 b 无关，即为平行弦中点的轨迹，此轨迹与 x 轴平行. 故得抛物线的平行弦中点的轨迹是平行于抛物线的对称轴的直线.

34. 试求抛物线的切线方程.

[解] （1）斜率为 k 的切线方程.

设抛物线的方程为 $y^2 = 2px$，其斜率为 k 的切线方程为

$$y = kx + b \tag{1}$$

则由前面习题知

$$p = 2kb \tag{2}$$

即

$$b = \frac{p}{2k}$$

代入方程（1）得

$$y = kx + \frac{p}{2k} \tag{3}$$

这就是斜率为 k 的切线方程.

（2）在抛物线 $y^2 = 2px$ 上一点 (x_1, y_1) 处的切线方程.

通过抛物线 $y^2 = 2px$ 上一点 $P(x_1, y_1)$ 的直线方程为

$$y - y_1 = k(x - x_1) \tag{4}$$

或

$$y = kx + (y_1 - kx_1)$$

由式（2）知此直线是切线的条件为

$$p = 2k(y_1 - kx_1) \tag{5}$$

从方程（5）解出 k 得

$$k = \frac{y_1 \pm \sqrt{y_1^2 - 2px_1}}{2x_1}$$

然而因 (x_1, y_1) 为抛物线上的点，故

$$y_1^2 = 2px_1 \tag{6}$$

所以

$$k = \frac{y_1}{2x_1} \tag{7}$$

代入方程(4)得

$$y - y_1 = \frac{y_1}{2x_1}(x - x_1)$$

去分母并移项得

$$2x_1 y = y_1(x + x_1)$$

将方程(6)中的 x_1 代入此式得

$$\frac{y_1^2}{p}y = y_1(x + x_1)$$

即

$$y_1 y = p(x + x_1) \tag{8}$$

这就是所求的切线方程①.

2.3　椭圆与双曲线

提　　要

Ⅰ　椭圆与双曲线的标准方程

椭圆

$$\frac{x^2}{a^2} + \frac{y^2}{b^2} = 1 \text{ 或 } b^2 x^2 + a^2 y^2 = a^2 b^2 \tag{3.1}$$

其中 $b^2 = a^2 - c^2$(图 2.18).

a 叫作长半轴,b 叫作短半轴,焦点为($\pm c$, 0).

双曲线

$$\frac{x^2}{a^2} - \frac{y^2}{b^2} = 1 \text{ 或 } b^2 x^2 - a^2 y^2 = a^2 b^2 \tag{3.2}$$

其中 $b^2 = c^2 - a^2$,如图 2.19.

a 叫作实半轴,b 叫作虚半轴,焦点为($\pm c$, 0).

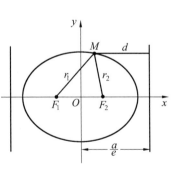

图 2.18

75

---

① 此式是在 $x_1 \neq 0$ 的条件下导出的,但当 $x_1 = 0$ 时也成立.

椭圆、双曲线可用参数表示①如下：

椭圆

$$x = a\cos\theta, y = b\sin\theta \qquad (3.3)$$

双曲线

$$x = \frac{a}{\cos\theta}, y = b\tan\theta \qquad (3.4)$$

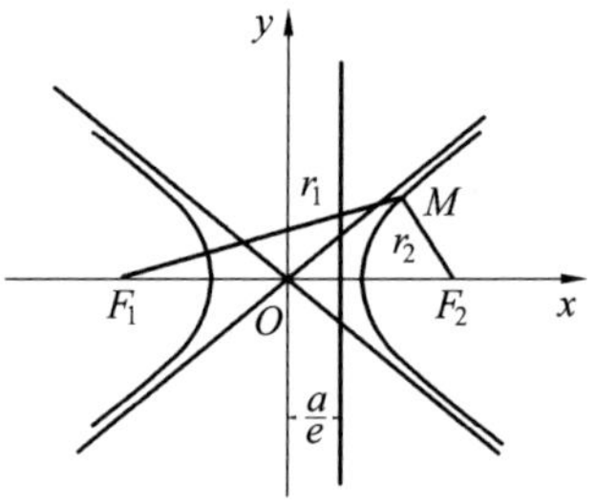

图 2.19

Ⅱ 椭圆、双曲线的离心率

椭圆：$e < 1$

$$e = \frac{\sqrt{a^2 - b^2}}{a} = \frac{c}{a}$$

焦点：$F(\pm ae, 0)$，准线：$x = \pm \dfrac{a}{e}$.

曲线上的点 $M(x_1, y_1)$ 到焦点的距离②为

$$r_1 = a + ex_1, r_2 = a - ex_1 \qquad (3.5)$$

双曲线：$e > 1$

$$e = \frac{\sqrt{a^2 + b^2}}{a} = \frac{c}{a}$$

焦点：$F(\pm ae, 0)$，准线：$x \pm \dfrac{a}{e} = 0$.

曲线上的点 $M(x_1, y_1)$ 到焦点的距离为

$$\begin{cases} r_1 = ex_1 + a, r_2 = ex_1 - a & \text{当点 } M \text{ 在右分支上} \\ r_1 = -ex_1 - a, r_2 = -ex_1 + a & \text{当点 } M \text{ 在左分支上} \end{cases} \qquad (3.6)$$

方程(3.1)(3.2)可写为

$$\frac{x^2}{a^2} + \frac{y^2}{a^2(1 - e^2)} = 1 \qquad (3.7)$$

如果 r 是有心二次曲线上任意一点到某焦点的距离，即焦半径；d 是从同一点到此焦点同侧那个准线的距离，那么它们的比 $\dfrac{r}{d}$ 是一个常数，等于这个有心二次曲线的离心率.

---

① 证明见习题 45,50.

② 证明见习题 3.

Ⅲ 双曲线的渐近线方程

双曲线 $\dfrac{x^2}{a^2} - \dfrac{y^2}{b^2} = 1$ 的渐近线方程为

$$\frac{x}{a} - \frac{y}{b} = 0, \frac{x}{a} + \frac{y}{b} = 0 \text{ 或 } y = \pm \frac{b}{a}x \tag{3.8}$$

Ⅳ 椭圆、双曲线的直径和共轭直径

设椭圆方程为

$$\frac{x^2}{a^2} + \frac{y^2}{b^2} = 1$$

用 k 表示诸平行弦的斜率,则所有平行弦的中点都在直线[①]

$$y = k'x \tag{3.9}$$

上,其中 $k' = -\dfrac{b^2}{a^2 k}$. 此直线称为椭圆的直径.

若椭圆的一条直径平分平行于另一条直径的弦,则第二条直径也平分平行于第一条直径的弦. 我们称这两条直径互为共轭直径. 它们的斜率 k, k' 满足关系

$$kk' = -\frac{b^2}{a^2} \tag{3.10}$$

两条坐标轴(椭圆的两条对称轴)是互为共轭而且垂直的一对直径,称为主直径.

设双曲线方程为

$$\frac{x^2}{a^2} - \frac{y^2}{b^2} = 1$$

用 k 表示诸平行弦的斜率,则所有平行弦的中点都在直线

$$y = k'x \tag{3.11}$$

上,其中 $k' = \dfrac{b^2}{a^2 k}$. 此直线称为双曲线的直径.

若双曲线的一条直径平分平行于另一条直径的各弦,则第二条直径也平分平行于第一条直径的各弦. 我们称这两条直径为互为共轭直径. 它们的斜率 k, k' 满足关系

---

① 证明见习题 26.

$$kk' = \frac{b^2}{a^2} \tag{3.12}$$

两坐标轴(双曲线的对称轴)是互为共轭而且垂直的一对直径,称为主直径.

Ⅴ 椭圆、双曲线的切线

设 $P_1(x_1, y_1)$ 是椭圆或双曲线上的点,则切线方程[①]为:

椭圆

$$\frac{x_1 x}{a^2} + \frac{y_1 y}{b^2} = 1 \tag{3.13}$$

双曲线

$$\frac{x_1 x}{a^2} - \frac{y_1 y}{b^2} = 1 \tag{3.14}$$

已知切线斜率为 k,有心二次曲线

$$Ax^2 + By^2 = 1$$

的切线方程为

$$y = kx \pm \sqrt{\frac{k^2}{A} + \frac{1}{B}} \tag{3.15}$$

Ⅵ 极点与极线

点 (x_1, y_1) 关于椭圆 $\frac{x^2}{a^2} + \frac{y^2}{b^2} = 1$ 的极线方程为

$$\frac{x_1 x}{a^2} + \frac{y_1 y}{b^2} = 1 \tag{3.16}$$

点 (x_1, y_1) 称为极点.

点 (x_1, y_1) 关于双曲线 $\frac{x^2}{a^2} - \frac{y^2}{b^2} = 1$ 的极线方程为

$$\frac{x_1 x}{a^2} - \frac{y_1 y}{b^2} = 1 \tag{3.17}$$

点 (x_1, y_1) 称为极点.

---

① 证明见习题 27.

习　　题

1.求在椭圆 $\dfrac{x^2}{a^2}+\dfrac{y^2}{b^2}=1$ 上一点,使焦半径的乘积等于短半轴的平方.

[解]　设所求点为 (x_0,y_0) ,依题意由式(3.5)得

$$(a+ex_0)(a-ex_0)=b^2$$

$$a^2-e^2x_0^2=b^2$$

$$x_0^2=\frac{a^2-b^2}{e^2}=\frac{c^2}{e^2}=a^2$$

所以 $x_0=\pm a,y_0=\pm\dfrac{b}{a}\sqrt{a^2-a^2}=0.$

故所求的点是 $(\pm a,0)$,即长轴的顶点.

2. $\dfrac{x^2}{16}-\dfrac{y^2}{25}=1$ 与 $\dfrac{y^2}{25}-\dfrac{x^2}{16}=1$ 的渐近线是否相同? 焦点是否有区别?

[解]　双曲线方程 $\dfrac{x^2}{16}-\dfrac{y^2}{25}=1$ 的 $a=4,b=5,c=\sqrt{a^2+b^2}=\sqrt{41}.$ 所以渐

近线方程为

$$y=\pm\frac{b}{a}x=\pm\frac{5}{4}x$$

焦点为 $F_1(-\sqrt{41},0),F_2(\sqrt{41},0).$

双曲线方程 $\dfrac{y^2}{25}-\dfrac{x^2}{16}=1$ 的 $a=4,b=5,c=\sqrt{41}.$ 所以渐近线方程为

$$y=\pm\frac{b}{a}x=\pm\frac{5}{4}x$$

焦点为 $F_1(0,-\sqrt{41}),F_2(0,\sqrt{41}).$

这两条双曲线叫作共轭双曲线.共轭双曲线的渐近线相同,而焦点在不同的坐标轴上.

3.设 $M(x_1,y_1)$ 是椭圆 $\dfrac{x^2}{a^2}+\dfrac{y^2}{b^2}=1$ 上一点, r_1,r_2 分别为 M 与两个焦点 $F_1(-c,0),F_2(c,0)$ 之间的距离.试证

$$r_1=a+ex_1,r_2=a-ex_1\left(e=\frac{c}{a}\right)$$

[证]　如图 2.20,根据椭圆的定义

$$MF_1+MF_2=2a$$

即

$$\sqrt{(x_1+c)^2+y_1^2}+\sqrt{(x_1-c)^2+y_1^2}=2a$$

$$(1)$$

注意左边第一项是 r_1，第二项是 r_2．设法将 r_1，r_2 解出来．式(1)可写成

$$\sqrt{(x_1-c)^2+y_1^2}=2a-\sqrt{(x_1+c)^2+y_1^2}$$

平方得

$$(x_1-c)^2+y_1^2=4a^2-4a\sqrt{(x_1+c)^2+y_1^2}+$$
$$(x_1+c)^2+y_1^2$$

合并同类项得

$$4a\sqrt{(x_1+c)^2+y_1^2}=4a^2+4cx_1$$

即

$$r_1=\sqrt{(x_1+c)^2+y_1^2}=a+\frac{c}{a}x_1=a+ex_1$$

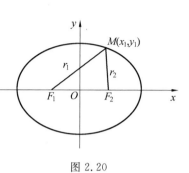

图 2.20

同理可证

$$r_2=\sqrt{(x_1-c)^2+y_1^2}=a-ex_1$$

4. 在坐标平面上引与 y 轴平行且与 y 轴的距离为 $\frac{a}{e}$ 的直线，一左一右共两条，叫作椭圆的准线．

设 r_1，r_2 是椭圆上一点 M 到两焦点 F_1，F_2 的距离，而 d_1 是从点 M 到与点 F_1 同侧的准线的距离，d_2 是从点 M 到与点 F_2 同侧的准线的距离(图 2.21)．试证

$$r_1=ed_1,r_2=ed_2 \qquad (1)$$

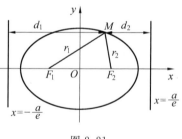

图 2.21

〔证〕 由习题 3 知(参考图 2.21)

$$r_1=a+ex_1=e\left(\frac{a}{e}+x_1\right)$$

$$r_2=a-ex_1=e\left(\frac{a}{e}-x_1\right)$$

且

$$d_1=\frac{a}{e}+x_1,d_2=\frac{a}{e}-x_1$$

故式(1)得证.

5.求以原点为一个焦点,直线 $3x+4y-12=0$ 为准线,离心率为 3 的双曲线方程.

[解] 因为 $\dfrac{r}{d}=e$,所以

$$\frac{\sqrt{x^2+y^2}}{\left|\dfrac{3x+4y-12}{\sqrt{3^2+4^2}}\right|}=3$$

整理得

$$56x^2+216xy+119y^2-648x-864y+1\,296=0$$

注:在这样的坐标系下出现的方程不是标准形.从这个方程还看不出它的中心在哪,半轴是多长,渐近线的方程是什么.在第 3 章 3.1 节将解决把这样方程化为标准形的问题.

6.λ 为哪些值时,方程 $\dfrac{x^2}{a^2+\lambda}+\dfrac{y^2}{b^2+\lambda}=1(a>b)$ 表示椭圆和双曲线?并证明这些椭圆和双曲线有公共的焦点.

81

[解] 当 $a^2+\lambda>0,b^2+\lambda>0$,即 $\lambda>-b^2$ 时表示椭圆;而当 $a^2+\lambda>0$,$b^2+\lambda<0$,即 $-a^2<\lambda<-b^2$ 时表示双曲线.

如果方程表示椭圆,那么

$$a_1=\sqrt{a^2+\lambda}\,,b_1=\sqrt{b^2+\lambda}$$

所以

$$c_1=\sqrt{a_1^2-b_1^2}=\sqrt{(a^2+\lambda)-(b^2+\lambda)}=\sqrt{a^2-b^2}$$

如果方程表示双曲线,那么

$$a_2=\sqrt{a^2+\lambda}\,,b_2=\sqrt{-b^2-\lambda}$$

所以

$$c_2=\sqrt{a_2^2+b_2^2}=\sqrt{(a^2+\lambda)+(-b^2-\lambda)}=\sqrt{a^2-b^2}$$

所以椭圆和双曲线有公共的焦点.

7.证明:等边双曲线上任意一点到两个焦点间的距离的积,等于这点到中心距离的平方.

[证] 设等边双曲线方程为

$$x^2-y^2=a^2$$

$$c=\sqrt{a^2+b^2}=\sqrt{2}\,a,e=\frac{c}{a}=\frac{\sqrt{2}\,a}{a}=\sqrt{2}$$

设 (x_0, y_0) 是双曲线上任意一点,则

$$r_1 r_2 = (\pm ex_0 \pm a)(\pm ex_0 \mp a) =$$
$$e^2 x_0^2 - a^2 =$$
$$e^2 x_0^2 - (x_0^2 - y_0^2) =$$
$$x_0^2 + y_0^2$$

8. 若 2θ 表示双曲线的两条渐近线间的夹角,试证

$$\tan 2\theta = \frac{2\sqrt{e^2 - 1}}{2 - e^2}$$

这个结果说明离心率相同的双曲线,它们的渐近线的夹角相等.

〔证〕 设双曲线方程为 $\dfrac{x^2}{a^2} - \dfrac{y^2}{b^2} = 1$,则

$$\tan \theta = \frac{b}{a}$$

由倍角公式知

$$\tan 2\theta = \frac{2\tan \theta}{1 - \tan^2 \theta} = \frac{2\dfrac{b}{a}}{1 - \left(\dfrac{b}{a}\right)^2} \tag{1}$$

又因

$$e = \sqrt{1 + \left(\frac{b}{a}\right)^2}$$

所以

$$\frac{b}{a} = \sqrt{e^2 - 1}$$

把 $\dfrac{b}{a}$ 的值代入式(1),得

$$\tan 2\theta = \frac{2\sqrt{e^2 - 1}}{1 - (e^2 - 1)} = \frac{2\sqrt{e^2 - 1}}{2 - e^2}$$

9. 在椭圆 $\dfrac{x^2}{a^2} + \dfrac{y^2}{b^2} = 1$ 内,有内接 $\triangle A_1 M A_2$,其一边 $A_1 A_2$ 与长轴重合,试求 $\triangle A_1 M A_2$ 的重心轨迹方程.

〔解〕 如图 2.22,设 M 为椭圆上一点,其坐标的参数表示为 $(a\cos \theta, b\sin \theta)(0 \leqslant \theta < 2\pi)$,而点 A_1, A_2 的坐标为 $(-a, 0), (a, 0)$. 设点 $P(\overline{x}, \overline{y})$ 为重心,则有

$$\overline{x} = \frac{-a + a + a\cos \theta}{3} = \frac{a}{3}\cos \theta$$

$$\overline{y} = \frac{0 + 0 + b\sin \theta}{3} = \frac{b}{3}\sin \theta$$

82

消去参数得

$$\frac{x^2}{\left(\dfrac{a}{3}\right)^2} + \frac{y^2}{\left(\dfrac{b}{3}\right)^2} = 1$$

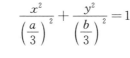

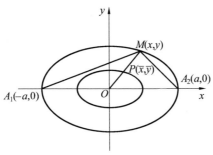

图 2.22

10. 过抛物线 $x^2 = 2py\,(p > 0)$ 的顶点,任作互相垂直的两条弦,与抛物线交于 A,B 两点,试求弦 AB 中点的轨迹方程.

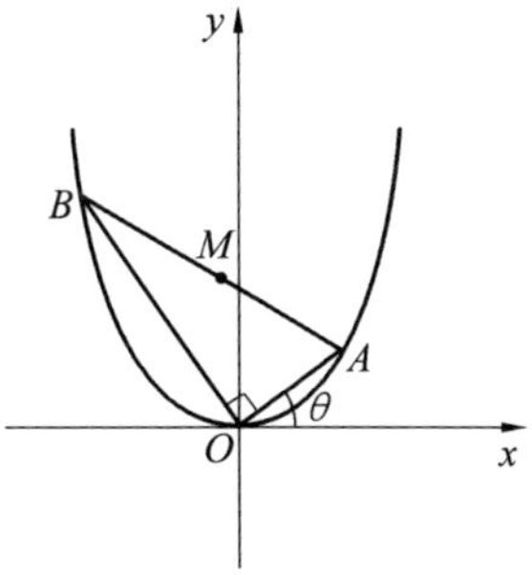

［解］　如图 2.23,设 $\angle xOA = \theta$,则直线 OA 的方程为 $y = x\tan\theta = kx$,直线 OB 的方程为 $y = x\tan\left(\theta + \dfrac{\pi}{2}\right) = -x\cot\theta = Kx$. 这里,$k = \tan\theta,K = -\cot\theta,\theta \ne 0,\theta \ne \dfrac{\pi}{2}$. 则 OA 与 $x^2 = 2py$ 的交点 A 的坐标为 $(2pk, 2pk^2)$,OB 与 $x^2 = 2py$ 的交点 B 的坐标为 $(2pK, 2pK^2)$,因此弦 AB 的中点 M 的坐标为

图 2.23

$$x = p(k + K)$$
$$y = p(k^2 + K^2)$$

又 $x^2 = p^2(k^2 + K^2 + 2kK)$,因 $kK = \tan\theta(-\cot\theta) = -1$,故得

$$y = \frac{1}{p}x^2 + 2p$$

这就是所求的轨迹方程.

11. 过双曲线上任何一点,分别作平行于渐近线的两条直线.这两条直线与两条渐近线所围成的平行四边形的面积是一个常数,试证之.

［证］　如图 2.24,设双曲线方程为

$$\frac{x^2}{a^2} - \frac{y^2}{b^2} = 1$$

于是渐近线方程为

$$l_1 : bx - ay = 0$$

$$l_2 : bx + ay = 0$$

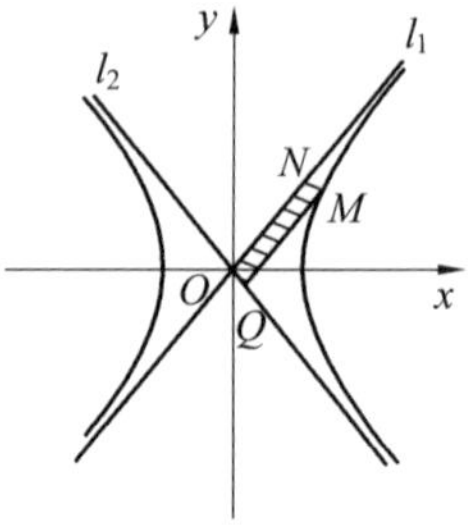

设 $M(x_1, y_1)$ 是双曲线上任意一点,计算平行四边形 $MNOQ$ 的面积,只要求出平行四边形的高和底即可. 点 M 到 l_1 的距离,即高为

$$d = \frac{|bx_1 - ay_1|}{\sqrt{a^2 + b^2}}$$

图 2.24

另外,过点 M 平行于渐近线 l_1 的直线方程为

$$y - y_1 = \frac{b}{a}(x - x_1)$$

此直线与 l_2 的交点 Q 的坐标是方程组

$$\begin{cases} y - y_1 = \dfrac{b}{a}(x - x_1) \\ bx + ay = 0 \end{cases}$$

的解. 由此得

$$Q\left(\frac{bx_1 - ay_1}{2b}, \frac{ay_1 - bx_1}{2a}\right)$$

从而

$$MQ = \sqrt{\left(x_1 - \frac{bx_1 - ay_1}{2b}\right)^2 + \left(y_1 - \frac{ay_1 - bx_1}{2a}\right)^2} =$$

$$\frac{|bx_1 + ay_1|}{2ab}\sqrt{a^2 + b^2}$$

因此,平行四边形 $MNOQ$ 的面积等于

$$\frac{|bx_1 - ay_1|}{\sqrt{a^2 + b^2}} \cdot \frac{|bx_1 + ay_1|}{2ab}\sqrt{a^2 + b^2} =$$

$$\frac{|b^2 x_1^2 - a^2 y_1^2|}{2ab} =$$

$$\frac{a^2 b^2}{2ab} = \frac{ab}{2}$$

12. 通过点 $P(2, -1)$ 引已知椭圆 $\dfrac{x^2}{8} + \dfrac{y^2}{5} = 1$ 的弦,使点 P 平分这条弦,求弦的方程.

[分析] 被点 P 平分的弦与 OP 的共轭直径平行.

〔解〕　通过点 P 的直径方程为

$$y = -\frac{1}{2}x, k = -\frac{1}{2}$$

这个直径的共轭直径的斜率

$$k' = -\frac{b^2}{a^2 k} = -\frac{5}{8\left(-\frac{1}{2}\right)} = \frac{5}{4}$$

根据直线的点斜式方程,弦的方程为

$$y + 1 = \frac{5}{4}(x - 2)$$

即

$$5x - 4y - 14 = 0$$

13.设椭圆 $x^2 + 2y^2 = 1$ 的一条直径是第一象限角的平分线,求这条直径的共轭直径的长(直径的长是它和曲线的两个交点间的距离).

〔解〕　已知直径的斜率 $k = 1$.由公式(3.10) 知

$$k' = -\frac{b^2}{a^2 k} = -\frac{1}{2}$$

所以它的共轭直径方程为

$$y = -\frac{1}{2}x$$

解方程组

$$\begin{cases} x^2 + 2y^2 = 1 \\ y = -\frac{1}{2}x \end{cases}$$

得这条直径与椭圆的交点为

$$\left(\pm\sqrt{\frac{2}{3}}, \mp\frac{1}{2}\sqrt{\frac{2}{3}}\right)$$

这两点间的距离,即这条共轭直径的长

$$d = \sqrt{\left(2\sqrt{\frac{2}{3}}\right)^2 + \left(-\sqrt{\frac{2}{3}}\right)^2} = \frac{1}{3}\sqrt{30}$$

14.已知双曲线 $4x^2 - y^2 = 4$ 的直径长等于 $2\sqrt{5}$,求这些直径的方程.

〔解〕　设直径的方程为 $y = kx$,把 y 值代入双曲线方程,得

$$4x^2 - k^2 x^2 = 4$$

从而

85

$$x^2 = \frac{4}{4-k^2}$$

$$y^2 = k^2 x^2 = \frac{4k^2}{4-k^2}$$

依题意有

$$x^2 + y^2 = (\sqrt{5})^2$$

即

$$\frac{4}{4-k^2} + \frac{4k^2}{4-k^2} = 5$$

解这个方程,得

$$k = \pm \frac{4}{3}$$

因此,所求直径的方程为

$$y = \pm \frac{4}{3} x$$

15.已知椭圆的一条直径的一个端点为 $P(x_1, y_1)$,求它的共轭直径的两个端点.

[解] 如图 2.25,设 PQ 为经过点 P 的直径, RS 为它的共轭直径,则 PQ 的斜率为 $k = \frac{y_1}{x_1}$,而 RS 的斜率为

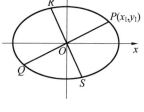

图 2.25

$$k' = -\frac{b^2 x_1}{a^2 y_1}$$

因此,RS 的方程为

$$y = -\frac{b^2 x_1}{a^2 y_1} x$$

为求点 R, S 的坐标,解方程组

$$\begin{cases} b^2 x^2 + a^2 y^2 = a^2 b^2 & (1) \\ y = -\dfrac{b^2 x_1}{a^2 y_1} x & (2) \end{cases}$$

把式(2)代入式(1),并注意点 P 在椭圆上,可解得

$$x = \pm \frac{a}{b} y_1 \tag{3}$$

再把式(3)代入式(2)得

$$y = \mp \frac{b}{a} x_1$$

所以共轭直径的两个端点分别为

$$R\left(-\frac{a}{b} y_1, \frac{b}{a} x_1\right), S\left(\frac{a}{b} y_1, -\frac{b}{a} x_1\right)$$

16. 已知 $P(x_1, y_1)$ 是双曲线 $b^2 x^2 - a^2 y^2 = a^2 b^2$ 的直径的一个端点,求它的共轭直径的端点.

答:$\left(\frac{a}{b} y_1, \frac{b}{a} x_1\right), \left(-\frac{a}{b} y_1, -\frac{b}{a} x_1\right).$

17. 求椭圆 $\dfrac{x^2}{a^2} + \dfrac{y^2}{b^2} = 1$ 的等长共轭直径的方程.

[解] 设 $y = kx$ 为直径的方程,则它与椭圆的交点可设为 (x_1, kx_1). 由题 15 的结果知其共轭直径的一端为 $\left(-\dfrac{a}{b} kx_1, \dfrac{b}{a} x_1\right)$,依题意知

$$x_1^2 + (kx_1)^2 = \left(-\frac{a}{b} kx_1\right)^2 + \left(\frac{b}{a} x_1\right)^2$$

解之得

$$k = \pm \frac{b}{a}$$

因此等长共轭直径的方程是

$$y = \pm \frac{b}{a} x$$

18. 从有心二次曲线①上一点向直径两端的联结弦称为补弦. 试证和补弦平行的直径是共轭直径.

[证] 如图 2.26,PD 的斜率为

$$k_1 = \frac{y_1 - y_0}{x_1 - x_0}$$

PD' 的斜率为

$$k_2 = \frac{y_1 + y_0}{x_1 + x_0}$$

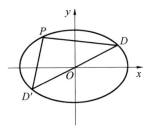

图 2.26

所以

$$k_1 \cdot k_2 = \frac{y_1 - y_0}{x_1 - x_0} \cdot \frac{y_1 + y_0}{x_1 + x_0} = \frac{y_1^2 - y_0^2}{x_1^2 - x_0^2} \tag{1}$$

87

———————————

① 有一个对称中心的二次曲线,如椭圆、双曲线,它们的方程可写为 $Ax^2 + By^2 = 1$.

又因为
$$Ax_0^2 + By_0^2 = 1, Ax_1^2 + By_1^2 = 1$$

所以
$$y_1^2 - y_0^2 = -\frac{A}{B}(x_1^2 - x_0^2)$$

从而
$$\frac{y_1^2 - y_0^2}{x_1^2 - x_0^2} = -\frac{A}{B} \qquad (2)$$

由式(1)(2)可得
$$k_1 \cdot k_2 = -\frac{A}{B}$$

故与此两条弦平行的两条直径是共轭直径.

19.若 θ 为椭圆的半直径 a' 和它的共轭半直径 b' 所成的角,则
$$\sin\theta = \frac{ab}{a'b'}$$

[证] 如图 2.27,设 OP 和 OR 为半直径 a' 和 b',它们的斜角分别为 α 和 β,P 的坐标为 (x_1, y_1).

根据习题 15 知 R 点坐标为
$$\left(-\frac{a}{b}y_1, \frac{b}{a}x_1\right)$$

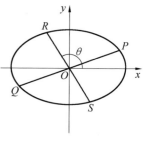

图 2.27

从而
$$\sin\alpha = \frac{y_1}{a'}$$

$$\cos\alpha = \frac{x_1}{a'}$$

$$\sin\beta = \frac{b}{ab'}x_1$$

$$\cos\beta = -\frac{a}{bb'}y_1$$

因为
$$\theta = \beta - \alpha$$

所以
$$\sin\theta = \sin\beta\cos\alpha - \cos\beta\sin\alpha =$$
$$\frac{b}{ab'}x_1 \cdot \frac{x_1}{a'} + \frac{a}{bb'}y_1 \cdot \frac{y_1}{a'} =$$

$$\frac{b^2 x_1^2 + a^2 y_1^2}{aba'b'} =$$

$$\frac{a^2 b^2}{aba'b'} =$$

$$\frac{ab}{a'b'}$$

20. 若 θ 是双曲线的一条直径和它的长为 a', b' 的共轭直径所成的角,则

$$\sin \theta = \frac{ab}{a'b'}$$

21. 以有心二次曲线的一对共轭直径为对角线作平行四边形,试证其面积一定.

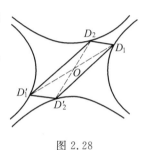

图 2.28

〔证〕　如图 2.28,平行四边形的面积等于

$4S_{\triangle OD_1 D_2} = 2 \mid x_1 y_2 - x_2 y_1 \mid$.

对椭圆来说,由习题 15 得

$$2 \mid x_1 y_2 - x_2 y_1 \mid = 2 \left| -x_1 \frac{b}{a} x_1 - \frac{a}{b} y_1^2 \right| =$$

$$2ab \left(\frac{x_1^2}{a^2} + \frac{y_1^2}{b^2} \right) =$$

$$2ab = 定值$$

对双曲线来说,由习题 16 得

$$2 \mid x_1 y_2 - x_2 y_1 \mid = 2 \left| \frac{b}{a} x_1^2 - \frac{a}{b} y_1^2 \right| = 2ab = 定值$$

22. 设 a', b' 为椭圆 $\dfrac{x^2}{a^2} + \dfrac{y^2}{b^2} = 1$ 的一对共轭半径之长,则 $a'^2 + b'^2 = a^2 + b^2$. 在双曲线的情形,有 $a'^2 - b'^2 = a^2 - b^2$.

〔证〕　设 $(a\cos \theta, b\sin \theta)$ 为一直径的端点,则从习题 15 可见它的共轭直径的一个端点为 $(a\sin \theta, -b\cos \theta)$. 这样

$$a'^2 = a^2 \cos^2 \theta + b^2 \sin^2 \theta$$
$$b'^2 = a^2 \sin^2 \theta + b^2 \cos^2 \theta$$

所以

$$a'^2 + b'^2 = a^2 \cos^2 \theta + b^2 \sin^2 \theta + a^2 \sin^2 \theta + b^2 \cos^2 \theta =$$
$$a^2 + b^2$$

同理,在双曲线的情形,两条共轭直径的端点分别为

$$(a\sec \theta, b\tan \theta), (\pm a\tan \theta, \pm b\sec \theta)$$

所以

89

$$a'^2 - b'^2 = a^2 \sec^2\theta + b^2 \tan^2\theta - a^2 \tan^2\theta - b^2 \sec^2\theta =$$
$$(a^2 - b^2)(\sec^2\theta - \tan^2\theta) =$$
$$a^2 - b^2$$

23. 设 $P(x_1, y_1)$ 为椭圆 $\dfrac{x^2}{a^2} + \dfrac{y^2}{b^2} = 1$ 的内部的一点, 求以 P 为中点的弦的方程.

［解］ 设此弦的斜率为 k, 则平行于此弦的直径与过点 P 的直径为共轭直径, 因此有

$$k \cdot \frac{y_1}{x_1} = -\frac{b^2}{a^2}$$

所以
$$k = -\frac{b^2 x_1}{a^2 y_1}$$

故所求弦的方程为

$$y - y_1 = -\frac{b^2 x_1}{a^2 y_1}(x - x_1)$$

即

$$\frac{x_1(x - x_1)}{a^2} + \frac{y_1(y - y_1)}{b^2} = 0$$

24. 设椭圆 $\dfrac{x^2}{a^2} + \dfrac{y^2}{b^2} = 1$, 求过点 $P(x_0, y_0)$ 的各条弦中点的轨迹方程.

［解］ 设弦中点的坐标为 (X, Y), 由习题 23 知, 弦的方程为
$$\frac{X(x - X)}{a^2} + \frac{Y(y - Y)}{b^2} = 0$$

这些弦经过点 P, 因此
$$\frac{X(x_0 - X)}{a^2} + \frac{Y(y_0 - Y)}{b^2} = 0$$

这个方程就是过点 P 的各条弦中点的轨迹.

此方程可改写为

$$\frac{\left(X - \dfrac{x_0}{2}\right)^2}{a^2} + \frac{\left(Y - \dfrac{y_0}{2}\right)^2}{b^2} = \frac{1}{4}\left(\frac{x_0^2}{a^2} + \frac{y_0^2}{b^2}\right)$$

这是椭圆方程, 其长短半轴分别为 $\dfrac{a}{2}\sqrt{\dfrac{x_0^2}{a^2} + \dfrac{y_0^2}{b^2}}$ 及 $\dfrac{b}{2}\sqrt{\dfrac{x_0^2}{a^2} + \dfrac{y_0^2}{b^2}}$, 中心①为

① 参看第 3 章 3.1 节.

90

$\left(\dfrac{x_0}{2}, \dfrac{y_0}{2}\right)$，并且容易看出，此椭圆的离心率与原来椭圆的离心率相同.

25. 有心二次曲线是椭圆与双曲线的总称，其方程可写为

$$Ax^2 + By^2 = 1 \tag{1}$$

对于椭圆来说，$A = \dfrac{1}{a^2}, B = \dfrac{1}{b^2}$ 都是正数，对于双曲线来说，$A = \dfrac{1}{a^2}, B = -\dfrac{1}{b^2}$

或 $A = -\dfrac{1}{a^2}, B = \dfrac{1}{b^2}$，一个是正数，另一个是负数. 我们来求方程（1）与直线

$$y = kx + b \tag{2}$$

的交点.

［解］ 有心二次曲线（1）与直线（2）的交点的坐标 (x, y) 是方程（1）（2）的解，其交点的横坐标 x 满足

$$Ax^2 + B(kx + b)^2 = 1$$

即

$$(A + Bk^2)x^2 + 2Bbkx + Bb^2 - 1 = 0 \tag{3}$$

求出 x 的两个根后，代入方程（2）便得交点的纵坐标 y.

由上述讨论可见直线（2）与有心二次曲线（1），当

$$(Bbk)^2 - (A + Bk^2)(Bb^2 - 1) > 0$$

时有两个实的交点，当

$$(Bbk)^2 - (A + Bk^2)(Bb^2 - 1) = 0 \tag{4}$$

时两个交点重合，即直线（2）是曲线（1）的切线. 而当

$$(Bbk)^2 - (A + Bk^2)(Bb^2 - 1) < 0 \tag{5}$$

时交点的坐标是虚数. 自然这样的交点，有时叫作虚交点，在坐标平面上画不出来.

对于直线与双曲线，当

$$A + Bk^2 = 0 \tag{6}$$

时，有一实的交点，对于 $A = \dfrac{1}{a^2}, B = \dfrac{1}{b^2}$，从式（6）得

$$k = \pm \dfrac{b}{a} \tag{7}$$

可见与渐近线平行的直线与双曲线交于一实点，其他与椭圆的情况相同，故可得结论：

一条直线与椭圆恒交于两点，与双曲线的渐近线不平行的直线与此双曲线

也交于两点①.

26.求有心二次曲线的平行弦中点的轨迹.

[解] （1）如平行弦与 y 轴平行,由于有心二次曲线

$$Ax^2 + By^2 = 1 \tag{1}$$

关于 x 轴对称,故平行弦中点的轨迹就是 x 轴;

（2）设平行弦与 y 轴不平行,这时弦的方程可写为

$$y = kx + b \tag{2}$$

k 保持一定,而 b 变化,即把 b 看作参数.此时式（2）表示相平行的各弦.我们要求的是各条弦的中点,而各个端点的坐标 (x_1, y_1),(x_2, y_2) 是满足式（1）与式（2）的.根据习题 25 的讨论,端点的横坐标是二次方程（3）的解.故弦的中点的坐标为②

$$\begin{cases} x = \dfrac{x_1 + x_2}{2} = \dfrac{-Bbk}{A + Bk^2} & (3) \\ y = kx + b & (4) \end{cases}$$

这是直线的参数方程,b 是参数,对于不同的 b 得到不同的交点.

由式（3）（4）消去 b 得

$$(A + Bk^2)x = -Bk(y - kx)$$

即

$$Ax = -Bky \tag{5}$$

这就是所求的平行弦中点的轨迹,可见它是通过原点（对称中心）的直线,其斜率

$$k' = -\frac{A}{Bk} \tag{6}$$

对于椭圆来说,$A = \dfrac{1}{a^2}$,$B = \dfrac{1}{b^2}$,则

$$k' = -\frac{b^2}{a^2 k} \tag{7}$$

对于双曲线来说,$A = \dfrac{1}{a^2}$,$B = -\dfrac{1}{b^2}$,则

$$k' = \frac{b^2}{a^2 k} \tag{8}$$

92

---

① 重合的点看作两个点,虚点也看作点.

② 并没要求求弦的端点,因此不需要具体地求出端点的坐标.

27. 求有心二次曲线的切线方程.

［解］ （1）已知切线的斜率.

一条直线

$$y = kx + b \tag{1}$$

与有心二次曲线

$$Ax^2 + By^2 = 1 \tag{2}$$

交于相重合的两点时,此直线就是切线. 现在来求它的方程,如习题 25 所述,式(1) 与式(2) 相切的条件是

$$(Bbk)^2 - (A + Bk^2)(Bb^2 - 1) = 0$$

即

$$Bk^2 - A(Bb^2 - 1) = 0$$

从此式可求出切线的截距

$$b^2 = \frac{1}{AB}(Bk^2 + A) = \frac{k^2}{A} + \frac{1}{B} \tag{3}$$

所以

$$b = \pm\sqrt{\frac{k^2}{A} + \frac{1}{B}} \tag{4}$$

把式(4) 代入式(1),得曲线(2) 的斜率为 k 的切线方程

$$y = kx \pm \sqrt{\frac{k^2}{A} + \frac{1}{B}} \tag{5}$$

（2）设 $P(x_1, y_1)$ 是有心二次曲线上一点,求以点 $P(x_1, y_1)$ 为切点的切线方程.

过曲线(2) 上一点 $P(x_1, y_1)$ 的直线方程为

$$y - y_1 = k(x - x_1)$$

或

$$y = kx + (y_1 - kx_1)$$

由式(3) 可见

$$(y_1 - kx_1)^2 = \frac{k^2}{A} + \frac{1}{B}$$

按 k 的降幂整理得

$$\left(\frac{1}{A} - x_1^2\right)k^2 + 2x_1 y_1 k + \left(\frac{1}{B} - y_1^2\right) = 0$$

或

$$B(1 - Ax_1^2)k^2 + 2ABx_1 y_1 k + A(1 - By_1^2) = 0 \tag{6}$$

93

因为 $P(x_1, y_1)$ 是曲线(2)上的点,故

$$Ax_1^2 + By_1^2 = 1$$

所以

$$1 - Ax_1^2 = By_1^2$$
$$1 - By_1^2 = Ax_1^2$$

将两式代入式(6)得

$$B^2 y_1^2 k^2 + 2AB x_1 y_1 k + A^2 x_1^2 = 0$$

即

$$(By_1 k + Ax_1)^2 = 0$$

故

$$k = -\frac{Ax_1}{By_1}$$

因此通过曲线上的点 $P(x_1, y_1)$ 的切线方程为

$$y - y_1 = -\frac{Ax_1}{By_1}(x - x_1)$$

由于有心二次曲线的特性,消去分母,可写为

$$Ax_1 x + By_1 y = Ax_1^2 + By_1^2 = 1$$

故得所求的切线方程为

$$Ax_1 x + By_1 y = 1 \tag{8}$$

因此得通过椭圆 $\dfrac{x^2}{a^2} + \dfrac{y^2}{b^2} = 1$ 上一点 $P(x_1, y_1)$ 的切线方程为

$$\frac{x_1 x}{a^2} + \frac{y_1 y}{b^2} = 1 \tag{9}$$

而通过双曲线 $\dfrac{x^2}{a^2} - \dfrac{y^2}{b^2} = \pm 1$ 上一点 $P(x_1, y_1)$ 的切线方程为

$$\frac{x_1 x}{a^2} - \frac{y_1 y}{b^2} = \pm 1 \tag{10}$$

28.通过点 $(-2, -1)$ 引椭圆 $5x^2 + y^2 = 5$ 的两条切线,求它们的方程.

[解] 设 (x_1, y_1) 为切点,由前题,则椭圆的切线方程为

$$5x_1 x + y_1 y = 5$$

又因点 $(-2, -1)$ 在切线上,所以有

$$5x_1(-2) + y_1(-1) = 5$$

即

$$-10x_1 - y_1 = 5$$

解方程组

$$\begin{cases} -10x_1 - y_1 = 5 \\ 5x_1^2 + y_1^2 = 5 \end{cases}$$

得两个切点 $\left(-\dfrac{2}{3}, \dfrac{5}{3}\right)$ 及 $\left(-\dfrac{2}{7}, -\dfrac{15}{7}\right)$.

因此,根据切线方程公式,有两条切线,一条切线方程是

$$2x - y + 3 = 0$$

另一条切线方程是

$$2x + 3y + 7 = 0$$

29. 已知双曲线 $\dfrac{x^2}{a^2} - \dfrac{y^2}{b^2} = 1$ 与直线 $x - y - 2 = 0$ 相切于点 $(4, 2)$,求双曲线方程.

〔解〕　双曲线在点 $(4, 2)$ 处的切线方程为

$$\frac{4x}{a^2} - \frac{2y}{b^2} = 1$$

即

$$4b^2 x - 2a^2 y = a^2 b^2$$

两条直线重合,系数和常数项应成比例,因此有

$$\frac{4b^2}{1} = \frac{-2a^2}{-1} = \frac{a^2 b^2}{2}$$

由此得

$$a^2 = 8, \quad b^2 = 4$$

所以双曲线方程为

$$\frac{x^2}{8} - \frac{y^2}{4} = 1$$

30. 求到两个焦点的距离的比等于 9 的椭圆 $\dfrac{x^2}{25} + \dfrac{y^2}{9} = 1$ 上的点的切线方程.

〔解〕　$a = 5, b = 3, c = 4, e = \dfrac{4}{5}$,根据式(3.5)得

$$\frac{r_1}{r_2} = \frac{a + ex}{a - ex} = \frac{5 + \frac{4}{5}x}{5 - \frac{4}{5}x} = 9$$

解之得

$$x = 5$$

同理,由 $\dfrac{r_2}{r_1} = 9$ 得

95

$$x = -5$$

所求两点是长轴的顶点,所以切线方程为

$$x = \pm 5$$

31.已知椭圆 $b^2 x^2 + a^2 y^2 = a^2 b^2$ 的切线在两坐标轴上截距相等,求这条切线的方程.

答:$y = \pm x \mp \sqrt{a^2 + b^2}$

32.证明:双曲线的任何一条切线与两条渐近线所围成的三角形的面积是一个常数.

〔证〕 设双曲线方程为 $\dfrac{x^2}{a^2} - \dfrac{y^2}{b^2} = 1$,则在点 $M(x_1, y_1)$ 处的切线方程为

$$b^2 x_1 x - a^2 y_1 y = a^2 b^2$$

而渐近线方程为

$$bx \pm ay = 0$$

解方程组

$$\begin{cases} b^2 x_1 x - a^2 y_1 y = a^2 b^2 \\ bx + ay = 0 \end{cases}$$

和

$$\begin{cases} b^2 x_1 x - a^2 y_1 y = a^2 b^2 \\ bx - ay = 0 \end{cases}$$

得切线和两条渐近线的交点

$$\left(\frac{a^2 b}{bx_1 + ay_1}, -\frac{ab^2}{bx_1 + ay_1} \right) \text{ 和 } \left(\frac{a^2 b}{bx_1 - ay_1}, \frac{ab^2}{bx_1 - ay_1} \right)$$

注意原点是三角形的第三个顶点,利用已知三顶点求三角形面积的公式,得

$$S_\triangle = \pm \frac{1}{2} \begin{vmatrix} \dfrac{a^2 b}{bx_1 + ay_1} & \dfrac{-ab^2}{bx_1 + ay_1} \\ \dfrac{a^2 b}{bx_1 - ay_1} & \dfrac{ab^2}{bx_1 - ay_1} \end{vmatrix} =$$

$$\pm \frac{1}{2} \frac{a^3 b^3}{(bx_1 + ay_1)(bx_1 - ay_1)} \begin{vmatrix} 1 & -1 \\ 1 & 1 \end{vmatrix} =$$

$$\frac{a^3 b^3}{|b^2 x_1^2 - a^2 y_1^2|} = \frac{a^3 b^3}{a^2 b^2} = ab$$

式中"±"号表示取绝对值.

96

33. 已知有心二次曲线 $Ax^2 + By^2 = 1$，P 为其上一点，从点 P 向一个主轴[①] 引的垂线的垂足为 H. 在点 P 处的切线和同一主轴的交点为 T，则 $OH \cdot OT$ 为一定值，试证之.

[证]　设主轴为 x 轴，点 P 的坐标为 (x_1, y_1)，则 $OH = |x_1|$. 点 P 处的切线方程为

$$Ax_1 x + By_1 y = 1$$

因此，令 $y = 0$，则有

$$OT = |x| = \frac{1}{|Ax_1|}$$

所以

$$OH \cdot OT = |x_1| \cdot \frac{1}{|Ax_1|} = \frac{1}{|A|}$$

主轴是 y 轴时，也同样证明，这时定值为 $\dfrac{1}{|B|}$.

34. 椭圆上一点 P 处的切线与在长轴顶点 A，A' 处的两条切线交于 Q, Q'，则以 QQ' 为直径的圆通过椭圆的两个焦点，试证之.

[证]　如图 2.29，在椭圆 $\dfrac{x^2}{a^2} + \dfrac{y^2}{b^2} = 1$ 上的点 $P(x_1, y_1)$ 处的切线方程为

$$\frac{x_1 x}{a^2} + \frac{y_1 y}{b^2} = 1$$

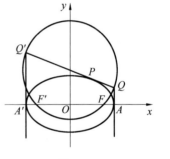

图 2.29

97

在点 $A(a, 0)$ 处的切线方程为 $x = a$. 这两条切线的交点为

$$Q\left(a, \frac{b^2}{y_1}\left(1 - \frac{x_1}{a}\right)\right)$$

同样，求得

$$Q'\left(-a, \frac{b^2}{y_1}\left(1 + \frac{x_1}{a}\right)\right)$$

焦点 $F(c, 0)$ 和 Q, Q' 连线的斜率分别为

$$FQ : k = \frac{\dfrac{b^2}{y_1}\left(1 - \dfrac{x_1}{a}\right)}{a - c}$$

---

① 在这里指的是对称轴.

$$FQ':k'=\frac{\dfrac{b^2}{y_1}\left(1+\dfrac{x_1}{a}\right)}{-a-c}$$

不难算出

$$k\cdot k'=-1$$

所以

$$FQ\perp FQ'$$

对于另一焦点 $F'(-c,0)$，也同样可证明 $F'Q\perp F'Q'$. 因此，以 QQ' 为直径的圆通过焦点 F,F'.

35. 试证：在椭圆 $\dfrac{x^2}{a^2}+\dfrac{y^2}{b^2}=1$ 上点 $P(x_1,y_1)$ 处的法线平分这点到两焦点半径间的夹角.

［证］ 如图 2.30，经过点 P 的法线方程为

$$y-y_1=\frac{a^2y_1}{b^2x_1}(x-x_1)$$

在此方程中，令 $y=0$，得

$$x=x_1-\frac{b^2x_1}{a^2}=\frac{c^2}{a^2}x_1=e^2x_1$$

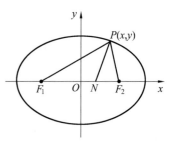

图 2.30

即

$$ON=e^2x_1$$

$$\frac{F_1N}{NF_2}=\frac{F_1O+ON}{OF_2-ON}=\frac{ae+e^2x_1}{ae-e^2x_1}=$$

$$\frac{a+ex_1}{a-ex_1}=\frac{F_1P}{F_2P}$$

由初等几何知，PN 平分 $\angle F_1PF_2$.

36. 试证：在双曲线上任一点 $P(x_1,y_1)$ 处的切线平分这点到两焦点半径间的夹角.

［提示］ 仿照上题不难证明.

37. 设 $P(x_0,y_0)$ 为双曲线上任意一点，过点 P 作切线，交两条渐近线于 A，B 两点，试证点 P 平分线段 AB.

［证］ 首先求过点 $P(x_0,y_0)$ 的切线与两条渐近线的交点，即解以下两个方程组

$$\begin{cases}\dfrac{x_0x}{a^2}-\dfrac{y_0y}{b^2}=1\\[2mm] y=\pm\dfrac{b}{a}x\end{cases}$$

得交点 A,B 为

$$A\left(\frac{a^2 b}{bx_0 - ay_0}, \frac{ab^2}{bx_0 - ay_0}\right)$$

$$B\left(\frac{a^2 b}{bx_0 + ay_0}, \frac{-ab^2}{bx_0 + ay_0}\right)$$

再求点 A,B 的中点的坐标

$$\frac{x_1 + x_2}{2} = \frac{1}{2}\left(\frac{a^2 b}{bx_0 - ay_0} + \frac{a^2 b}{bx_0 + ay_0}\right) = x_0$$

同样可以推得

$$\frac{y_1 + y_2}{2} = y_0$$

因此 $P(x_0, y_0)$ 是线段 AB 的中点.

38. 过双曲线一顶点的切线, 交共轭双曲线于两点. 求证过此两点的两条切线必通过另一个顶点.

[证]　设双曲线的方程为 $b^2 x^2 - a^2 y^2 = a^2 b^2$, 则其顶点坐标为 $(\pm a, 0)$.

过一顶点 $(a, 0)$ 的切线方程为 $x = a$, 与共轭双曲线

$$-b^2 x^2 + a^2 y^2 = a^2 b^2$$

交于点 $(a, \pm b\sqrt{2})$.

过此两点的切线方程为

$$-bx \pm \sqrt{2} ay = ab$$

显然, 这两条切线经过另一顶点 $(-a, 0)$.

39. 证明: 有心二次曲线在同一直径的两端所引的两条切线互相平行, 且平行于共轭直径.

[证]　直径的两端点对称于坐标原点, 因此设直径的一端点为 $P(x_1, y_1)$, 则另一端点为 $P'(-x_1, -y_1)$. 通过这两端点的切线方程分别为

$$Ax_1 x + By_1 y = 1$$

和

$$-Ax_1 x - By_1 y = 1$$

显然, 两条切线的斜率都等于 $-\dfrac{A}{B}\dfrac{y_1}{x_1}$, 因此, 这两条切线平行, 由习题26公式 (6) 可见, 上述切线斜率与 OP 的共轭直径的斜率相等, 故这两条切线平行于 OP 的共轭直径.

40. 试证: 在椭圆的共轭直径四个端点作切线所成平行四边形的面积是一

99

个常数.

[证] 图 2.31,根据上题,显然 $KLMN$ 是平行四边形.现证明它的面积是一个常数.

先求平行四边形的高 $2OT$.

设点 P 的坐标为 (x_1, y_1),则过点 P 的切线方程为

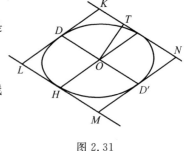

图 2.31

$$b^2 x_1 x + a^2 y_1 y = a^2 b^2$$

所以

$$2OT = 2 \frac{\mid b^2 x_1 \cdot 0 + a^2 y_1 \cdot 0 - a^2 b^2 \mid}{\sqrt{b^4 x_1^2 + a^4 y_1^2}} = \frac{2 a^2 b^2}{\sqrt{b^4 x_1^2 + a^4 y_1^2}}$$

再求平行四边形的底 KN.但由上题知 $KN \underline{\underline{\parallel}} DD'$,我们来求直径 DD' 的长.

点 D 的坐标为

$$\left(-\frac{a}{b} y_1, \frac{b}{a} x_1 \right)$$

因此

$$DD' = 2 \sqrt{\left(-\frac{a}{b} y_1 \right)^2 + \left(\frac{b}{a} x_1 \right)^2} = \frac{2 \sqrt{a^4 y_1^2 + b^4 x_1^2}}{ab}$$

所以

$$S_\square = 2OT \cdot DD' =$$

$$4 \frac{a^2 b^2}{\sqrt{b^4 x_1^2 + a^4 y_1^2}} \cdot \frac{\sqrt{a^4 y_1^2 + b^4 x_1^2}}{ab} =$$

$$4ab$$

41. $\dfrac{x^2}{a^2} - \dfrac{y^2}{b^2} = 1$ 与 $\dfrac{y^2}{b^2} - \dfrac{x^2}{a^2} = 1$ 为共轭双曲线,过其共轭直径的端点的切线构成的平行四边形有下面两个性质:(1)顶点在渐近线上;(2)面积一定.试证之.

[证] 在直径的端点 $P(a \sec \varphi, b \tan \varphi)$ 处,双曲线 $\dfrac{x^2}{a^2} - \dfrac{y^2}{b^2} = 1$ 的切线方程为

$$\frac{\sec \varphi}{a} x - \frac{\tan \varphi}{b} y = 1 \tag{1}$$

100

在共轭直径的端点 $Q(a\tan\varphi, b\sec\varphi), Q'(-a\tan\varphi, -b\sec\varphi)$ 处的共轭双曲线的切线方程为

$$\pm\left(\frac{\sec\varphi}{b}y - \frac{\tan\varphi}{a}x\right) = 1 \tag{2}$$

将式(1)(2)两边相减,得

$$(\sec\varphi \pm \tan\varphi)\left(\frac{x}{a} \mp \frac{y}{b}\right) = 0$$

所以
$$\frac{x}{a} \mp \frac{y}{b} = 0$$

因此,式(1)(2)的交点在渐近线上.因为切线构成的平行四边形关于原点对称,所以其他的顶点也都在渐近线上.

又从原点 O 向切线(1)引的垂线 OH 的长为

$$OH = \frac{1}{\sqrt{\dfrac{\sec^2\varphi}{a^2} + \dfrac{\tan^2\varphi}{b^2}}} = \frac{ab}{\sqrt{a^2\tan^2\varphi + b^2\sec^2\varphi}}$$

另外

$$OQ = \sqrt{a^2\tan^2\varphi + b^2\sec^2\varphi}$$

所以
$$OQ \cdot OH = ab$$

所以平行四边形的面积等于 $4OQ \cdot OH = 4ab$,为一定值.

42.试证:由两个焦点向有心二次曲线的切线引的垂线长之积为一定值.

[分析]题设使用了焦点,故改写了椭圆或双曲线的标准方程,对于椭圆 $b^2 = a^2 - c^2$;对于双曲线 $-b^2 = a^2 - c^2$.因此有心二次曲线的方程可改写为

$$\frac{x^2}{a^2} + \frac{y^2}{a^2 - c^2} = 1$$

或
$$x^2 + \frac{y^2}{1 - e^2} = a^2$$

[证]　设有心二次曲线的方程为

$$x^2 + \frac{y^2}{1 - e^2} = a^2$$

在其上一点 (x_1, y_1) 处的切线方程为

$$x_1 x + \frac{y_1 y}{1 - e^2} - a^2 = 0$$

从焦点 $(\pm ae, 0)$ 向切线引垂线,其长为

$$\frac{\mid x_1(\pm ae) - a^2 \mid}{\sqrt{x_1^2 + \dfrac{y_1^2}{(1 - e^2)^2}}}$$

但是

$$x_1^2 + \frac{y_1^2}{1-e^2} = a^2$$

所以

$$x_1^2 + \frac{y_1^2}{(1-e^2)^2} = \frac{a^2 - e^2 x_1^2}{1-e^2}$$

故上面的垂线长的积为

$$\frac{\left| (aex_1 - a^2)(-aex_1 - a^2) \right|}{x_1^2 + \dfrac{y_1^2}{(1-e^2)^2}} = \frac{a^2 \left| a^2 - e^2 x_1^2 \right|}{\left| \dfrac{a^2 - e^2 x_1^2}{1-e^2} \right|} = a^2 \left| 1 - e^2 \right| = b^2$$

即积为一定值.

43. 证明:从焦点到椭圆的任一切线的垂线和联结中心与切点的直线交于准线上.

[证]　设椭圆方程为 $x^2 + \dfrac{y^2}{1-e^2} = a^2$,切点为 (x_1, y_1),则过焦点 $(ae, 0)$ 垂直于切线的方程为

$$y = \frac{y_1}{x_1(1-e^2)}(x - ae) \tag{1}$$

取准线为

$$x = \frac{a}{e} \tag{2}$$

联结中心与切点的直线方程为

$$y = \frac{y_1}{x_1}x \tag{3}$$

因此问题归结为证明式(1)(2)(3)三条直线共点.

我们的做法是求出式(2)(3)的交点,然后验证它在式(1)上. 式(2)(3)的交点为 $P\left(\dfrac{a}{e}, \dfrac{y_1 a}{x_1 e}\right)$. 将点 P 的横坐标代入式(1)的右边

$$右边 = \frac{y_1}{x_1(1-e^2)}\left(\frac{a}{e} - ea\right) =$$

$$\frac{y_1}{x_1(1-e^2)}\frac{a}{e}(1-e^2) =$$

$$\frac{y_1 a}{x_1 e} = 左边$$

即点 P 在直线(1)上.

对于另一焦点的情况,同理可证.

44.证明:椭圆的一个焦点关于任意切线的对称点的轨迹,是以另一焦点为圆心的圆.

[证]　如图 2.32,设椭圆的焦点为 F,F',椭圆上任意点 P 处的切线为 $T'PT$.点 F 关于此切线的对称点为 Q,则有

$$\angle FPT = \angle TPQ$$

又由椭圆的性质有

$$\angle FPT = \angle F'PT'$$

所以

$$\angle F'PT' = \angle TPQ$$

因此点 F',P,Q 在一条直线上,另外

$$PF = PQ,\quad PF + PF' = 2a$$

所以

$$F'Q = F'P + PQ = 2a$$

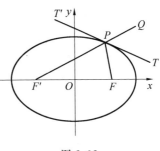

图 2.32

所以点 Q 的轨迹是以 F' 为圆心,半径等于 $2a$ 的圆.

103

45.以 φ 为参数时,试证:点

$$x = a\sec\varphi,\quad y = b\tan\varphi \tag{1}$$

在双曲线 $\dfrac{x^2}{a^2} - \dfrac{y^2}{b^2} = 1$ 上,并说明当 φ 从 $-\dfrac{\pi}{2}$ 变到 $\dfrac{\pi}{2}$ 时,点在双曲线的右分支上移动;当 φ 从 $\dfrac{\pi}{2}$ 变到 $\dfrac{3\pi}{2}$ 时,点在双曲线的左分支上移动.

[证]　由题意,得

$$\frac{x^2}{a^2} - \frac{y^2}{b^2} = \sec^2\varphi - \tan^2\varphi = 1$$

即式(1)是双曲线上的点.当 φ 从 $-\dfrac{\pi}{2}$ 变到 $\dfrac{\pi}{2}$ 时,x 从 $+\infty$ 连续地单调减少到 1,然后又从 1 连续地单调增加到 $+\infty$,而 y 从 $-\infty$ 连续地单调增加至 $+\infty$,这说明点 (x,y) 在双曲线的右分支上移动.同理可说明 φ 从 $\dfrac{\pi}{2}$ 变到 $\dfrac{3}{2}\pi$ 时,点 P 在左分支上移动.

46.已知双曲线的实半轴为 a、虚半轴为 b,作双曲线的图形.

[解]　如图 2.33,以原点为圆心,以 a,b 为半径作同心圆.任意引前圆的半径 OR,于点 R 处引切线交 x 轴于点 Q.从后圆与 x 轴的交点 T 处引切线与 OR 的交点设为 S.从点 S 引与 x 轴平行的直线,从点 Q 引与 y 轴平行的直线,二者

的交点 P 为双曲线上的点.

原因是,设 $\angle QOR = \varphi$,则点 P 的坐标 (x,y) 为

$$\begin{cases} x = OQ = OR\sec\varphi = a\sec\varphi \\ y = PQ = ST = b\tan\varphi \end{cases}$$

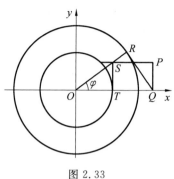

图 2.33

φ 叫作双曲线的离心角.

47. 设双曲线上一点 P 处的法线和 x 轴的交点为 N,从点 N 引渐近线的垂线 NQ,则 PQ 与 x 轴垂直,试证之.

[证] 双曲线 $\dfrac{x^2}{a^2} - \dfrac{y^2}{b^2} = 1$ 上的一点 $P(a\sec\varphi, b\tan\varphi)$ 处的法线方程为

$$\frac{\tan\varphi}{b}(x - a\sec\varphi) + \frac{\sec\varphi}{a}(y - b\tan\varphi) = 0$$

若令 $y = 0$,那么点 N 的 x 坐标为

$$x = \frac{a^2 + b^2}{a}\sec\varphi$$

如果设渐近线和 x 轴的交角为 α,则点 Q 的 x 坐标为

$$x = OQ\cos\alpha = ON\cos^2\alpha$$

因为 $\tan\alpha = \dfrac{b}{a}$,所以 $\cos^2\alpha = \dfrac{a^2}{a^2 + b^2}$,因而点 Q 的 x 坐标为 $a\sec\varphi$,与点 P 的一致. 故 PQ 垂直于 x 轴.

48. 求通过有心二次曲线 $Ax^2 + By^2 = 1$ 上一点 $P(x_1, y_1)$ 的法线方程.

答:$By_1 x - Ax_1 y = x_1 y_1 (B - A)$.

49. 过有心二次曲线 $Ax^2 + By^2 = 1$ 上一点 P 的法线,被坐标轴所截得的线段设为 RS,求证:点 P 分 RS 成一常数比 $|A| : |B|$. (R, S 分别为法线与 x 轴,y 轴的交点.)

[证] 由前题知通过点 P 的法线方程为

$$By_1 x - Ax_1 y = x_1 y_1 (B - A)$$

故法线与 x 轴的交点为 $Q\left(x_1\left(1 - \dfrac{A}{B}\right), 0\right)$;与 y 轴的交点为 $R\left(0, y_1\left(1 - \dfrac{B}{A}\right)\right)$.

所以

$$PQ = \sqrt{\frac{A^2}{B^2}x_1^2 + y_1^2} = \frac{1}{|B|}\sqrt{A^2 x_1^2 + B^2 y_1^2}$$

$$PR = \sqrt{x_1^2 + \frac{B^2}{A^2}y_1^2} = \frac{1}{|A|}\sqrt{A^2 x_1^2 + B^2 y_1^2}$$

所以
$$PQ : PR = |A| : |B|$$

50. 求椭圆的参数方程.

[解]　在椭圆方程 $\dfrac{x^2}{a^2} + \dfrac{y^2}{b^2} = 1$ 中,设 $x = a\cos\theta$,则 $y = \pm b\sin\theta$,故

$$\begin{cases} x = a\cos\theta \\ y = b\sin\theta \end{cases}$$

$$\begin{cases} x = a\cos\theta \\ y = -b\sin\theta \end{cases}$$

都是以 θ 为参数的椭圆方程. 这两个方程表示同一个椭圆. 一般书上都取比较简单的前一个,这时当 θ 从 0 变到 2π 时,点 (x,y) 从右顶点开始沿椭圆逆时针方向运动一周. 而后一方程表示点 (x,y) 从右顶点沿椭圆顺时针方向运动一周.

角 θ 叫作椭圆的离心角[①].

51. 已知椭圆的长半轴 a 和短半轴 b,作椭圆的图形.

[解]　如图 2.34,以原点为圆心,以 a,b 为半径作同心圆,任作一半径与小圆交于点 Q,与大圆交于点 R. 然后,过点 Q,R 分别作平行于 x 轴和 y 轴的直线,其交点设为 P,则 P 是椭圆上的点. 事实上,设点 P 的坐标为 (x,y),则

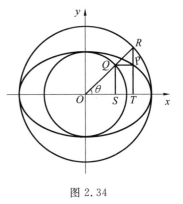

$$\begin{cases} x = OT = OR\cos\theta = a\cos\theta \\ y = PT = QS = OQ\sin\theta = b\sin\theta \end{cases}$$

显然满足椭圆方程 $\dfrac{x^2}{a^2} + \dfrac{y^2}{b^2} = 1$,故点 P 在椭圆上.

图 2.34

52. 设在椭圆上点 P 处引法线,交长轴于点 Q,试证:PQ 的中点的轨迹也是一个椭圆,并求出这两个椭圆离心率之间的关系.

[解法一]　如图 2.34,设点 P 的坐标为 $(a\cos\theta, b\sin\theta)$,则椭圆的切线方程为

$$\frac{x\cos\theta}{a} + \frac{y\sin\theta}{b} = 1$$

---

①　认为椭圆的离心角是 x 轴与 OP 的夹角是错误的.

105

因而在点 P 处的法线方程为

$$\frac{\sin \theta}{b}(x - a\cos \theta) - \frac{\cos \theta}{a}(y - b\sin \theta) = 0 \tag{1}$$

显然,法线与 x 轴的交点 Q 的坐标为

$$Q\left(\left(a - \frac{b^2}{a}\right)\cos \theta, 0\right)$$

因此 PQ 中点的坐标为

$$\begin{cases} x = \frac{1}{2}\left[a\cos \theta + \left(a - \frac{b^2}{a}\right)\cos \theta\right] = \frac{2a^2 - b^2}{2a}\cos \theta & (2) \\ y = \frac{1}{2}(b\sin \theta + 0) = \frac{1}{2}b\sin \theta & (3) \end{cases}$$

由式(2)(3)消去 θ,得

$$\frac{a^2 x^2}{(2a^2 - b^2)^2} + \frac{y^2}{b^2} = \frac{1}{4} \tag{4}$$

这是椭圆方程.

设方程(4)的长、短半轴分别为 a',b',则有

$$a' = \frac{2a^2 - b^2}{2a}, b' = \frac{b}{2}$$

因为

$$a^2 - b^2 = a^2 e^2, b^2 = (1 - e^2)a^2$$

所以

$$a' = \frac{1 + e^2}{2}a, b'^2 = \frac{1}{4}(1 - e^2)a^2$$

因此离心率 e' 与 e 之间的关系为

$$e'^2 = \frac{a'^2 - b'^2}{a'^2} = \frac{e^2(e^2 + 3)}{(1 + e^2)^2}$$

〔解法二〕 从习题 48 知通过椭圆上点 $P(x_1, y_1)$ 的法线方程为

$$By_1 x - Ax_1 y = x_1 y_1(B - A)$$

其中 $A = \frac{1}{a^2}, B = \frac{1}{b^2}$.

法线与 x 轴的交点为

$$Q\left(x_1\left(1 - \frac{A}{B}\right), 0\right)$$

因此 PQ 的中点坐标为

$$x = \frac{x_1}{2}\left(2 - \frac{A}{B}\right) \tag{1}$$

$$y = \frac{y_1}{2} \tag{2}$$

从式(1)(2)解出 x_1,y_1,然后代入

$$Ax_1^2 + By_1^2 = 1$$

得

$$A\,\frac{(2B)^2 x^2}{(2B-A)^2} + 4By^2 = 1$$

把 $A=\dfrac{1}{a^2}$,$B=\dfrac{1}{b^2}$ 代入此式,即得解法一中的式(4).

53.在椭圆上一点的切线、法线及短轴作成的三角形,其外接圆必通过焦点,试证之.

[证]　在椭圆 $\dfrac{x^2}{a^2}+\dfrac{y^2}{b^2}=1$ 上的点 $P(a\cos\theta,b\sin\theta)$ 处的切线方程和法线方程分别为

$$\frac{x\cos\theta}{a}+\frac{y\sin\theta}{b}=1$$

$$\frac{\sin\theta}{b}(x-a\cos\theta)=\frac{\cos\theta}{a}(y-b\sin\theta)$$

它们与短轴的交点分别为

$$T\left(0,\frac{b}{\sin\theta}\right),\ N\left(0,\frac{-a^2e^2}{b}\sin\theta\right)$$

这两点和焦点 $(ae,0)$ 联结的直线斜率分别为

$$k_1=\frac{\dfrac{b}{\sin\theta}}{-ae}=-\frac{b}{ae\sin\theta}$$

$$k_2=\frac{\dfrac{-a^2e^2}{b}\sin\theta}{-ae}=\frac{ae\sin\theta}{b}$$

因为　　　　　　　　　　　$k_1\cdot k_2=-1$

所以　　　　　　　　　　　$TF\perp NF$

故以 TN 为直径的圆通过点 P 和点 F.同样可以证明通过点 F_1.

54.一对共轭直径在主轴同侧的两端点的离心角对椭圆其差为 $\dfrac{\pi}{2}$,对双曲线则相等.

[证]　如图 2.35,设

$$D_1:x_1=a\cos\theta_1,\ y_1=b\sin\theta_1\quad(0\leqslant\theta_1\leqslant\pi)$$

$$D_2:x_2=a\cos\theta_2,\ y_2=b\sin\theta_2\quad(0\leqslant\theta_2\leqslant\pi)$$

从两共轭直径的条件知

$$k_1 \cdot k_2 = -\frac{b^2}{a^2}$$

即

$$\frac{y_1}{x_1} \cdot \frac{y_2}{x_2} = \frac{b}{a}\tan\theta_1 \cdot \frac{b}{a}\tan\theta_2 =$$

$$\frac{b^2}{a^2}\tan\theta_1 \cdot \tan\theta_2 =$$

$$-\frac{b^2}{a^2}$$

所以

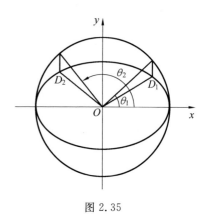

图 2.35

$$\tan\theta_1 \cdot \tan\theta_2 = -1$$
$$\cos(\theta_2 - \theta_1) = \cos\theta_2\cos\theta_1 + \sin\theta_2\sin\theta_1 =$$
$$\cos\theta_2\cos\theta_1(1 + \tan\theta_2\tan\theta_1) =$$
$$0$$

108　所以

$$\theta_2 - \theta_1 = \pm\frac{\pi}{2}$$

对于双曲线可类似地证明.

55.试证:椭圆的内接四边形的三边分别保持按一定方向移动时,第四边也按确定的方向移动.

[证] 联结椭圆 $\frac{x^2}{a^2} + \frac{y^2}{b^2} = 1$ 上离心角分别为 θ_1,θ_2 两点$(a\cos\theta_1, b\sin\theta_1)$,$(a\cos\theta_2, b\sin\theta_2)$ 的直线的斜率为

$$\frac{b\sin\theta_2 - b\sin\theta_1}{a\cos\theta_2 - a\cos\theta_1} = \frac{b}{a} \cdot \frac{2\sin\dfrac{\theta_2 - \theta_1}{2}\cos\dfrac{\theta_2 + \theta_1}{2}}{-2\sin\dfrac{\theta_2 - \theta_1}{2}\sin\dfrac{\theta_2 + \theta_1}{2}} =$$

$$-\frac{b}{a}\cot\frac{\theta_1 + \theta_2}{2}$$

因而当 $\theta_1 + \theta_2$ 为一定值的时候,这个方向为确定方向.

设内接四边形 $A_1A_2A_3A_4$ 的顶点的离心角为 θ_1,θ_2,θ_3,θ_4,若 A_1A_2,A_2A_3,A_3A_4 的方向一定,则

$$\theta_1 + \theta_2, \theta_2 + \theta_3, \theta_3 + \theta_4$$

的值也一定.所以 $\theta_1 + \theta_4 = (\theta_1 + \theta_2) + (\theta_3 + \theta_4) - (\theta_2 + \theta_3)$ 的值也就一定,即 A_1A_4 有确定方向.

56.试证:椭圆一个直径的长是通过焦点与此直径平行的弦和长轴的比例中项.

[证] 设椭圆的方程为

$$x^2 + \frac{y^2}{1-e^2} = a^2 \tag{1}$$

若设直径的方程为

$$x = r\cos\theta, y = r\sin\theta \tag{2}$$

其中 θ 为一常数,r 为参数.对于直径端点,由式(1)(2)得

$$r^2\left(\cos^2\theta + \frac{\sin^2\theta}{1-e^2}\right) = a^2$$

所以

$$r^2 = \frac{a^2(1-e^2)}{1-e^2\cos^2\theta}$$

因为直径 d 是 r 的二倍,所以

$$d^2 = \frac{4a^2(1-e^2)}{1-e^2\cos^2\theta} \tag{3}$$

另外,平行于直径且通过焦点 $(ae,0)$ 的弦的方程为

$$x = ae + r\cos\theta, y = r\sin\theta \tag{4}$$

对于弦的端点,由式(1)(4)得

$$\frac{1-e^2\cos^2\theta}{1-e^2}r^2 + 2ae\cos\theta \cdot r - a^2(1-e^2) = 0$$

设此方程的两个根为 r_1, r_2,对于弦长 $S = |r_1 - r_2|$ 有

$$S^2 = (r_1 + r_2)^2 - 4r_1r_2 =$$

$$\left(\frac{(1-e^2)2ae\cos\theta}{1-e^2\cos^2\theta}\right)^2 + \frac{4a^2(1-e^2)^2}{1-e^2\cos^2\theta} =$$

$$\frac{4a^2(1-e^2)^2}{(1-e^2\cos^2\theta)^2}$$

所以

$$S = \frac{2a(1-e^2)}{1-e^2\cos^2\theta} \tag{5}$$

由式(3)(5)得

$$d^2 = 2aS$$

即 d 是 $2a$ 和 S 的比例中项.

57.试述二次曲线的极点与极线.

[解] 设 $P(x_1, y_1)$ 为坐标平面上一点,则直线

$$Ax_1x + By_1y = 1 \tag{1}$$

叫作点 P 关于有心二次曲线 $Ax^2 + By^2 = 1$ 的极线,而点 P 叫作极线(1)的极点.

方程

$$y_1y = p(x + x_1) \tag{2}$$

叫作点 P 关于抛物线 $y^2 = 2px$ 的极线,而点 P 叫作极线(2)的极点.

显然,当点 P 在二次曲线上时,点 P 的极线就是此二次曲线的切线.

58. 设 P 为二次曲线外一点,则从点 P 向二次曲线引两条切线的切点连线是极线.

[证] 就有心二次曲线证明之. 设 $P(x_1, y_1)$ 为 $Ax^2 + By^2 = 1$ 外一点,从点 P 向此二次曲线引的两条切线的切点为 $Q(x_2, y_2)$,$R(x_3, y_3)$,则两条切线方程为

$$Ax_2x + By_2y = 1 \tag{1}$$

$$Ax_3x + By_3y = 1 \tag{2}$$

因点 $P(x_1, y_1)$ 在这两条切线上,故

$$Ax_2x_1 + By_2y_1 = 1, Ax_3x_1 + By_3y_1 = 1$$

这说明点 $Q(x_2, y_2)$,$R(x_3, y_3)$ 在直线

$$Ax_1x + By_1y = 1 \tag{3}$$

上. 从而得到从点 P 向二次曲线引切线的切点连线是 $P(x_1, y_1)$ 的极线.

同理可证抛物线的情况,请读者自证.

59. 试证:关于某二次曲线,如果点 P_1 的极线通过点 P_2,那么点 P_2 的极线也通过点 P_1;又如果直线 l_1 的极点在直线 l_2 上时,那么直线 l_2 的极点在直线 l_1 上.

[证] 设有心二次曲线的方程为

$$Ax^2 + By^2 = 1$$

(1) 如果点 $P_1(x_1, y_1)$,$P_2(x_2, y_2)$ 的极线分别为

$$Ax_1x + By_1y = 1 \tag{1}$$

$$Ax_2x + By_2y = 1 \tag{2}$$

又如果点 $P_2(x_2, y_2)$ 在极线(1)上,那么

$$Ax_1x_2 + By_1y_2 = 1 \tag{3}$$

成立. 这说明将点 $P_1(x_1, y_1)$ 的坐标代入式(2)中成立,即 P_1 在极线(2)上.

(2) 设直线 l_1 的极点为 $P_1(x_1, y_1)$,则 l_1 的方程为式(1). 设直线 l_2 的极点为 $P_2(x_2, y_2)$,l_2 的方程为式(2). 与(1)的讨论相同,如果 l_1 的极点 $P_1(x_1, y_1)$

在式(2)上,那么式(3)成立,这就说明 l_2 的极点 $P_2(x_2,y_2)$ 在 l_1 上.

60.试证:对于二次曲线的极点与极线之间有:(1)对应于焦点的极线是准线;(2)准线上任意点的极线通过焦点,且垂直于联结此点与焦点的直线.

[证] 首先讨论有心二次曲线的情形.

(1)依极线定义,焦点 $F(ae,0)$ 的极线方程是

$$\frac{1}{a^2}(ae)x=1$$

即

$$x=\frac{a}{e}$$

可见极线为准线.

(2)有心二次曲线 $x^2+\dfrac{y^2}{1-e^2}=a^2$ 的准线上的点 $P\left(\dfrac{a}{e},y_1\right)$ 的极线方程为

$$\frac{ax}{e}+\frac{y_1y}{1-e^2}=a^2$$

焦点 $(ae,0)$ 显然在这条直线上.此直线的斜率为 $-\dfrac{(1-e^2)a}{ey_1}$,而联结点 P,F 的直线斜率为 $\dfrac{ey_1}{(1-e^2)a}$,所以这两条直线互相垂直.

对另一焦点 $(-ae,0)$ 的情况亦同.

其次,抛物线 $y^2=2px$ 的准线上的点 $P\left(-\dfrac{p}{2},y_1\right)$ 的极线方程为

$$y_1y=p\left(x-\frac{p}{2}\right)$$

所以这条极线通过焦点 $\left(\dfrac{p}{2},0\right)$,其斜率为 $\dfrac{p}{y_1}$.直线 FP 的斜率为 $-\dfrac{y_1}{p}$,所以极线垂直于 FP.

因为准线上任意点的极线通过对应的焦点,所以焦点的极线与准线一致.

61.求经过椭圆 $\dfrac{x^2}{a^2}+\dfrac{y^2}{b^2}=1$ 的短半轴端点的弦的中点的轨迹.

[解] 设 (x,y) 是从 $(0,b)$ 引的弦的中点的坐标,(x_1,y_1) 是此弦与椭圆的交点,则有

$$x=\frac{x_1+0}{2},\quad y=\frac{y_1+b}{2}$$

因而

$$x_1 = 2x, y_1 = 2y - b$$

因(x_1, y_1)是椭圆上的点,故它满足椭圆方程,于是有

$$\frac{(2x)^2}{a^2} + \frac{(2y-b)^2}{b^2} = 1$$

即

$$\frac{x^2}{\left(\dfrac{a}{2}\right)^2} + \frac{\left(y - \dfrac{b}{2}\right)^2}{\left(\dfrac{b}{2}\right)^2} = 1$$

从$(0, -b)$引弦,同样推导,得

$$\frac{x^2}{\left(\dfrac{a}{2}\right)^2} + \frac{\left(y + \dfrac{b}{2}\right)^2}{\left(\dfrac{b}{2}\right)^2} = 1$$

因此,所求轨迹为椭圆.

62. 设垂直于椭圆长轴 AA' 的弦为 CD,试求两条直线 $AC, A'D$ 的交点的轨迹方程.

[解] 设椭圆方程为

$$\frac{x^2}{a^2} + \frac{y^2}{b^2} = 1 \tag{1}$$

设长轴端点为 $A(a, 0), A'(-a, 0)$. 若设垂直于长轴的弦 CD 的端点分别为 $C(x, y), D(x, -y)$,则 $AC, A'D$ 的方程分别为

$$\frac{X-a}{x-a} = \frac{Y}{y}, \frac{X+a}{x+a} = -\frac{Y}{y} \tag{2}$$

由式(1)得

$$\frac{x^2 - a^2}{a^2} = -\frac{y^2}{b^2} \tag{3}$$

对于 $AC, A'D$ 交点的坐标(X, Y),式(2)成立,将式(2)中的两式的两边相乘,得

$$\frac{X^2 - a^2}{x^2 - a^2} = -\frac{Y^2}{y^2}$$

又根据式(3)可得

$$\frac{X^2 - a^2}{a^2} = \frac{Y^2}{b^2}$$

所以

$$\frac{X^2}{a^2} - \frac{Y^2}{b^2} = 1$$

所以 $AC, A'D$ 的交点轨迹是和椭圆有着同一主轴的双曲线.

63. 设一动点到相交两条直线距离的乘积是一个正常数, 试证此动点的轨迹是双曲线.

[证] 取两条直线的交点为坐标原点, x 轴为过此交点两条直线夹角的角分线. 这样两条直线的方程为

$$y = \pm kx \quad (k \text{ 是常数})$$

设动点 P 的坐标为 (x, y), 从点 P 到这两条直线的距离分别为

$$\frac{|y - kx|}{\sqrt{1 + k^2}}, \frac{|y + kx|}{\sqrt{1 + k^2}}$$

依题意有

$$\frac{|y - kx|}{\sqrt{1 + k^2}} \cdot \frac{|y + kx|}{\sqrt{1 + k^2}} = \lambda \quad (\text{常数})$$

所以

$$y^2 - k^2 x^2 = \pm \lambda(1 + k^2)$$

可见动点的轨迹是双曲线, 而已知两条直线为其渐近线.

64. 定长的线段两端在一直角的两边上滑动, 试求这条线段上的任意一定点 M 所画的曲线.

[解] 如图 2.36, 取直角的两边为坐标轴. 设 $M(x, y)$ 为线段上任意一定点, $AM = a$, $BM = b$, 则点 $M(x, y)$ 的坐标满足

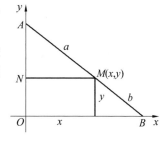

$$\frac{x}{a} = \cos\theta, \frac{y}{b} = \sin\theta \quad (0 \leqslant \theta \leqslant \frac{\pi}{2})$$

式中 $\theta = \angle OBM$ 是参数, 这是四分之一椭圆的参数方程. 特别地, 如果 $a = b$, 那么方程变为 $x^2 + y^2 = a^2$, 这是四分之一圆的方程.

图 2.36

65. 求联结椭圆的两条共轭直径端点而得弦的中点的轨迹.

[解] 椭圆 $\frac{x^2}{a^2} + \frac{y^2}{b^2} = 1$ 的共轭直径端点为

$$(a\cos\theta, b\sin\theta), (-a\sin\theta, b\cos\theta)$$

联结此两点的弦的中点为

$$x = \frac{a(\cos\theta - \sin\theta)}{2} = \frac{a}{\sqrt{2}}\cos\left(\theta + \frac{\pi}{4}\right)$$

$$y = \frac{b(\cos\theta + \sin\theta)}{2} = \frac{b}{\sqrt{2}}\sin\left(\theta + \frac{\pi}{4}\right)$$

因而

$$\frac{x^2}{a^2} + \frac{y^2}{b^2} = \frac{1}{2}$$

即轨迹是与原椭圆相似,且有相同中心的椭圆.

66.设一动圆在两条互相垂直的直线上分别割定长为 $2a$ 和 $2b$ 的线段,试求其圆心的轨迹方程.

［解］ 如图 2.37,取两条互相垂直的直线为坐标轴,设圆心坐标为 (x,y),半径为 r,则

$$x^2 + b^2 = r^2$$
$$y^2 + a^2 = r^2$$

所以

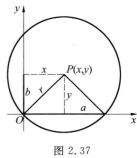

图 2.37

$$x^2 + b^2 = y^2 + a^2$$
$$x^2 - y^2 = a^2 - b^2$$

即所求的轨迹是等边双曲线.特别地,如果 $a=b$,那么轨迹为两条直线

$$x \pm y = 0$$

67.有心二次曲线 $Ax^2 + By^2 = 1$ 的互相垂直的两条切线的交点,必在圆

$$x^2 + y^2 = \frac{1}{A} + \frac{1}{B}$$

上,此圆称为准圆.

［解法一］ 过点 (x,y) 的两条切线方程为

$$y = kx \pm \sqrt{\frac{k^2}{A} + \frac{1}{B}}$$

两条切线的斜率满足方程

$$y^2 - 2kxy + k^2 x^2 = \frac{k^2}{A} + \frac{1}{B}$$

即

$$\left(x^2 - \frac{1}{A}\right)k^2 - 2kxy + y^2 - \frac{1}{B} = 0$$

所以

$$k_1 k_2 = \frac{y^2 - \dfrac{1}{B}}{x^2 - \dfrac{1}{A}}$$

依题意两条切线互相垂直,所以

$$\frac{y^2 - \dfrac{1}{B}}{x^2 - \dfrac{1}{A}} = -1$$

整理得

$$x^2 + y^2 = \frac{1}{A} + \frac{1}{B}$$

这是以二次曲线的中心为圆心的圆.

［解法二］　设一条切线的斜率为 k，则

$$y = kx \pm \sqrt{\frac{k^2}{A} + \frac{1}{B}} \tag{1}$$

与之垂直的切线方程为

$$y = -\frac{1}{k}x \pm \sqrt{\frac{1}{A}\left(\frac{-1}{k}\right)^2 + \frac{1}{B}} \tag{2}$$

当 k 变化时，以上两条直线的交点形成一个轨迹，消去参数 k，便得轨迹方程. 为此，将式(1)中 kx 项移至左边，两边平方得

$$y^2 - 2kxy + k^2 x^2 = \frac{k^2}{A} + \frac{1}{B} \tag{3}$$

同样由式(2)得

$$k^2 y^2 + 2kxy + x^2 = \frac{1}{A} + \frac{k^2}{B} \tag{4}$$

将式(3)(4)两边相加，得

$$(k^2 + 1)(x^2 + y^2) = (k^2 + 1)\left(\frac{1}{A} + \frac{1}{B}\right)$$

故得

$$x^2 + y^2 = \frac{1}{A} + \frac{1}{B}$$

这就是所求的轨迹方程.

68. 有一动直线与坐标轴所围成的三角形面积为常数 s，在动直线上又有一点将坐标轴间的线段分为已知比 λ，求这点的轨迹方程.

［解］　如图 2.38，设直线交坐标轴为 $A(a,0)$，$B(0,b)$ 两点，依题意 $\dfrac{1}{2}ab = s$，即 $b = \dfrac{2s}{a}$. 又直线上一点 $M(x,y)$ 分线段 AB 为 $\dfrac{AM}{MB} = \lambda$，根据分点公式，分点的轨迹是

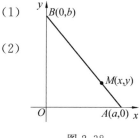

$$x = \frac{a}{1+\lambda} \tag{1}$$

$$y = \frac{\lambda b}{1+\lambda} = \frac{2\lambda s}{a(1+\lambda)} \tag{2}$$

式中 a 是参数. 将式 $(1) \times (2)$ 即可消去参数, 得

$$xy = \frac{2s\lambda}{(1+\lambda)^2}$$

这是双曲线方程.

图 2.38

69. 设 P 为已知 $\angle AOB$ 内一点, 从点 P 向直线 OA, OB 引垂线 PH, PK, 当四边形 $OHPK$ 的面积为一定值时, 求点 P 的轨迹方程.

〔解〕 设 O 为原点, $\angle AOB$ 的平分线为 x 轴, 在直角坐标系中, 设直线 OA 与 OB 的方程为

$$OA: x\sin\alpha + y\cos\alpha = 0, OB: x\sin\alpha - y\cos\alpha = 0$$

其中 $0 < \alpha < \dfrac{\pi}{2}$, 对于 $\angle AOB$ 内的点, 有

$$x > 0, x\sin\alpha + y\cos\alpha > 0, x\sin\alpha - y\cos\alpha > 0$$

从 $\angle AOB$ 的内点 $P(x, y)$ 引的垂线 PH, PK 的方程为

$$PH = x\sin\alpha + y\cos\alpha, PK = x\sin\alpha - y\cos\alpha$$

PH 的法式方程为

$$X\cos\alpha - Y\sin\alpha = x\cos\alpha - y\sin\alpha$$

因而 $\qquad\qquad OH = x\cos\alpha - y\sin\alpha$

同样 $\qquad\qquad OK = x\cos\alpha + y\sin\alpha$

若设 $S_{四边形 OHPK} = \dfrac{1}{2}(OH \cdot PH + OK \cdot PK)$ 的定值为 a^2, 则有

$$(x\cos\alpha - y\sin\alpha)(x\sin\alpha + y\cos\alpha) +$$
$$(x\cos\alpha + y\sin\alpha)(x\sin\alpha - y\cos\alpha) = 2a^2$$

所以 $\qquad\qquad x^2 - y^2 = \dfrac{a^2}{\cos\alpha\sin\alpha}$

因此, 点 $P(x, y)$ 在这个式子表示的等边双曲线上. 当 $\dfrac{\pi}{4} \leqslant \alpha < \dfrac{\pi}{2}$ 时, 这个式子表示的等边双曲线是 $\angle AOB$ 内的一支, 当 $\alpha < \dfrac{\pi}{4}$ 时, 是等边双曲线的弧.

70. 已知两个定圆, 一个定圆在另一个定圆的内侧. 证明与两个定圆相切的圆的圆心轨迹是以两定圆圆心为焦点的椭圆.

〔证〕 如图 2.39, 设两定圆的圆心分别为 F_1, F_2, 半径为 r_1, r_2, 动圆的圆

116

心为 C,半径为 r,依题意

$$CF_1 = r_1 - r, CF_2 = r_2 + r$$

所以　　　　　$CF_1 + CF_2 = r_1 + r_2 =$ 常数

故根据椭圆的定义知圆心 C 的轨迹是椭圆.

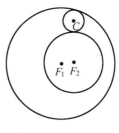

图 2.39

71.设有两个定圆,一个圆在另一个圆的外侧,试证外切于此两个定圆的圆的圆心轨迹是以两个定圆圆心为焦点的双曲线的一支.

[证]　设两个定圆的圆心分别为 F_1, F_2,半径为 r_1, $r_2 (r_1 > r_2)$,动圆的圆心为 C,半径为 r. 依题意有

$$CF_1 = r + r_1, CF_2 = r + r_2$$

所以　　　　　$CF_1 - CF_2 = (r + r_1) - (r + r_2) = r_1 - r_2$

其中 $r_1 - r_2$ 是一个正常数.

所以点 C 到两个定点的距离之差为一个正常数.根据双曲线的定义知它的轨迹是以 F_1, F_2 为焦点,$2a = r_1 - r_2$[①] 的双曲线的一分支.

72.已知一定点及一定圆,一动圆通过此定点又外切于此定圆,求动圆圆心的轨迹.

[解]　设定点为 F_1,定圆的圆心为 F_2,半径为 r,动圆圆心为 M,则

$$MF_2 = r + MF_1$$

即

$$MF_2 - MF_1 = r > 0$$

由此可见动圆圆心的轨迹为以 F_1, F_2 为焦点,$2a = r$ 的双曲线的一支.

73.$\triangle ABC$ 的底边 BC 的位置给定,$\angle B$ 与 $\angle C$ 的差为一定值,试求顶点 A 的轨迹.

[解]　设 BC 的中点为原点,取直线 BC 为 x 轴.设点 $B(a, 0)$,$C(-a, 0)$,考虑顶点 A 在上半平面,且 $\angle B > \angle C$ 的情况,设定角为 α.

若设 $\angle B = \theta$,$\angle C = \theta - \alpha$,则 $\theta - \alpha > 0$,$\theta + (\theta - \alpha) < \pi$,所以

$$\alpha < \theta < \frac{\pi}{2} + \frac{\alpha}{2}$$

两条直线 AB, AC 的方程分别为

$$y = -(x - a)\tan \theta, y = (x + a)\tan (\theta - \alpha)$$

———————————

① 　$2a$ 是双曲线定义中的那个 $2a$.

另外

$$\tan(\theta - \alpha) = \frac{\tan\theta - \tan\alpha}{1 + \tan\theta\tan\alpha}$$

由此消去 $\tan\theta$,得

$$x^2 \sin\alpha + 2xy\cos\alpha - y^2\sin\alpha = a^2\sin\alpha$$

这是等边双曲线,和 x 轴交于点 $(a,0)$.

求双曲线的渐近线,可在上式中令右边为 0,解出 y,得

$$y = \frac{\cos\alpha \pm 1}{\sin\alpha}x$$

所以

$$y = x\cot\frac{\alpha}{2}, y = -x\tan\frac{\alpha}{2}$$

根据上面对 θ 的限制,可知轨迹是等边双曲线在第一象限的那部分. 全部轨迹可借助于坐标轴的对称性得到.

74. 由椭圆外一点 $P(x_1,y_1)$ 向椭圆 $\frac{x^2}{a^2} + \frac{y^2}{b^2} = 1$ 引切线 PQ,PR. 设 F 为椭圆的一个焦点,试证:下式成立

$$\frac{FP^2}{FQ \cdot FR} = \frac{x_1^2}{a^2} + \frac{y_1^2}{b^2}$$

对于双曲线 $\frac{x^2}{a^2} - \frac{y^2}{b^2} = 1$ 的情况怎样?

[证] 首先求切点的横坐标满足的关系式,设椭圆方程为 $\frac{x^2}{a^2} + \frac{y^2}{b^2} = 1$,则点 P 的极线为

$$\frac{x_1 x}{a^2} + \frac{y_1 y}{b^2} = 1$$

这两条曲线的交点为两条切线的切点,从这两个方程消去 y,则有

$$\frac{y_1^2}{b^2}\left(1 - \frac{x^2}{a^2}\right) = \left(1 - \frac{x_1 x}{a^2}\right)^2$$

所以

$$\left(\frac{x_1^2}{a^2} + \frac{y_1^2}{b^2}\right)\left(\frac{x}{a}\right)^2 - \frac{2x_1}{a} \cdot \frac{x}{a} + \left(1 - \frac{y_1^2}{b^2}\right) = 0 \tag{1}$$

这个方程的根 x,x' 是由点 P 引的切线的切点 Q,R 的 x 坐标. 由式(1)有

$$\frac{x}{a} + \frac{x'}{a} = \frac{\dfrac{2x_1}{a}}{\dfrac{x_1^2}{a^2} + \dfrac{y_1^2}{b^2}}$$

$$\frac{x}{a} \cdot \frac{x'}{a} = \frac{1 - \dfrac{y_1^2}{b^2}}{\dfrac{x_1^2}{a^2} + \dfrac{y_1^2}{b^2}}$$

焦点 $(ae, 0)$ 和椭圆上的点 (x, y) 的距离为 $a - ex$. 所以

$$FQ \cdot FR = a^2 \left(1 - e\frac{x}{a}\right)\left(1 - e\frac{x'}{a}\right) =$$

$$a^2 \left[1 - e\left(\frac{x}{a} + \frac{x'}{a}\right) + e^2\,\frac{x}{a} \cdot \frac{x'}{a}\right] =$$

$$\frac{a^2}{\dfrac{x_1^2}{a^2} + \dfrac{y_1^2}{b^2}}\left[\frac{x_1^2}{a^2} + \frac{y_1^2}{b^2} - \frac{2ex_1}{a} +\right.$$

$$\left. e^2 \left(1 - \frac{y_1^2}{b^2}\right)\right] \tag{2}$$

所以　　　　　　　$$FQ \cdot FR \left(\frac{x_1^2}{a^2} + \frac{y_1^2}{b^2}\right) = (x_1 - ae)^2 + y_1^2 = FP^2$$

故所求的关系式成立.

119

对于双曲线 $\dfrac{x^2}{a^2} - \dfrac{y^2}{b^2} = 1$ 的情况,式 (1) 变为

$$\left(\frac{x_1^2}{a^2} - \frac{y_1^2}{b^2}\right)\left(\frac{x}{a}\right)^2 - \frac{2x_1}{a}\,\frac{x}{a} + \left(1 + \frac{y_1^2}{b^2}\right) = 0$$

式 (2) 变为

$$FQ \cdot FR = a^2 \left|1 - e\frac{x}{a}\right|\left|1 - e\frac{x'}{a}\right|$$

所以

$$FQ \cdot FR \left|\frac{x_1^2}{a^2} - \frac{y_1^2}{b^2}\right| = a^2 \left|\frac{x_1^2}{a^2} - \frac{y_1^2}{b^2} - \frac{2ex_1}{a} + e^2\left(1 + \frac{y_1^2}{b^2}\right)\right| =$$

$$(x_1 - ae)^2 + y_1^2 = FP^2$$

因此,以下关系式成立

$$\frac{FP^2}{FQ \cdot FR} = \left|\frac{x_1^2}{a^2} - \frac{y_1^2}{b^2}\right|$$

第 3 章　二次曲线的一般方程

3.1　二次曲线的一般方程

提　要

Ⅰ　坐标轴的平移公式

设 xOy 为旧坐标系, XO_1Y 是平移后的新坐标系, 新坐标系的原点 O_1 在旧坐标系中的坐标是 (h,k). 设 P 是平面内任意一点, 它在旧坐标系中的坐标是 (x,y); 在新坐标系中的坐标是 (X,Y), 则新旧坐标之间有下面关系

$$\begin{cases} x = X + h \\ y = Y + k \end{cases} \tag{1.1}$$

Ⅱ　坐标轴的旋转公式

设坐标原点不动, 将 x 轴和 y 轴绕点 O 旋转一个角度 θ, 成为 X 轴和 Y 轴, 点 P 的旧坐标 (x,y) 与新坐标 (X,Y) 之间的关系是

$$\begin{cases} x = X\cos\theta - Y\sin\theta \\ y = X\sin\theta + Y\cos\theta \end{cases} \tag{1.2}$$

这是用新坐标表示旧坐标的公式, 从此方程组解出 X,Y 也可得到用旧坐标表示新坐标的公式

$$\begin{cases} X = x\cos\theta + y\sin\theta \\ Y = -x\sin\theta + y\cos\theta \end{cases} \tag{1.3}$$

Ⅲ　坐标变换的一般公式

设新坐标系 XO_1Y 的原点 O_1 在旧坐标系 xOy 中的坐标为 (h,k), x 轴到 X 轴的角度为 θ, 则

$$\begin{cases} x = X\cos\theta - Y\sin\theta + h \\ y = X\sin\theta + Y\cos\theta + k \end{cases} \tag{1.4}$$

而用旧坐标来表示新坐标的公式为

$$\begin{cases} X = (x-h)\cos\theta + (y-k)\sin\theta \\ Y = -(x-h)\sin\theta + (y-k)\cos\theta \end{cases} \tag{1.5}$$

Ⅳ 一般的二次曲线方程

$$F(x,y) = a_{11}x^2 + 2a_{12}xy + a_{22}y^2 + 2a_{13}x + $$
$$2a_{23}y + a_{33} = 0 \tag{1.6}$$

当坐标轴绕原点旋转角 θ 后假设变为

$$A_{11}X^2 + 2A_{12}XY + A_{22}Y^2 + 2A_{13}X + 2A_{23}Y + A_{33} = 0 \tag{1.7}$$

此时系数间有关系

$$\begin{cases} A_{11} = a_{11}\cos^2\theta + 2a_{12}\sin\theta\cos\theta + a_{22}\sin^2\theta \\ A_{12} = a_{12}(\cos^2\theta - \sin^2\theta) + (a_{22} - a_{11})\sin\theta\cos\theta \\ A_{22} = a_{11}\sin^2\theta - 2a_{12}\sin\theta\cos\theta + a_{22}\cos^2\theta \\ A_{13} = a_{13}\cos\theta + a_{23}\sin\theta \\ A_{23} = a_{23}\cos\theta - a_{13}\sin\theta \\ A_{33} = a_{33} \end{cases} \tag{1.8}$$

如果不改变坐标轴的方向,把原点移到点 (h,k),即经过坐标轴平移后,假设二次曲线的方程(1.6)变为(1.7)时,那么系数之间有关系

$$\begin{cases} A_{11} = a_{11}, A_{12} = a_{12}, A_{22} = a_{22} \\ A_{13} = a_{11}h + a_{12}k + a_{13} \\ A_{23} = a_{12}h + a_{22}k + a_{23} \\ A_{33} = a_{11}h^2 + 2a_{12}hk + a_{22}k^2 + 2a_{13}h + 2a_{23}k + a_{33} = F(h,k) \end{cases} \tag{1.9}$$

如果二次曲线有唯一的中心,以中心为坐标新原点作坐标平移后,二次曲线在新坐标系下的方程中不再含有一次项.即设 (x_0,y_0) 为二次曲线的中心,经平移后方程(1.7)变为

$$a_{11}X^2 + 2a_{12}XY + a_{22}Y^2 + F(x_0,y_0) = 0 \tag{1.10}$$

其中

$$F(x_0,y_0) = a_{11}x_0^2 + 2a_{12}x_0y_0 + a_{22}y_0^2 + 2a_{13}x_0 + 2a_{23}y_0 + a_{33} = $$
$$a_{13}x_0 + a_{23}y_0 + a_{33} \tag{1.11}$$

V 化一般二次曲线为标准形

把坐标轴旋转角 θ，则 θ 满足下式

$$\cot 2\theta = \frac{a_{11} - a_{22}}{2a_{12}} \tag{1.12}$$

时，在新坐标系中，方程变为

$$A_{11}X^2 + A_{22}Y^2 + 2A_{13}X + 2A_{23}Y + A_{33} = 0 \tag{1.13}$$

其中[1]

$$\begin{cases} A_{11} = a_{11} + a_{12}\tan\theta = a_{22} + a_{12}\cot\theta \\ A_{22} = a_{11} - a_{12}\cot\theta = a_{22} - a_{12}\tan\theta \\ A_{13} = a_{13}\cos\theta + a_{23}\sin\theta \\ A_{23} = -a_{13}\sin\theta + a_{23}\cos\theta \\ A_{33} = a_{33} \end{cases} \tag{1.14}$$

从式(1.12)可见，当 $a_{11} = a_{22}$ 时，只要把坐标轴旋转 $45°$ 便可消去 xy 项.

对于有心曲线把坐标原点移到

$$\left(-\frac{A_{13}}{A_{11}}, -\frac{A_{23}}{A_{22}}\right) \tag{1.15}$$

可进一步化简，此时方程中一次项被消去，方程(1.13)变为

$$\lambda_1 \xi^2 + \lambda_2 \eta^2 + \mu = 0 \tag{1.16}$$

其中

$$\begin{cases} \lambda_1 = A_{11} \\ \lambda_2 = A_{22} \\ \mu = A_{33} - \left(\frac{A_{13}^2}{A_{11}} + \frac{A_{23}^2}{A_{22}}\right) \end{cases} \tag{1.17}$$

其次，对于无心曲线，即抛物型曲线，设 $A_{11} = 0, A_{22} \neq 0$，这时方程为

$$A_{22}Y^2 + 2A_{13}X + 2A_{23}Y + A_{33} = 0 \tag{1.18}$$

分两种情况讨论：

（1）当 $A_{13} \neq 0$ 时，把坐标原点移到

$$\left(\frac{A_{13}^2 - A_{22}A_{33}}{2A_{13}A_{22}}, -\frac{A_{23}}{A_{22}}\right) \tag{1.19}$$

方程就化为

---

① 读者自证，从式(1.8)出发，运用式(1.12)，通过简单的三角运算即可证明.

$$A_{22}\eta^2 + 2A_{13}\xi = 0 \qquad (1.20)$$

（2）当 $A_{13} = 0$ 时，把坐标原点移到

$$\left(0, -\frac{A_{23}}{A_{22}}\right) \qquad (1.21)$$

方程化为

$$A_{22}\eta^2 + A_0 = 0 \qquad (1.22)$$

其中

$$A_0 = A_{13} - \frac{A_{23}^2}{A_{22}} \qquad (1.23)$$

Ⅵ　用不变量判别二次曲线的类型

这段介绍在平移、旋转以及运动下的某些不变量，并用它们来判别各种二次曲线，同时予以完全分类.

所谓运动

$$\begin{cases} x = \xi\cos\theta - \eta\sin\theta + h \\ y = \xi\sin\theta + \eta\cos\theta + k \end{cases} \qquad (1.24)$$

是旋转

$$\begin{cases} X = \xi\cos\theta - \eta\sin\theta \\ Y = \xi\sin\theta + \eta\cos\theta \end{cases} \qquad (1.25)$$

与平移

$$\begin{cases} x = X + h \\ y = Y + k \end{cases} \qquad (1.26)$$

相继进行的结果. 如果一个量 $f(x,y)$ 在旋转 (1.25) 下不变，在 (1.26) 之下也不变，那么在 (1.24) 之下也不变.

所谓 $f(x,y)$ 是运动 (1.24) 下的不变量[①]，就是在变换前后的值不变，即

$$f(x,y) = f(\xi,\eta)$$

同理，所谓 $f(x,y)$ 是在旋转 (1.25) 下的不变量，就是

$$f(X,Y) = f(\xi,\eta)$$

所谓 $f(x,y)$ 在平移 (1.26) 下不变，就是

$$f(x,y) = f(X,Y)$$

---

①　习题 10 就是一例.

设①

$$I_1 = a_{11} + a_{22}$$

$$I_2 = - \begin{vmatrix} a_{11} & a_{12} \\ a_{21} & a_{22} \end{vmatrix} = a_{12}^2 - a_{11}a_{22}$$

$$I_3 = \begin{vmatrix} a_{11} & a_{12} & a_{13} \\ a_{21} & a_{22} & a_{23} \\ a_{31} & a_{32} & a_{33} \end{vmatrix}$$

(这里,设 $a_{21} = a_{12}, a_{31} = a_{13}, a_{32} = a_{23}$)

可以证明它们在运动下是不变量②. 通过这些能够判别二次曲线的类型,见下表③:

	$I_2 < 0$(椭圆型)	$I_2 > 0$(双曲型)	$I_2 = 0$(抛物型)
$I_3 \neq 0$	$I_1 I_3 < 0$ 实椭圆	双曲线	抛物线
	$I_1 I_3 > 0$ 虚椭圆		
$I_3 = 0$	点椭圆(虚的相交直线)	实的相交直线	实或虚的平行线

值得注意的是椭圆型二次曲线不一定是常见的椭圆,其他类型也是如此.

Ⅶ 不作坐标变换将有心二次曲线的方程化为标准形

在普通的解析几何教科书里,将一般二次曲线化为标准形,总是伴随着坐标轴的具体变换,要算出坐标轴的转角和新原点的坐标. 人们要问,未作坐标变换之前,在给定的坐标系中,能否判定二次曲线的类型并求出其标准形呢? 对于有心二次曲线回答是肯定的.

对于有心二次曲线,由式(1.16)可见经过适当的平移与转轴,可使已知的二次曲线的方程变为

$$\lambda_1 X^2 + \lambda_2 Y^2 + \mu = 0 \tag{1.27}$$

因 I_2, I_3 是不变量,在新旧坐标系下都是不变的,故

$$I_2 = - \begin{vmatrix} \lambda_1 & 0 \\ 0 & \lambda_2 \end{vmatrix} = -\lambda_1\lambda_2$$

---

① 这样给 I_2 下定义是为了和中学教材一致.

② 证明见习题 11,12,13.

③ 一部分证明见习题 34.

$$I_3 = \begin{vmatrix} \lambda_1 & 0 & 0 \\ 0 & \lambda_2 & 0 \\ 0 & 0 & \mu \end{vmatrix} = \lambda_1 \lambda_2 \mu = -I_2 \mu$$

所以

$$\mu = -\frac{I_3}{I_2} \tag{1.28}$$

系数 λ_1, λ_2 是一元二次方程

$$\lambda^2 - I_1 \lambda - I_2 = 0 \tag{1.29}$$

的两个根[①]. 而方程的两个根中哪一个是 X^2 的系数,哪一个是 Y^2 的系数,由如下决定:

当 $0 < \theta \leqslant \dfrac{\pi}{2}$ 时,由 $\lambda_1 - \lambda_2$ 与 a_{12} 同号来决定[②].

由式(1.28)(1.29),可见二次曲线的标准形(1.27)在原来的坐标系内可由三个不变量 I_1, I_2, I_3 决定.

Ⅷ　化抛物型曲线的方程为标准形

125

对于抛物型曲线方程,有

$$a_{12}^2 - a_{11} a_{22} = 0 \tag{1.30}$$

为了消去 xy 项也可按

$$\cot 2\theta = \frac{a_{11} - a_{22}}{2a_{12}} \tag{1.31}$$

来决定坐标轴的转角 θ,但除了一些特殊情况外,不易求出 2θ 的准确值. 为了计算在新坐标系下曲线方程的系数,由式(1.14)看出需要知道 $\sin\theta, \cos\theta, \tan\theta,$ $\cot\theta$. 固然这也可以从式(1.31)求得,但对抛物型曲线有更简便的方法,就是消 xy 项的同时,A_{11}, A_{22} 之中应有一个为 0. 例如,$A_{11} = 0$,则从式(1.8)得

$$A_{11} = a_{11} \cos^2\theta + 2a_{12} \sin\theta\cos\theta + a_{22} \sin^2\theta = 0 \tag{1.32}$$

式(1.32)乘 a_{11} 并代入式(1.30)得

$$(a_{11} \cos\theta + a_{12} \sin\theta)^2 = 0$$

所以

$$\tan\theta = -\frac{a_{11}}{a_{12}} \tag{1.33}$$

---

① 证明见习题 27.

② 证明见习题 28.

为方便起见,取满足上式的最小正角,即 a_{11},a_{12} 异号时,取 $0 < \theta \leqslant \dfrac{\pi}{2}$,$a_{11}$,$a_{12}$ 同号时,取 $\dfrac{\pi}{2} \leqslant \theta < \pi$. 从式(1.33)便可求出新坐标系下的系数,再通过坐标轴平移便可得标准形.

Ⅸ 二次曲线的中心

经过一点 C 的一切弦,被点 C 所平分(即点 C 是经过它的一切弦的中点). 则点 C 称为二次曲线的(对称)中心.

点 $C(x_0,y_0)$ 是二次曲线的中心的充分必要条件,是点 C 的坐标 x_0,y_0 满足方程组

$$\begin{cases} \dfrac{1}{2}\dfrac{\partial F}{\partial x}=a_{11}x+a_{12}y+a_{13}=0 \\ \dfrac{1}{2}\dfrac{\partial F}{\partial y}=a_{21}x+a_{22}y+a_{23}=0 \end{cases} \tag{1.34}$$

126 按中心可把二次曲线分为:

(1) 当 $I_2 \neq 0$ 时,二次曲线有唯一的一个中心,称为有心曲线;

(2) 当 $I_2 = 0$,$I_3 \neq 0$ 时,曲线没有中心,称为无心曲线,即抛物线;

(3) 当 $I_2 = 0$,$I_3 = 0$ 时,曲线有无穷多个中心,称为线心曲线.

习　　题

1.取两条直线 $x=-4$,$y=-5$ 为平移后的新坐标轴,单位不变,问:

(1)旧坐标系中的原点和点$(2,-3)$在新坐标系中的坐标是什么?

(2)旧坐标系中的坐标轴在新坐标系中的方程是什么?

(3)新坐标系中的原点和点$(-2,-3)$在旧坐标系中的坐标是什么?

(4)新坐标系中的直线 $X=0$,$Y=0$ 在旧坐标系中的方程是什么?

答:(1)$(4,5)$;$(6,2)$.

(2)$X-4=0$;$Y-5=0$.

(3)$(-4,-5)$;$(-6,-8)$.

(4)$x+4=0$;$y+5=0$.

2.已知直线 L 在坐标系 xOy 中的方程为

$$2x+4y-3=0$$

如果把坐标原点移到 $\left(\dfrac{3}{2},0\right)$ 处，求 L 在这个新坐标系中的方程.

[解]　由公式

$$\begin{cases} x = X + h = X + \dfrac{3}{2} \\ y = Y + k = Y + 0 \end{cases}$$

把 x,y 代入方程

$$2x + 4y - 3 = 0$$

整理得

$$2X + 4Y = 0$$

这就是 L 在新坐标系 XO_1Y 中的方程.

3. 已知曲线 $xy - 6x + 2y + 3 = 0$，如果把坐标原点移到 $(-2,6)$ 处，求这个曲线在新坐标系中的方程.

答：$XY + 15 = 0$.

4. 试用坐标平移法使方程 $x^2 + 4y^2 + 10x - 12y + 14 = 0$ 在变换后不再含 x 和 y 的一次项.

[解]　把方程

$$x^2 + 4y^2 + 10x - 12y + 14 = 0$$

配方得

$$(x + 5)^2 + 4\left(y - \dfrac{3}{2}\right)^2 = 20$$

令

$$x + 5 = X, y - \dfrac{3}{2} = Y$$

方程化为

$$X^2 + 4Y^2 = 20$$

此方程不再含 x 和 y 的一次项.

5. 试用坐标平移法，使方程 $x^2 + 6x + 4y - 8 = 0$ 在变换后，不再含 x 的一次项及常数项.

[解]　设

$$\begin{cases} x = X + h \\ y = Y + k \end{cases}$$

代入方程

$$(X + h)^2 + 6(X + h) + 4(Y + k) - 8 = 0$$

127

即

$$X^2 + (2h + 6)X + 4Y + (h^2 + 6h + 4k - 8) = 0$$

令

$$\begin{cases} 2h + 6 = 0 \\ h^2 + 6h + 4k - 8 = 0 \end{cases}$$

解方程组得

$$h = -3, k = \frac{17}{4}$$

即把坐标原点移到 $\left(-3, \dfrac{17}{4}\right)$ 处, 方程变为

$$X^2 + 4Y = 0$$

注:本题可用配方法解决;前几题也可用本题方法解决.

6. 已知方程 $y = \dfrac{2x + 3}{x + 4}$, 变换它使其中不再含有一次项, 并作出曲线的图形.

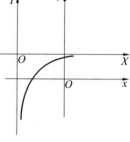

图 3.1

128   [解]   如图 3.1, 设

$$\begin{cases} x = X + h \\ y = Y + k \end{cases}$$

代入方程, 得

$$Y + k = \frac{2(X + h) + 3}{X + h + 4}$$

整理, 得

$$XY + (k - 2)X + (h + 4)Y = 2h + 3 - kh - 4k$$

令

$$k - 2 = 0, h + 4 = 0$$

把坐标原点移到 $(-4, 2)$, 则方程变为

$$XY = -5$$

7. 旋转角 $\theta = \dfrac{\pi}{6}$ 时, 问:

(1) 旧坐标系中的原点和点 $(1, 3)$ 在新坐标系中的坐标是什么?

(2) 旧坐标系中的坐标轴在新坐标系中的方程是什么?

(3) 新坐标系中 $X = 0, Y = 0$ 在旧坐标系中的方程是什么?

(4) 新坐标系中的点 $(1, 3)$ 在旧坐标系中的坐标是什么?

答:(1)$(0,0)$;$\left(\dfrac{\sqrt{3}+3}{2},\dfrac{3\sqrt{3}-1}{2}\right)$.

(2) $\dfrac{\sqrt{3}}{2}X-\dfrac{1}{2}Y=0$;$\dfrac{1}{2}X+\dfrac{\sqrt{3}}{2}Y=0$.

(3)$x\cos\dfrac{\pi}{6}+y\sin\dfrac{\pi}{6}=0$;$-x\sin\dfrac{\pi}{6}+y\cos\dfrac{\pi}{6}=0$.

(4)$\left(\dfrac{\sqrt{3}-3}{2},\dfrac{1+3\sqrt{3}}{2}\right)$.

8.旋转坐标轴多大角度,才能使点$(2,0)$的两个坐标相等.

［解］ 应用公式
$$\begin{cases} X=x\cos\theta+y\sin\theta \\ Y=-x\sin\theta+y\cos\theta \end{cases}$$

由 $X=Y$,得
$$2\cos\theta=-2\sin\theta$$

所以
$$\tan\theta=-1$$

得
$$\theta=-45°$$

129

9.(1) 经坐标旋转后方程 $x^2+y^2=a^2$ 是否改变? 它的图形是否改变?

(2) 经过坐标轴旋转,点的坐标是否改变? 曲线的方程是否改变? 曲线的形状是否改变?

［解］ 设坐标轴旋转 θ 角,则有
$$\begin{cases} x=X\cos\theta-Y\sin\theta \\ y=X\sin\theta+Y\cos\theta \end{cases}$$

把 x,y 代入方程
$$(X\cos\theta-Y\sin\theta)^2+(X\sin\theta+Y\cos\theta)^2=$$
$$X^2\cos^2\theta-2XY\sin\theta\cos\theta+Y^2\sin^2\theta+X^2\sin^2\theta+$$
$$2XY\sin\theta\cos\theta+Y^2\cos^2\theta=$$
$$X^2+Y^2$$

所以 $X^2+Y^2=a^2$.方程形式没有改变,图形不改变.

一般的曲线方程在坐标轴的旋转下是要改变的,而曲线形状不变.

10.证明:在移轴与旋转即运动下,两点间的距离公式是不变式.

［证］ 设已知两点(x_1,y_1) 和(x_2,y_2),则两点间的距离为
$$d=\sqrt{(x_1-x_2)^2+(y_1-y_2)^2}$$

如果把坐标原点移到点(h,k),那么有

$$\begin{cases} x_1 = X_1 + h \\ y_1 = Y_1 + k \end{cases}, \begin{cases} x_2 = X_2 + h \\ y_2 = Y_2 + k \end{cases}$$

$$d = \sqrt{[(X_1 + h) - (X_2 + h)]^2 + [(Y_1 + k) - (Y_2 + k)]^2} = \\ \sqrt{(X_1 - X_2)^2 + (Y_1 - Y_2)^2}$$

如果把坐标轴经过旋转 θ 角和平移,由式(1.4)可见,有

$$\begin{cases} x_1 = X_1 \cos\theta - Y_1 \sin\theta + h \\ y_1 = X_1 \sin\theta + Y_1 \cos\theta + k \end{cases}$$

和

$$\begin{cases} x_2 = X_2 \cos\theta - Y_2 \sin\theta + h \\ y_2 = X_2 \sin\theta + Y_2 \cos\theta + k \end{cases}$$

$$d = \sqrt{[(X_1\cos\theta - Y_1\sin\theta + h) - (X_2\cos\theta - Y_2\sin\theta + h)]^2 + [(X_1\sin\theta + Y_1\cos\theta + k) - (X_2\sin\theta + Y_2\cos\theta + k)]^2} = \\ \sqrt{(X_1 - X_2)^2 + (Y_1 - Y_2)^2}$$

11. 试证:I_1, I_2, I_3 在平移下是不变量.

[证] 从式(1.9)易见 I_1, I_2 是不变量,以下证明 I_3 是不变量.

I_3 在新旧坐标系下分别等于

$$\begin{vmatrix} A_{11} & A_{12} & A_{13} \\ A_{21} & A_{22} & A_{23} \\ A_{31} & A_{32} & A_{33} \end{vmatrix}, \begin{vmatrix} a_{11} & a_{12} & a_{13} \\ a_{21} & a_{22} & a_{23} \\ a_{31} & a_{32} & a_{33} \end{vmatrix}$$

就是要证明它们相等.

由式(1.9)得

$$A_{13} = A_{11}h + A_{12}k + a_{13}$$
$$A_{23} = A_{12}h + A_{22}k + a_{23}$$
$$A_{33} = A_{13}h + A_{23}k + a_{13}h + a_{23}k + a_{33}$$

故从行列式的性质得

$$\begin{vmatrix} A_{11} & A_{12} & A_{13} \\ A_{21} & A_{22} & A_{23} \\ A_{31} & A_{32} & A_{33} \end{vmatrix} = \begin{vmatrix} A_{11} & A_{12} & A_{13} \\ A_{21} & A_{22} & A_{23} \\ A_{31} - A_{11}h - A_{21}k & A_{32} - A_{12}h - A_{22}k & A_{33} - A_{13}h - A_{23}k \end{vmatrix} = \\ \begin{vmatrix} A_{11} & A_{12} & A_{13} \\ A_{21} & A_{22} & A_{23} \\ a_{13} & a_{23} & a_{13}h + a_{23}k + a_{33} \end{vmatrix} =$$

130

$$
\begin{vmatrix} A_{11} & A_{12} & A_{13} - A_{11}h - A_{12}k \\ A_{21} & A_{22} & A_{23} - A_{21}h - A_{22}k \\ a_{13} & a_{23} & a_{13}h + a_{23}k + a_{33} - a_{13}h - a_{23}k \end{vmatrix} =
$$

$$
\begin{vmatrix} A_{11} & A_{12} & A_{13} \\ A_{21} & A_{22} & A_{23} \\ a_{13} & a_{23} & a_{33} \end{vmatrix} =
$$

$$
\begin{vmatrix} a_{11} & a_{12} & a_{13} \\ a_{21} & a_{22} & a_{23} \\ a_{31} & a_{32} & a_{33} \end{vmatrix}
$$

12. 试证：I_1，I_2 在旋转下是不变量.

［证］　从式（1.8）可见

$$
A_{11} + A_{22} = a_{11}(\cos^2\theta + \sin^2\theta) + a_{22}(\sin^2\theta + \cos^2\theta) =
$$
$$
a_{11} + a_{22}
$$

即 I_1 在旋转下是不变量.

再来证明 I_2 的情形，还是从式（1.8）得

$$
4(A_{12}^2 - A_{11}A_{22}) = 4A_{12}^2 + (A_{11} - A_{22})^2 - (A_{11} + A_{22})^2 =
$$
$$
[2a_{12}\cos 2\theta + (a_{22} - a_{11})\sin 2\theta]^2 +
$$
$$
(a_{11}\cos 2\theta + 2a_{12}\sin 2\theta - a_{22}\cos 2\theta)^2 -
$$
$$
(a_{11} + a_{22})^2 =
$$
$$
4a_{12}^2 + (a_{22} - a_{11})^2 - (a_{11} + a_{22})^2 =
$$
$$
4(a_{12}^2 - a_{11}a_{22})
$$

所以　　　　　　　　　$A_{12}^2 - A_{11}A_{22} = a_{12}^2 - a_{11}a_{22}$

即 I_2 在旋转下是不变量.

13. 试证：I_3 在旋转下是不变量.

［证］

$$
\begin{vmatrix} A_{11} & A_{12} & A_{13} \\ A_{21} & A_{22} & A_{23} \\ A_{31} & A_{32} & A_{33} \end{vmatrix} = (A_{11}A_{22} - A_{12}^2)A_{33} - A_{11}A_{23}^2 - A_{22}A_{13}^2 + 2A_{12}A_{13}A_{23} =
$$

$$
(A_{11}A_{22} - A_{12}^2)A_{33} - \frac{1}{2}(A_{11} + A_{22})(A_{23}^2 + A_{13}^2) -
$$

131

$$\frac{1}{2}(A_{11}-A_{22})(A_{23}^2-A_{13}^2)+2A_{12}A_{13}A_{23} \qquad (1)^{①}$$

从式(1.8)易见

$$A_{13}^2+A_{23}^2=a_{13}^2+a_{23}^2,A_{33}=a_{33} \qquad (2)$$

再根据习题 11,12 知道式(1)的前两项在旋转下是不变量. 因此只需证明后两项是不变量即可.

因为

$$A_{11}-A_{22}=(a_{11}-a_{22})\cos 2\theta+2a_{12}\sin 2\theta$$
$$A_{23}^2-A_{13}^2=(a_{23}^2-a_{13}^2)\cos 2\theta-2a_{13}a_{23}\sin 2\theta$$
$$2A_{13}A_{23}=(a_{23}^2-a_{13}^2)\sin 2\theta+2a_{13}a_{23}\cos 2\theta$$
$$2A_{12}=2a_{12}\cos 2\theta-(a_{11}-a_{22})\sin 2\theta$$

所以

$$(A_{11}-A_{22})(A_{23}^2-A_{13}^2)-4A_{12}A_{13}A_{23}=$$
$$(a_{11}-a_{22})(a_{23}^2-a_{13}^2)\cos^2 2\theta-4a_{12}a_{13}a_{23}\sin^2 2\theta+$$
$$2[a_{12}(a_{23}^2-a_{13}^2)-a_{13}a_{23}(a_{11}-a_{22})]\sin 2\theta\cos 2\theta-$$
$$\{2[a_{12}(a_{23}^2-a_{13}^2)-a_{13}a_{23}(a_{11}-a_{22})]\sin 2\theta\cos 2\theta+$$
$$4a_{12}a_{13}a_{22}\cos^2 2\theta-(a_{11}-a_{22})(a_{23}^2-a_{13}^2)\sin^2 2\theta\}=$$
$$(a_{11}-a_{22})(a_{23}^2-a_{13}^2)-4a_{12}a_{13}a_{23}$$

即

$$\frac{1}{2}(A_{11}-A_{22})(A_{23}^2-A_{13}^2)-2A_{12}A_{13}A_{23}=$$
$$\frac{1}{2}(a_{11}-a_{22})(a_{23}^2-a_{13}^2)-2a_{12}a_{13}a_{23}$$

14. 椭圆中心坐标为 $(2,-1)$,长、短轴依次为 $8,6$,且长轴与 x 轴成 $\frac{\pi}{6}$ 角度,求椭圆的方程.

[分析] 人们熟悉的是二次曲线的标准形,即对称轴取做坐标轴的情况,但本题不是这样. 因此我们通过对称轴重新引进新坐标系,在新坐标系下二次曲线的方程容易找到. 再通过坐标变换公式变回旧坐标系下的方程,这是处理这类问题的思路.

---

① 只要注意到 $pq+rs=\frac{1}{2}[(p+r)(q+s)+(p-r)(q-s)]$,式(1)的整理就容易理解了.

［解］　把坐标原点移到点$(2,-1)$,并旋转$\dfrac{\pi}{6}$.在新坐标系中椭圆方程为

$$\frac{X^2}{16}+\frac{Y^2}{9}=1$$

根据公式(1.5) 有

$$X=(x-2)\cos\frac{\pi}{6}+(y+1)\sin\frac{\pi}{6}=$$

$$\frac{\sqrt{3}}{2}x+\frac{1}{2}y-\sqrt{3}+\frac{1}{2}$$

$$Y=-(x-2)\sin\frac{\pi}{6}+(y+1)\cos\frac{\pi}{6}=$$

$$-\frac{1}{2}x+\frac{\sqrt{3}}{2}y+\frac{\sqrt{3}}{2}+1$$

所以在原坐标系中椭圆方程为

$$\frac{\left(\dfrac{\sqrt{3}}{2}x+\dfrac{1}{2}y-\sqrt{3}+\dfrac{1}{2}\right)^2}{16}+\frac{\left(-\dfrac{1}{2}x+\dfrac{\sqrt{3}}{2}y+1+\dfrac{\sqrt{3}}{2}\right)^2}{9}=1$$

15.写出下列各双曲线方程,并且描绘它的图像,已知:

(1) 焦点坐标为$(1+2\sqrt{2},-3),(1-2\sqrt{2},-3)$,且实轴的长度与虚轴的长度相等;

(2) 实轴长 $2\sqrt{3}$,两焦点坐标为$(0,0)$ 和$(0,-4)$.

答:(1) $\dfrac{(x-1)^2}{4}-\dfrac{(y+3)^2}{4}=1$;

(2) $\dfrac{(y+2)^2}{3}-x^2=1$.

16. 双曲线的中心为$(1,-2)$,实、虚轴依次为 $6,8$,且实轴与 x 轴成$\dfrac{\pi}{3}$ 角度,求它的方程.

答:$\dfrac{\left[\dfrac{1}{2}(x-1)+\dfrac{\sqrt{3}}{2}(y+2)\right]^2}{9}-\dfrac{\left[-\dfrac{\sqrt{3}}{2}(x-1)+\dfrac{1}{2}(y+2)\right]^2}{16}=1$

17.写出抛物线方程,并且描述出它的曲线,已知:

(1) 顶点坐标为$(1,3)$,$P=\dfrac{5}{4}$,准线平行于 y 轴,曲线张口向右伸展;又如这曲线向左伸展,则它的方程又如何?

133

(2)焦点坐标为$(-3,3)$,准线方程是$y+1=0$.

[分析] (1)抛物线的标准形是坐标原点和顶点重合时才能出现,所以$h=1,k=3$.

(2)焦点在准线上的射影①和焦点的中点是抛物线的顶点,故$h=-3,k=1$.

[解] (1)把坐标原点移到$(1,3)$处,则在新坐标系XOY中,抛物线方程为

$$Y^2=2pX$$

即

$$Y^2=2\cdot\frac{5}{4}X$$

又

$$X=x-1,Y=y-3$$

所以

$$(y-3)^2=\frac{5}{2}(x-1)$$

同理,如果抛物线向左伸展,那么抛物线方程为

$$(y-3)^2=-\frac{5}{2}(x-1)$$

(2)$p=\dfrac{3+1}{\sqrt{0^2+1^2}}=4$,抛物线顶点为$(-3,1)$,把坐标原点移到点$(-3,1)$,则抛物线方程为

$$X^2=2pY$$

而

$$X=x+3,Y=y-1$$

所以

$$(x+3)^2=8(y-1)$$

18.取两条互相垂直的直线

$$L_1:3x-4y+1=0$$
$$L_2:4x+3y-7=0$$

作为新的坐标轴,写出坐标变换的公式.

[解] 如图3.2,如果取L_1作为X轴,并取$0<\theta<\dfrac{\pi}{2}$,那么

———————————

① 就是从焦点向准线引垂线的垂线足.

$$\tan \theta = \frac{3}{4}$$

根据三角公式有

$$\sin \theta = \frac{3}{5}, \cos \theta = \frac{4}{5}$$

显然,新坐标的原点就是 L_1 和 L_2 的交点,解方程组

$$\begin{cases} 3x - 4y + 1 = 0 \\ 4x + 3y - 7 = 0 \end{cases}$$

得

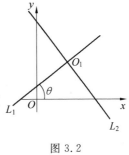

图 3.2

$$x = 1, y = 1$$

于是坐标变换公式是

$$\begin{cases} x = \dfrac{4}{5}X - \dfrac{3}{5}Y + 1 \\ y = \dfrac{3}{5}X + \dfrac{4}{5}Y + 1 \end{cases}$$

135

19.已知一抛物线的准线为 $x - y + 2 = 0$,焦点为 $(2, 0)$,求这抛物线的方程.

〔解〕　新坐标系这样选取(图 3.3):以过焦点且垂直于准线的直线作为 X 轴,焦点所在的一侧作为正向,焦点到准线的中点即顶点作为原点,则在新坐标系 XO_1Y 中抛物线的方程为

$$Y^2 = 2pX$$

$$p = \frac{|2 - 0 + 2|}{\sqrt{1^2 + (-1)^2}} = 2\sqrt{2}$$

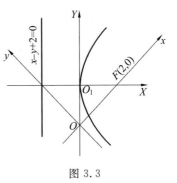

图 3.3

于是抛物线的方程为

$$Y^2 = 4\sqrt{2}\, X$$

X 轴与准线垂直,斜率为 -1,因为它的方程为 $y = -(x - 2)$,即 $x + y = 2$.它和准线的交点不难算出是 $x = 0, y = 2$,所以 O_1 在原坐标系中的坐标

$$h = \frac{2 + 0}{2} = 1, k = \frac{0 + 2}{2} = 1.$$

因为 $\tan \theta = -1$,可取 $\theta = -\dfrac{\pi}{4}$,所以 $\sin \theta = \dfrac{-\sqrt{2}}{2}, \cos \theta = \dfrac{\sqrt{2}}{2}$.

故

$$X = \frac{\sqrt{2}}{2}(x - y)$$

$$Y = \frac{\sqrt{2}}{2}(x + y - 2)$$

把它们代入标准方程,得

$$\frac{1}{2}(x + y - 2)^2 = 4(x - y)$$

化简得

$$x^2 + 2xy + y^2 - 12x + 4y + 4 = 0$$

这就是抛物线在原坐标系中的方程.

20.考察二次曲线:

(1)$x^2 - 6x + 5 = 0$;

(2)$x^2 + 2xy + y^2 - 6x - 2y = 0$.

[解] (1)

$$I_2 = - \begin{vmatrix} a_{11} & a_{12} \\ a_{21} & a_{22} \end{vmatrix} = - \begin{vmatrix} 1 & 0 \\ 0 & 0 \end{vmatrix} = 0$$

$$I_3 = \begin{vmatrix} a_{11} & a_{12} & a_{13} \\ a_{21} & a_{22} & a_{23} \\ a_{31} & a_{32} & a_{33} \end{vmatrix} = \begin{vmatrix} 1 & 0 & -3 \\ 0 & 0 & 0 \\ -3 & 0 & 5 \end{vmatrix} = 0$$

因此从提要中的表可见二次曲线是线心曲线.

由题意,得

$$(x - 1)(x - 5) = 0$$

$$x = 1, x = 5$$

所以它的中心轨迹是 $x = 3$,即直线 $x = 3$ 的每个点都是图形的对称中心.

(2) $$I_2 = - \begin{vmatrix} a_{11} & a_{12} \\ a_{21} & a_{22} \end{vmatrix} = - \begin{vmatrix} 1 & 1 \\ 1 & 1 \end{vmatrix} = 0$$

$$I_3 = \begin{vmatrix} a_{11} & a_{12} & a_{13} \\ a_{21} & a_{22} & a_{23} \\ a_{31} & a_{32} & a_{33} \end{vmatrix} = \begin{vmatrix} 1 & 1 & -3 \\ 1 & 1 & -1 \\ -3 & -1 & 0 \end{vmatrix} = -4 \neq 0$$

所以曲线是抛物线.

21.求曲线

$$x^2 + 2xy - y^2 - 2ax + 4ay + 1 = 0 \tag{1}$$

中心的轨迹,这里 a 是可变参数.

[解]　经计算知 $I_2 = 2 > 0, I_3 \neq 0$, 因此式(1)表示双曲线族. 从式(1.34)知①中心应满足方程组

$$\begin{cases} x + y - a = 0 \\ x - y + 2a = 0 \end{cases} \tag{2}$$

解出 x, y 得

$$\begin{cases} x = -\dfrac{a}{2} \\ y = \dfrac{3a}{2} \end{cases} \tag{3}$$

(1)表示含一个参数 a 的双曲线族, 对于每个 a, 双曲线各有一个中心, 这个中心由(3)求得. 消去参数 a, 可得中心的轨迹方程

$$3x + y = 0$$

22. 求下面曲线的中心:

(1) $x^2 - xy + 3y^2 + x - 1 = 0$;

(2) $x^2 + 2xy + y^2 + 2x + y - 5 = 0$;

(3) $x^2 + 2xy + y^2 + x + y - 5 = 0$.

[解]　(1)因为 $I_2 \neq 0$, 所以二次曲线有唯一的一个中心, 解方程组

$$\begin{cases} x - \dfrac{1}{2}y + \dfrac{1}{2} = 0 \\ -\dfrac{1}{2}x + 3y = 0 \end{cases}$$

得中心为 $\left(-\dfrac{6}{11}, -\dfrac{1}{11} \right)$.

(2)因为 $I_2 = 0, I_3 \neq 0$, 所以曲线没有中心.

(3)因为 $I_2 = 0, I_3 = 0$, 所以曲线是线心曲线, 中心的轨迹为直线

$$2x + 2y + 1 = 0$$

23. 如果把原点移到曲线

$$2x^2 - 6xy + 5y^2 - 2x + 2y - 10 = 0$$

的中心, 方程变成什么形式?

137

---

①　学过《高等数学》的读者可通过

$$\frac{1}{2}\frac{\partial F}{\partial x} = 0, \quad \frac{1}{2}\frac{\partial F}{\partial y} = 0$$

来决定求中心的方程组, 其中 F 为方程左边的二元函数.

[解]　由习题 22 求中心的方法,可求出二次曲线中心为(2,1).
$$F(x_0,y_0)=-2+1-10=-11$$
根据公式(1.10)可知,方程变为
$$2X^2-6XY+5Y^2-11=0$$

24.利用移轴化简下列曲线方程:

(1)$7x^2+4xy+4y^2-40x-32y+5=0$;

(2)$x^2-2xy+2x+2y+1=0$;

(3)$6x^2-4xy+9y^2-4x-32y-6=0$.

答:(1)$7X^2+4XY+4Y^2-83=0$;

(2)$X^2-2XY+4=0$;

(3)$6X^2-4XY+9Y^2-40=0$.

25.作转轴消去方程
$$5x^2+4xy+2y^2-24x-12y+18=0$$
中的 xy 项.

[解]　坐标轴应转的角度 θ 决定于方程
$$\cot 2\theta=\frac{a_{11}-a_{22}}{2a_{12}}=\frac{5-2}{4}=\frac{3}{4}$$

因为
$$\cot 2\theta=\frac{1-\tan^2\theta}{2\tan\theta}$$

所以
$$2\tan^2\theta+3\tan\theta-2=0$$
$$\tan\theta=\frac{1}{2},\tan\theta=-2$$

取 $0<\theta\leqslant\frac{\pi}{2}$,则 $\tan\theta=\frac{1}{2}$. 于是 $\sin\theta=\frac{1}{\sqrt{5}},\cos\theta=\frac{2}{\sqrt{5}}$. 根据式(1.14)得
$$A_{11}=a_{11}+a_{12}\tan\theta=6$$
$$A_{22}=a_{22}-a_{12}\tan\theta=1$$
$$A_{13}=a_{13}\cos\theta+a_{31}\sin\theta=-6\sqrt{5}$$
$$A_{23}=-a_{13}\sin\theta+a_{23}\cos\theta=0$$
$$A_{33}=a_{33}=18$$
所以转轴后的方程为
$$6X^2+Y^2-12\sqrt{5}X+18=0$$

26.判别圆锥曲线 $13x^2+10xy+13y^2=72$ 的类型,并利用转轴消去 xy 项.

[解]　$I_1=a_{11}+a_{22}=13+13=26$

$$I_2 = -\begin{vmatrix} a_{11} & a_{12} \\ a_{21} & a_{22} \end{vmatrix} = -\begin{vmatrix} 13 & 5 \\ 5 & 13 \end{vmatrix} = -144 < 0$$

$$I_3 = \begin{vmatrix} a_{11} & a_{12} & a_{13} \\ a_{21} & a_{22} & a_{23} \\ a_{31} & a_{32} & a_{33} \end{vmatrix} = \begin{vmatrix} 13 & 5 & 0 \\ 5 & 13 & 0 \\ 0 & 0 & -72 \end{vmatrix} = -72 \times 144 \neq 0$$

$$I_1 I_3 < 0$$

由提要的表可见曲线是椭圆. 根据式(1.12)知

$$\cot 2\theta = \frac{a_{11} - a_{22}}{2a_{12}} = \frac{13 - 13}{10} = 0$$

所以可以取 $\theta = 45°$, 有

$$A_{11} = a_{11} + a_{12}\tan\theta = 13 + 5\tan 45° = 18$$
$$A_{22} = a_{11} - a_{12}\cot\theta = 13 - 5\cot 45° = 8$$

因此方程变为

$$18X^2 + 8Y^2 = 72$$

即

139

$$9X^2 + 4Y^2 = 36$$

27. 已知二次曲线

$$a_{11}x^2 + 2a_{12}xy + a_{22}y^2 + 2a_{13}x + 2a_{23}y + a_{33} = 0 \tag{1}$$

中各二次项系数 a_{11}, a_{12}, a_{22}. 试证: 其标准形

$$\lambda_1 X^2 + \lambda_2 Y^2 + \mu = 0$$

的系数 λ_1, λ_2 是二次方程

$$\lambda^2 - 2I_1\lambda + I_2 = 0$$

的根.

[证]　由 I_1, I_2 的不变性质知

$$I_1 = a_{11} + a_{12} = \lambda_1 + \lambda_2$$

$$-I_2 = \begin{vmatrix} a_{11} & a_{12} \\ a_{21} & a_{22} \end{vmatrix} = \begin{vmatrix} \lambda_1 & 0 \\ 0 & \lambda_2 \end{vmatrix} = \lambda_1 \lambda_2$$

故 λ_1, λ_2 是二次方程

$$(\lambda - \lambda_1)(\lambda - \lambda_2) = \lambda^2 - I_1\lambda - I_2 = 0$$

的根.

28. 设 a_{13} 是二次曲线(1.6)中 $2xy$ 的系数, 式(1.6)的标准形为

$$\lambda_1 X^2 + \lambda_2 Y^2 + \mu = 0$$

如果规定坐标轴的转角 θ 满足 $0 < \theta \leqslant \dfrac{\pi}{2}$，则 $\lambda_1 - \lambda_2$ 与 a_{12} 同符号，试证之.

[证] 从式(1.8)可见，不论 θ 多大

$$A_{11} - A_{22} = a_{11}\cos 2\theta + 2a_{12}\sin 2\theta - a_{22}\cos 2\theta =$$
$$2a_{12}\sin 2\theta + (a_{11} - a_{22})\cos 2\theta$$

从式(1.12)知，为了消去 xy 项，转角 θ 满足

$$\cos 2\theta = \frac{a_{11} - a_{22}}{2a_{12}}\sin 2\theta$$

故

$$A_{11} - A_{22} = 2a_{12}\sin 2\theta + \frac{(a_{11} - a_{22})^2}{2a_{12}}\sin 2\theta =$$
$$\frac{(2a_{12})^2 + (a_{11} - a_{22})^2}{2a_{12}}\sin 2\theta$$

所以当 $0 < \theta \leqslant \dfrac{\pi}{2}$ 时，$\sin 2\theta > 0$，即 $A_{11} - A_{22}$ 与 a_{12} 同符号.

再经过适当的平移即得标准形，但从式(1.9)知，这时

$$A_{11} = \lambda_1, \quad A_{22} = \lambda_2$$

因此 $\lambda_1 - \lambda_2 = A_{11} - A_{22}$ 与 a_{12} 同号.

29. 试确定下列方程代表什么曲线：

(1) $x^2 - 2xy + 2y^2 - 4x - 6y + 3 = 0$；

(2) $x^2 - 2xy - 2y^2 - 4x - 6y + 3 = 0$；

(3) $x^2 - 2xy + y^2 - 4x - 6y + 3 = 0$；

(4) $x^2 - 2xy + 2y^2 - 4x - 6y + 29 = 0$；

(5) $x^2 - 2xy - 2y^2 - 4x - 6y - \dfrac{13}{3} = 0$.

[解] (1) 计算 I_1, I_2, I_3 得

$$I_1 = 3, \quad I_2 = -1 < 0, \quad I_3 = -26 \neq 0$$

故曲线是椭圆.

(2) $I_1 = -1, I_2 = 3 > 0, I_3 = -24 \neq 0$，曲线是双曲线.

(3) $I_1 = 2, I_2 = 0, I_3 = -25 \neq 0$，曲线是抛物线.

(4) $I_1 = 3, I_2 = -1 < 0, I_3 = 0$，曲线退化为一点或相交的虚直线.

(5) $I_1 = -1, I_2 = 3 > 0, I_3 = 0$，曲线是两条相交直线.

30. 化方程 $5x^2 + 2xy + 5y^2 - 12x - 12y = 0$ 为标准形，并作出此曲线的图形.

140

［解法一］ 先求

$$- I_2 = \begin{vmatrix} 5 & 1 \\ 1 & 5 \end{vmatrix} = 24 > 0$$

可知曲线为椭圆形

$$\cot 2\theta = \frac{a_{11} - a_{22}}{2a_{12}} = 0$$

故可选 $\theta = \dfrac{\pi}{4}$，根据式（1.14）得

$$A_{11} = a_{11} + a_{12} \tan \theta = 5 + 1 = 6$$

$$A_{22} = a_{11} - a_{12} \cot \theta = 5 - 1 = 4$$

$$A_{13} = a_{13} \cos \theta + a_{23} \sin \theta = -6 \times \frac{\sqrt{2}}{2} + \left(-6 \times \frac{\sqrt{2}}{2} \right) =$$

$$-6\sqrt{2}$$

$$A_{23} = -a_{13} \sin \theta + a_{23} \cos \theta = 6 \times \frac{\sqrt{2}}{2} - 6 \times \frac{\sqrt{2}}{2} = 0$$

$$A_{33} = a_{33} = 0$$

141

方程变为

$$6X^2 + 4Y^2 - 12\sqrt{2} X = 0$$

再把坐标原点移到 $(\sqrt{2} ,0)$，从式（1.16）（1.17）得

$$\lambda_1 = A_{11} = 6$$

$$\lambda_2 = A_{22} = 4$$

$$\mu = A_{33} - \left(\frac{A_{13}^2}{A_{11}} + \frac{A_{23}^2}{A_{22}} \right) = -12$$

所以方程变为

$$3\xi^2 + 2\eta^2 - 6 = 0 \tag{1}$$

按以下步骤作图：

（1）将 x, y 轴转 $45°$ 角得 X, Y 轴；

（2）平移 X, Y 轴使原点落在中心[①]$(\sqrt{2} ,0)$ 处，得 ξ, η 轴；

（3）在 $\xi\eta$ 坐标系中按通常方法作出式（1）的图形（图 3.4）.

［解法二］ 此题也可先求出对称中心、作坐标轴的平移，让中心与新原点

---

① 这里的中心坐标是对 XY 坐标而言.

重合,以消去 X,Y 的一次项;再转角 $45°$,以消去 XY 项,便得椭圆的标准形,最后作图.

[解法三] 首先计算三个不变量

$$I_1 = 10, I_2 = -24, I_3 = -288 \neq 0$$

从提要的表可见,已知方程表示椭圆.根据式 (1.28) 得

$$\mu = -\frac{I_3}{I_2} = -12$$

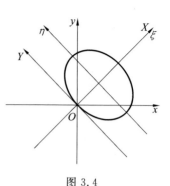

图 3.4

再解

$$\lambda^2 - I_1\lambda - I_2 = \lambda^2 - 10\lambda + 24 = 0$$

所以 $\lambda = 4,6$

因 $a_{12} = 1 > 0$,根据 $\lambda_1 - \lambda_2$ 与 a_{12} 同号的理由,得

$$\lambda_1 = 6, \lambda_2 = 4$$

因此所求标准形为

$$6\xi^2 + 4\eta^2 - 12 = 0$$

即

$$3\xi^2 + 2\eta^2 - 6 = 0$$

按以下步骤作图:

(1)求二次曲线的中心,即解方程组

$$\begin{cases} 5x + y - 6 = 0 \\ x + 5y - 6 = 0 \end{cases}$$

得 $(1,1)$[①];

(2)坐标轴转动的角度与解法一相同,取 $\theta = 45°$;

(3)在坐标系内找出中心 $(1,1)$,作为新坐标原点,并转轴 $45°$ 得 $\xi\eta$ 坐标系,在此坐标系下按通常方法作出椭圆的图形.

31.化方程 $4x^2 - 4xy + y^2 + 6x - 8y + 3 = 0$ 为标准形并作图.

[解] 首先求

$$I_2 = (-2)^2 - 4 \times 1 = 0$$

---

① 这里的中心坐标 $(1,1)$ 是对 xy 坐标而言,参照前法脚注.一个中心有两种坐标是因为参考的坐标系不同.

142

$$I_3 = \begin{vmatrix} 4 & -2 & 3 \\ -2 & 1 & -4 \\ 3 & -4 & 3 \end{vmatrix} = -25$$

所以已知方程表示抛物线. 为了消去 xy 项, 根据式(1.33)转角 θ 满足

$$\tan \theta = -\frac{a_{11}}{a_{12}} = 2$$

故可取 $0 < \theta < \dfrac{\pi}{2}$, 由此可得

$$\sin \theta = \frac{2}{\sqrt{5}}, \cos \theta = \frac{1}{\sqrt{5}}$$

所以

$$A_{11} = 0$$
$$A_{12} = 0$$
$$A_{22} = 4 \times \frac{4}{5} - (-4) \frac{2}{\sqrt{5}} \times \frac{1}{\sqrt{5}} + 1 \times \frac{1}{5} = 5$$

$$A_{13} = 3 \times \frac{1}{\sqrt{5}} + (-4) \times \frac{1}{\sqrt{5}} = -\sqrt{5} \approx -2.2$$
$$A_{23} = -4 \times \frac{1}{\sqrt{5}} - 3 \times \frac{2}{\sqrt{5}} = -2\sqrt{5} \approx -4.5$$
$$A_{33} = 3$$

因此方程变为

$$5Y^2 - 2\sqrt{5}\, X - 4\sqrt{5}\, Y + 3 = 0$$

即

$$5\left(Y - \frac{2}{\sqrt{5}}\right)^2 = 2\sqrt{5}\left(X + \frac{1}{2\sqrt{5}}\right)$$

把坐标轴移到顶点 $\left(-\dfrac{1}{2\sqrt{5}}, \dfrac{2}{\sqrt{5}}\right)$, 方程变为

$$\eta^2 = \frac{2}{\sqrt{5}} \xi$$

所求作的图形, 如图 3.5.

32. 化简方程 $x^2 - 3xy + y^2 + 10x - 10y + 21 = 0$, 并作出曲线的图形.

答: 转角 $\theta = 45°$, 中心 $(-2, 2)$, 标准形为 $\xi^2 - 5\eta^2 = 2$.

33. $\sqrt{x} + \sqrt{y} = 1$ 是什么曲线? 并作出它的图形.

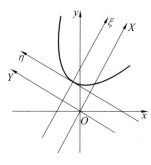

图 3.5

［解］　从曲线方程可知

$$0 \leqslant x \leqslant 1, 0 \leqslant y \leqslant 1$$

将

$$\sqrt{x} + \sqrt{y} = 1 \tag{1}$$

平方得

$$x + 2\sqrt{xy} + y = 1$$

将 $x + y$ 移到方程右边再平方得

$$4xy = x^2 + y^2 + 2xy - 2x - 2y + 1$$

即

$$x^2 - 2xy + y^2 - 2x - 2y + 1 = 0 \tag{2}$$

计算不变量

$$I_2 = 0, I_3 = -4 \neq 0$$

故式(2)表示抛物线. 式(1)是式(2)在 $0 \leqslant x \leqslant 1$,
$0 \leqslant y \leqslant 1$ 间的一部分. (图 3.6)

从 $a_{11} = a_{22} = 1$ 可见转轴 $45°$ 即可消去 xy 项,
而其他系数为

$$A_{11} = 0, A_{22} = 2, A_{13} = -\sqrt{2}, A_{23} = 0, A_{33} = 1$$

故在 XY 坐标系下式(1)的方程为

$$2Y^2 - 2\sqrt{2}X + 1 = 0$$

即

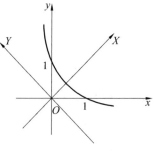

图 3.6

$$Y^2 = \sqrt{2}\left(X - \frac{\sqrt{2}}{4}\right)$$

144

顶点的坐标为 $\left(\dfrac{\sqrt{2}}{4},0\right)$，焦距 $p=\dfrac{\sqrt{2}}{2}$，对称轴是新 X 轴.

34.(1)试证:实系数二元二次式

$$F(x,y)=a_{11}x^2+2a_{12}xy+a_{22}y^2+2a_{13}x+2a_{23}y+a_{33} \tag{1}$$

能分解为两个二元一次式之积的充要条件是

$$a_{11}a_{22}a_{33}+2a_{12}a_{13}a_{23}-a_{11}a_{23}^2-a_{22}a_{13}^2-a_{33}a_{12}^2=0 \tag{2}$$

或

$$I_3=\begin{vmatrix} a_{11} & a_{12} & a_{13} \\ a_{21} & a_{22} & a_{23} \\ a_{31} & a_{32} & a_{33} \end{vmatrix}=0$$

(2)实系数二元二次式满足下列条件之一时能分解为两个实系数二元一次式之积.

(i) $I_2>0,I_3=0$；

(ii) $a_{11}\neq0,I_2=0,I_3=0,a_{13}^2>a_{11}a_{33}$.

(3)实系数二元二次式(1)满足下列条件之一时能分解为两个有虚数系数 145 的二元一次式之积.

(iii) $I_2<0,I_3=0$；

(iv) $a_{11}\neq0,I_2=0,I_3=0,a_{13}^2<a_{11}a_{33}$.

［证］ (1)必要条件.设式(1)能分解为两个二元一次式(其系数可以是复数）之积,即

$$F(x,y)=(ax+by+c)(Ax+By+C)$$

式中 a,b,c 或 A,B,C 为实数或复数,则

$$a_{11}=aA,2a_{12}=aB+Ab,a_{22}=bB$$

$$2a_{13}=aC+Ac,2a_{23}=bC+Bc,a_{33}=cC$$

$$\begin{vmatrix} a_{11} & a_{12} & a_{13} \\ a_{21} & a_{22} & a_{23} \\ a_{31} & a_{32} & a_{33} \end{vmatrix}=\begin{vmatrix} aA & \dfrac{1}{2}(aB+Ab) & \dfrac{1}{2}(aC+Ac) \\ \dfrac{1}{2}(aB+Ab) & bB & \dfrac{1}{2}(bC+Bc) \\ \dfrac{1}{2}(aC+Ac) & \dfrac{1}{2}(bC+Bc) & cC \end{vmatrix}=$$

$$\dfrac{1}{8}\begin{vmatrix} 2aA & aB+Ab & aC+Ac \\ aB+Ab & 2bB & bC+Bc \\ aC+Ac & bC+Bc & 2cC \end{vmatrix}=$$

$$\frac{1}{8}\begin{vmatrix} aA & aB+Ab & aC+Ac \\ aB & 2bB & bC+Bc \\ aC & bC+Bc & 2cC \end{vmatrix}+$$

$$\frac{1}{8}\begin{vmatrix} Aa & aB+Ab & aC+Ac \\ Ab & 2bB & bC+Bc \\ Ac & bC+Bc & 2cC \end{vmatrix}=$$

$$\frac{a}{8}\begin{vmatrix} A & aB & aC \\ B & bB & bC \\ C & cB & cC \end{vmatrix}+\frac{A}{8}\begin{vmatrix} a & bA & Ac \\ b & bB & Bc \\ c & bC & Cc \end{vmatrix}=0$$

充分条件.（ⅰ）当 $a_{11}\neq 0$ 时,将式(1)按 x 的降幂排列,并用配方法因式分解得

$$F(x,y)=a_{11}x^2+2(a_{12}y+a_{13})x+a_{22}y^2+2a_{23}y+a_{33}=$$

$$a_{11}\left\{x+\frac{1}{a_{11}}[a_{12}y+a_{13}+\sqrt{(a_{12}y+a_{13})^2-a_{11}(a_{22}y^2+2a_{23}y+a_{33})}]\right\}\times$$

$$\left\{x+\frac{1}{a_{11}}[a_{12}y+a_{13}-\sqrt{(a_{12}y+a_{13})^2-a_{11}(a_{22}y^2+2a_{23}y+a_{33})}]\right\} \qquad (3)$$

① 当 $I_2=a_{12}^2-a_{11}a_{22}\neq 0$ 时,式(3)的根号下是 y 的二次式

$$(a_{12}^2-a_{11}a_{22})y^2+2(a_{12}a_{13}-a_{11}a_{23})y+(a_{13}^2-a_{11}a_{33}) \qquad (4)$$

可见当式(4)完全平方时,式(1)能分解为两个二元一次式之积.

然而,因为当

$$(a_{12}a_{13}-a_{11}a_{23})^2-(a_{12}^2-a_{11}a_{22})(a_{13}^2-a_{11}a_{33})=0 \qquad (5)$$

时,式(4)是完全平方,故式(5)为式(1)能分解成两个二元一次式之积的充分条件.将式(5)展开,在 $a_{11}\neq 0$ 的条件下与式(2)等价.故式(2)是所要证明的充分条件.

② 当 $I_2=0$,同时式(5)又成立时,则 $a_{12}a_{13}-a_{11}a_{23}=0$,这时式(3)的根号下不含 y.因此只要式(5)成立,不论 I_2 是否为0,式(1)总能分解为两个二元一次式之积.

（ⅱ）当 $a_{11}=0$,而 $a_{22}\neq 0$ 时,与（ⅰ）同理可证.

（ⅲ）当 $a_{11}=a_{22}=0$,$a_{12}\neq 0$ 的情况,这时式(1)变为

$$F(x,y)=2a_{12}xy+2a_{13}x+2a_{23}y+a_{33} \qquad (6)$$

而式(2)变为

$$2a_{13}a_{23}=a_{12}a_{33} \qquad (7)$$

如果 $a_{23}\neq 0$,那么式(6)可分解

$$F(x,y) = 2a_{12}xy + 2a_{13}x + 2a_{23}y + a_{33} =$$

$$2x(a_{12}y + a_{13}) + 2a_{23}\left(y + \frac{a_{33}}{2a_{33}}\right) =$$

$$2x(a_{12}y + a_{13}) + 2a_{23}\left(y + \frac{a_{13}}{a_{12}}\right) =$$

（根据式（7））

$$2(a_{12}y + a_{13})\left(x + \frac{a_{23}}{a_{12}}\right)$$

故式（6）即式（1）可分解为两个实系数一次式（二元的特例）之积.

至此第一部分证明完毕.

式（2）（3）的证明：

在式（3）中除了根号项外都是实数,所以只要讨论根号项是实还是虚就行了.

（ⅰ）当 $a_{11} \neq 0, I_2 \neq 0, I_3 = 0$ 时,式（3）的根号项可写为

$$\sqrt{I_2} \mid y \text{ 的一次式} \mid \tag{8}$$

故当 $I_2 > 0$ 时,根号项有实系数;当 $I_2 < 0$ 时,根号项有虚系数

（ⅱ）当 $a_{11} \neq 0, I_2 = 0, I_3 = 0$ 时,从式（5）可知 $a_{12}a_{13} - a_{11}a_{23} = 0$,故根号项可写为

$$\sqrt{a_{13}^2 - a_{11}a_{33}}$$

在（ⅱ）的条件下它是实数,在（ⅳ）的条件下它是虚数.

35.已知双曲线的方程为

$$f(x,y) = a_{11}x^2 + 2a_{12}xy + a_{22}y^2 + 2a_{13}x + 2a_{23}y + a_{33} = 0 \tag{1}$$

则其渐近线方程为

$$a_{11}x^2 + 2a_{12}xy + a_{22}y^2 + 2a_{13}x + 2a_{23}y + k = 0 \tag{2}$$

式中 k 为某个常数.

［证］　和习题34的步骤大体相同能证明 $f(x,y)$ 可以写为

$$f(x,y) = (ax + by + c)(Ax + By + C) + k_0 \tag{3}$$

式中 a,b,c 和 A,B,C 为实系数,k_0 为一实常数.以下证明

$$(ax + by + c)(Ax + By + C) = 0 \tag{4}$$

为式（1）的渐近线.设 $P(x,y)$ 为式（1）上的任意点,则从点 P 到两直线式（4）的距离之积为

$$\frac{\mid (ax + by + c)(Ax + By + C) \mid}{\sqrt{a^2 + b^2}\sqrt{A^2 + B^2}} = \frac{\mid f(x,y) - k_0 \mid}{\sqrt{a^2 + b^2}\sqrt{A^2 + B^2}} = 常数$$

147

故
$$(ax + by + c)(Ax + By + C) = 0$$

为式(1)的渐近线. 因式(3)是恒等式,所以
$$0 = (ax + by + c)(Ax + By + C) = f(x, y) - k_0$$

设 $a_{33} - k_0 = k$,则渐近线的方程可写为式(2).

36. 求双曲线 $2x^2 + xy - y^2 - 2x + y + 1 = 0$ 的渐近线.

[解]   根据上题知,已知的双曲线的渐近线为
$$2x^2 + xy - y^2 - 2x + y + k = 0$$

式中 k 为某个常数,以下求 k. 因渐近线是两条直线,故由前题知

$$\begin{vmatrix} 2 & \dfrac{1}{2} & -1 \\ \dfrac{1}{2} & -1 & \dfrac{1}{2} \\ -1 & \dfrac{1}{2} & k \end{vmatrix} = 0$$

148   解之得 $k = 0$,故所求的渐近线方程为
$$2x^2 + xy - y^2 - 2x + y = 0$$

37. 二次曲线 $3x^2 + 4xy + 2x + 4y + k = 0$ 中 k 为何值时能分解为两条直线,并求出两条直线方程.

[解]   由 34 题知二次曲线能分解必有

$$\begin{vmatrix} 3 & 2 & 1 \\ 2 & 0 & 2 \\ 1 & 2 & k \end{vmatrix} = 0$$

解之得 $k = -1$. 已知二次曲线的方程变成
$$3x^2 + 4xy + 2x + 4y - 1 = 0$$

因为
$$3x^2 + 4xy + 2x + 4y - 1 = 3x^2 + 2(2y + 1)x + (4y - 1) =$$
$$(x + 1)[3x + (4y - 1)]$$

所以已知二次曲线为两条直线
$$x + 1 = 0 \text{ 和 } 3x + 4y - 1 = 0$$

38. 求过 $P_1(0, 0), P_2(0, 2), P_3(-1, 0), P_4(-2, 1), P_5(-1, 3)$ 五点的圆

锥曲线①的方程.

　　[解]　设所求的圆锥曲线方程为

$$a_{11}x^2 + 2a_{12}xy + a_{22}y^2 + 2a_{13}x + 2a_{23}y + a_{33} = 0$$

把点 P_1, P_2, P_3, P_4, P_5 的坐标代入方程,得

$$\begin{cases} a_{33} = 0 \\ 4a_{22} + 4a_{23} + a_{33} = 0 \\ a_{11} - 2a_{13} + a_{33} = 0 \\ 4a_{11} - 4a_{12} + a_{22} - 4a_{13} + 2a_{23} + a_{33} = 0 \\ a_{11} - 6a_{12} + 9a_{22} - 2a_{13} + 6a_{23} + a_{33} = 0 \end{cases}$$

解此方程组得

$$\begin{cases} a_{33} = 0 \\ a_{11} = 3a_{12} \\ a_{22} = 2a_{12} \\ a_{13} = \dfrac{3}{2}a_{12} \\ a_{23} = -2a_{12} \end{cases}$$

149

代回原方程

$$3a_{12}x^2 + 2a_{12}xy + 2a_{12}y^2 + 3a_{12}x - 4a_{12}y = 0$$

所以

$$3x^2 + 2xy + 2y^2 + 3x - 4y = 0$$

　　39. 设 x, y 为直角坐标,当二次曲线 $a_{11}x^2 + 2a_{12}xy + a_{22}y^2 + 2a_{13}x + 2a_{23}y + a_{33} = 0$ 表示椭圆时,它的面积 $S = \pi \dfrac{|I_3|}{|I_2|^{\frac{3}{2}}}$.

　　[证]　平移坐标轴,使原点与椭圆中心重合,则根据式(1.10),知方程变为

$$a_{11}X^2 + 2a_{12}XY + a_{22}Y^2 + f = 0$$

从不变式 I_3 得

$$I_3 = \begin{vmatrix} a_{11} & a_{12} & a_{13} \\ a_{21} & a_{22} & a_{23} \\ a_{31} & a_{32} & a_{33} \end{vmatrix} = \begin{vmatrix} a_{11} & a_{12} & 0 \\ a_{21} & a_{22} & 0 \\ 0 & 0 & f \end{vmatrix} = -fI_2$$

---

　　①　圆锥曲线是二次曲线的另一种说法.

所以
$$f = -\frac{I_3}{I_2}$$

故得
$$a_{11}X^2 + 2a_{12}XY + a_{22}Y^2 - \frac{I_3}{I_2} = 0$$

再作适当的坐标轴旋转,可得
$$\lambda_1\xi^2 + \lambda_2\eta^2 - \frac{I_3}{I_2} = 0$$

即
$$\frac{\lambda_1\xi^2}{\dfrac{I_3}{I_2}} + \frac{\lambda_2\eta^2}{\dfrac{I_3}{I_2}} = 1$$

又因
$$\lambda_1\lambda_2 = a_{11}a_{22} - a_{12}^2 = -I_2$$

所以椭圆面积[①]为
$$S = \pi\left(\frac{I_3}{I_2\lambda_1}\right)^{\frac{1}{2}} \cdot \left(\frac{I_3}{I_2\lambda_2}\right)^{\frac{1}{2}} = \pi\frac{|I_3|}{|I_2|\sqrt{|I_2|}}$$

150

40.证明:通过两定点 P,P' 引互相平行的两条直线和二次曲线的交点分别为 Q,R 及 Q',R',无论平行线的方向如何

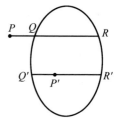

$$\frac{PQ \cdot PR}{P'Q' \cdot P'R'}$$

为一定值.

[证]　如图 3.7,设 P,P' 的直角坐标为 (x',y') 及 (x'',y''),二次曲线方程为

图 3.7

$$\varphi(x,y) = a_{11}x^2 + 2a_{12}xy + a_{22}y^2 + 2a_{13}x + 2a_{23}y + a_{33} = 0$$

设直线 PQR 的方程为
$$\begin{cases} x = x' + l\cos\theta \\ y = y' + l\sin\theta \end{cases}$$

PQ 和 PR 的长是下面方程的两个根

---

① 设椭圆的长半轴为 a,短半轴为 b,则椭圆的面积为 $S = \pi ab$.

$$(a_{11}\cos^2\theta + 2a_{12}\sin\theta\cos\theta + a_{22}\sin^2\theta)l^2 +$$
$$2[(a_{11}x' + a_{12}y' + a_{13})\cos\theta + (a_{12}x' + a_{22}y' + a_{23})\sin\theta]l +$$
$$\varphi(x', y') = 0$$

其中

$$\varphi(x', y') = a_{11}x'^2 + 2a_{12}x'y' + a_{22}y'^2 + 2a_{13}x' + 2a_{23}y' + a_{33}$$

根据 l 的二次方程的根与系数的关系知

$$PQ \cdot PR = \frac{\varphi(x', y')}{a_{11}\cos^2\theta + 2a_{12}\sin\theta\cos\theta + a_{22}\sin^2\theta}$$

同样可得

$$P'Q' \cdot P'R' = \frac{\varphi(x'', y'')}{a_{11}\cos^2\theta + 2a_{12}\sin\theta\cos\theta + a_{22}\sin^2\theta}$$

上面两式都和平行线的方向角有关,然而二者之商

$$\frac{PQ \cdot PR}{P'Q' \cdot P'R'} = \frac{\varphi(x', y')}{\varphi(x'', y'')}$$

不包含角度 θ,即与平行线方向无关,从而比值为一定值.

41. 由点 P 引两条直线 $PQR, PQ'R'$ 和二次曲线的交点为 Q, R, Q', R',则不管点 P 的位置如何

$$\frac{PQ \cdot PR}{PQ' \cdot PR'}$$

为一常数.

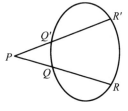

图 3.8

[证] 如图 3.8,设点 P 的坐标为 (x', y'),二次曲线方程为

$$\varphi(x, y) = a_{11}x^2 + 2a_{12}xy + a_{22}y^2 + 2a_{13}x + 2a_{23}y + a_{33} = 0$$

若设直线 $PQR, PQ'R'$ 和 x 轴的交角分别为 θ_1, θ_2,则根据前题有

$$PQ \cdot PR = \frac{\varphi(x', y')}{a_{11}\cos^2\theta_1 + 2a_{12}\sin\theta_1\cos\theta_1 + a_{22}\sin^2\theta_1}$$

$$PQ' \cdot PR' = \frac{\varphi(x', y')}{a_{11}\cos^2\theta_2 + 2a_{12}\sin\theta_2\cos\theta_2 + a_{22}\sin^2\theta_2}$$

所以

$$\frac{PQ \cdot PR}{PQ' \cdot PR'} = \frac{a_{11}\cos^2\theta_2 + 2a_{12}\sin\theta_2\cos\theta_2 + a_{22}\sin^2\theta_2}{a_{11}\cos^2\theta_1 + 2a_{12}\sin\theta_1\cos\theta_1 + a_{22}\sin^2\theta_1}$$

此式与直线的方向有关,而与点 P 的位置无关.

42. 证明由一点向二次曲线引的两条切线长之比,等于分别与这两条切线平行的半径之比.

[证] 如图 3.9,设由点 D 引的两条切线为 DT, DT',分别与之平行的半径为 CV, CV'.

由前题的关系式,因为与点 P 的位置无关,若设 DT, DT' 和 x 轴的交角分别为 θ_1, θ_2,则有

$$\frac{DT'^2}{DT^2} = \frac{a_{11}\cos^2\theta_1 + 2a_{12}\sin\theta_1\cos\theta_1 + a_{22}\sin^2\theta_1}{a_{11}\cos^2\theta_2 + 2a_{12}\sin\theta_2\cos\theta_2 + a_{22}\sin^2\theta_2} = \frac{PQ' \cdot PR'}{PQ \cdot PR}$$

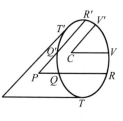

图 3.9

又

$$\frac{CV'^2}{CV^2} = \frac{a_{11}\cos^2\theta_1 + 2a_{12}\sin\theta_1\cos\theta_1 + a_{22}\sin^2\theta_1}{a_{11}\cos^2\theta_2 + 2a_{12}\sin\theta_2\cos\theta_2 + a_{22}\sin^2\theta_2} = \frac{PQ' \cdot PR'}{PQ \cdot PR}$$

所以

$$\frac{DT}{DT'} = \frac{CV}{CV'}$$

152

43.已知一定直线与一定圆,求切于此直线及圆的圆心轨迹.

[解] 如图 3.10,取定直线为 y 轴,通过定圆圆心引定直线的垂线为 x 轴.设定圆圆心为 $O_1(a, 0)$, a 是常数,半径为 r. 又设 $P(x, y)$ 是轨迹上的任意一点,因为圆与纵坐标轴相切,所以圆的半径为 x.

因为两圆相切,圆心距等于两圆半径的和或差,所以有

$$x = \sqrt{(x-a)^2 + y^2} - r$$

即

$$x + r = \sqrt{(x-a)^2 + y^2}$$

两边平方并整理,得

$$y^2 = 4ax + a^2 - r^2$$

所以圆心轨迹是抛物线,其对称轴为 x 轴.

44.设 $P(x_1, y_1)$, $Q(x_2, y_2)$ 为二次曲线

$$a_{11}x^2 + 2a_{12}xy + a_{22}y^2 + 2a_{13}x + 2a_{23}y + a_{33} = 0$$

上的两点,证明直线 PQ 的方程为

$$a_{11}(x-x_1)(x-x_2)+2a_{12}(x-x_1)(y-y_2)+a_{22}(y-y_1)(y-y_2)=$$
$$a_{11}x^2+2a_{12}xy+a_{22}y^2+2a_{13}x+2a_{23}y+a_{33}$$

并求在点 P 的切线方程.

[解] 方程 $a_{11}(x-x_1)(x-x_2)+2a_{12}(x-x_1)(y-y_2)+a_{22}(y-y_1)(y-y_2)=a_{11}x^2+2a_{12}xy+a_{22}y^2+2a_{13}x+2a_{23}y+a_{33}$ 是关于 x,y 的一次方程,所以表示直线,且点 P 及点 Q 的坐标满足它,所以它是直线 PQ 的方程.

其次,当点 Q 趋于点 P,取极限,则直线 PQ 成为在点 P 的切线,其方程为

$$a_{11}(x-x_1)^2+2a_{12}(x-x_1)(y-y_1)+a_{22}(y-y_1)^2=$$
$$a_{11}x^2+2a_{12}xy+a_{22}y^2+2a_{13}x+2a_{23}y+a_{33}$$

即

$$a_{11}x_1x+a_{12}(y_1x+x_1y)+a_{22}y_1y+a_{13}(x+x_1)+a_{23}(y+y_1)+a_{33}=0$$

这就是在点 $P(x_1,y_1)$ 的切线方程.

45.试证:点 $P(x_1,y_1)$ 关于

$$F(x,y)=a_{11}x^2+2a_{12}xy+a_{22}y^2+2a_{13}x+2a_{23}y+a_{33}=0 \tag{1}$$

的极线为

$$a_{11}x_1x+a_{12}(y_1x+x_1y)+a_{22}y_1y+a_{13}(x+x_1)+a_{23}(y+y_1)+a_{33}=0 \tag{2}$$

特别地,当点 P 为原点时,关于式(1)的极线方程为

$$a_{13}x+a_{23}y+a_{33}=0 \tag{3}$$

[证] 过点 P 向式(1)引两条切线,其切点设为 $P_2(x_2,y_2)$,$P_3(x_3,y_3)$,由前题知切线 PP_2,PP_3 的方程分别为

$$a_{11}x_2x+a_{12}(y_2x+x_2y)+a_{22}y_2y+a_{13}(x+x_2)+a_{23}(y+y_2)+a_{33}=0 \tag{4}$$

$$a_{11}x_3x+a_{12}(y_3x+x_3y)+a_{22}y_3y+a_{13}(x+x_3)+a_{23}(y+y_3)+a_{33}=0 \tag{5}$$

因 $P(x_1,y_1)$ 在这两条切线上,故代入式(4)(5)中应成立

$$a_{11}x_2x_1+a_{12}(y_2x_1+x_2y_1)+a_{22}y_2y_1+a_{13}(x_1+x_2)+a_{23}(y_1+y_2)+a_{33}=0 \tag{6}$$

$$a_{11}x_3x_1+a_{12}(y_3x_1+x_3y_1)+a_{22}y_3y_1+a_{13}(x_1+x_3)+a_{23}(y_1+y_3)+a_{33}=0 \tag{7}$$

从式(6)(7)可见点 P 的极线,即直线 P_2P_3 为

$$a_{11}xx_1 + a_{12}(yx_1 + xy_1) + a_{22}yy_1 + a_{13}(x_1 + x) + a_{23}(y_1 + y) + a_{33} = 0$$

$$\tag{8}$$

因为由式(6)(7)知点 $P_2(x_2, y_2), Q_2(x_3, y_3)$ 代入式(8)成立. 至于式(3)是显然的.

3.2 二次曲线的极坐标方程

提 要

I 圆的极坐标方程

圆心在极点,半径为 a 的圆的极坐标方程为

$$\rho = a \tag{2.1}$$

如求圆心在 (ρ_0, θ_0),半径为 a 的圆(图 3.11)的方程可在圆上任取一点 P,设其极坐标为 ρ, θ,由余弦定理知

$$CP^2 = OP^2 + OC^2 - 2OP \cdot OC \cos \angle COP$$

故得圆的极坐标方程为

$$a^2 = \rho^2 + \rho_0^2 - 2\rho\rho_0 \cos(\theta - \theta_0) \tag{2.2}$$

特别是极点在圆周上,而 $\rho_0 = a$ 时,式(2.2)变为

$$\rho = 2a\cos(\theta - \theta_0) \tag{2.3}$$

又极点在圆上,圆心在极轴的右侧时,$\theta_0 = 0$,故式(2.3)变为

$$\rho = 2a\cos\theta \tag{2.4}$$

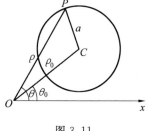

图 3.11

II 椭圆、双曲线、抛物线的极坐标方程

如图 3.12,设焦点为 F,准线为 l,离心率为 e,焦点到准线的垂线为 FL. 取焦点 F 作极点,从 L 到点 F 的方向作极轴的方向,则圆锥曲线的极坐标方程为

$$\rho = \frac{p}{1 - e\cos\theta} \tag{2.5}$$

其中 (ρ, θ) 是曲线上动点的坐标,p 称为圆锥曲线

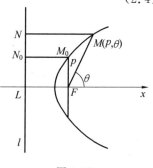

图 3.12

的焦参数. 过点 F 作平行于准线 l 的直线交曲线于点 M_0，p 表示 FM_0 的长度.

对于抛物线，极坐标方程中的焦参数 p 就是标准方程中的 p，即焦点到准线的距离. 而对于椭圆和双曲线有

$$p = \frac{b^2}{a} \tag{2.6}$$

Ⅲ　如取有心二次曲线的中心为极点，一对称轴为极轴，则二次曲线的极坐标方程[①]为

$$\rho^2 = \frac{1}{A\cos^2\theta + B\sin^2\theta} \tag{2.7}$$

对于椭圆来说，上式又可写为[②]

$$\rho^2 = \frac{b^2}{1 - e^2\cos^2\theta} \tag{2.8}$$

对于双曲线来说，式（2.7）可写为

$$\rho^2 = \frac{b^2}{e^2\cos^2\theta - 1} \tag{2.9}$$

155

如以抛物线的顶点为极点，对称轴为极轴时，抛物线的极坐标方程为

$$\rho = \frac{2p\cos\theta}{\sin^2\theta} \tag{2.10}$$

Ⅳ　对于一般位置的二次曲线的方程

$$F(x, y) = a_{11}x^2 + 2a_{12}xy + a_{22}y^2 + 2a_{13}x + 2a_{23}y + a_{33} = 0 \tag{2.11}$$

如用极坐标 (ρ, θ) 表达，因为

$$x = \rho\cos\theta, \quad y = \rho\sin\theta$$

故式（2.11）变为

$$F(\rho\cos\theta, \rho\sin\theta) = (a_{11}\cos^2\theta + 2a_{12}\cos\theta\sin\theta + a_{22}\sin^2\theta)\rho^2 +$$
$$2(a_{13}\cos\theta + a_{23}\sin\theta)\rho + a_{33} = 0 \tag{2.12}$$

式中 ρ 表示从极点到二次曲线上的点的距离，这是处于一般位置的二次曲线的极坐标方程.

[①]　证明见习题

[②]　证明见习题.

习　　题

1. 试求圆 $\rho = \cos\theta + \sqrt{3}\sin\theta$ 的圆心坐标与半径.

[解]　题设的圆方程可写为

$$\rho = 2\left(\frac{1}{2}\cos\theta + \frac{\sqrt{3}}{2}\sin\theta\right) =$$

$$2\left(\cos\frac{\pi}{3}\cos\theta + \sin\frac{\pi}{3}\sin\theta\right) =$$

$$2\cos\left(\theta - \frac{\pi}{3}\right)$$

因此所求圆的圆心为 $\left(1, \dfrac{\pi}{3}\right)$，半径为 1.

2. 试求圆 $\rho^2 - 2\rho(\cos\theta + \sqrt{3}\sin\theta) = 5$ 的圆心坐标与半径.

[解]　题设的圆方程可写为

$$\rho^2 - 2\rho \cdot 2\cos\left(\theta - \frac{\pi}{3}\right) + 2^2 = 3^2$$

从式(2.2)可知此圆的圆心坐标为 $\left(2, \dfrac{\pi}{3}\right)$，半径为 3.

3. 判定下列各极坐标方程确定哪种曲线：

$(1)\rho = \dfrac{5}{1 - \dfrac{1}{2}\cos\theta}$；

$(2)\rho = \dfrac{6}{1 - \cos\theta}$；

$(3)\rho = \dfrac{10}{1 - \dfrac{3}{2}\cos\theta}$；

$(4)\rho = \dfrac{12}{2 - \cos\theta}$；

$(5)\rho = \dfrac{5}{3 - 4\cos\theta}$；

$(6)\rho = \dfrac{1}{3 - 3\cos\theta}$.

[解]　观察式中离心率,易知各方程分别表示：

(1) 椭圆；(2) 抛物线；(3) 双曲线；(4) 椭圆；(5) 双曲线；(6) 抛物线.

4.在直角坐标系下写出下列曲线:

$(1)\rho = \dfrac{25}{13 - 12\cos\theta}$;

$(2)\rho = \dfrac{1}{3 - 3\cos\theta}$;

$(3)\rho = \dfrac{9}{4 - 5\cos\theta}$;

$(4)\rho = \dfrac{4}{\sqrt{5} - \cos\theta}$.

的最简单方程.

［解］ (1) 与标准方程(2.5)对照知

$$p = \frac{25}{13},e = \frac{12}{13}$$

又由式(2.6)可见 a,b 满足方程组

$$\begin{cases} \dfrac{b^2}{a} = \dfrac{25}{13} \\[2mm] \dfrac{\sqrt{a^2 - b^2}}{a} = \dfrac{12}{13} \end{cases}$$

解得

$$a = 13,b^2 = 25$$

所以椭圆方程为

$$\frac{x^2}{169} + \frac{y^2}{25} = 1$$

同理可求得:

$(2)y^2 = \dfrac{2}{3}x$;

$(3)\dfrac{x^2}{16} - \dfrac{y^2}{9} = 1$;

$(4)\dfrac{x^2}{5} + \dfrac{y^2}{4} = 1$.

5.试判定方程 $\rho = \dfrac{144}{13 - 5\cos\theta}$ 确定一椭圆,并求它的长半轴、短半轴.

［解］ 方程可化为

$$\rho = \frac{\dfrac{144}{13}}{1 - \dfrac{5}{13}\cos\theta}$$

与标准方程(2.5)对照得

$$p = \frac{144}{13}, e = \frac{5}{13}$$

因为 $e < 1$,所以方程确定一椭圆.

解方程组

$$\begin{cases} \dfrac{b^2}{a} = \dfrac{144}{13} \\[2mm] \dfrac{\sqrt{a^2 - b^2}}{a} = \dfrac{5}{13} \end{cases}$$

得

$$a = 13, b = 12$$

6. 计算椭圆 $\rho = \dfrac{3\sqrt{2}}{2 - \cos\theta}$ 的半轴长和两个焦点间的距离.

答:$a = 2\sqrt{2}$,$b = \sqrt{6}$,$2c = 2\sqrt{2}$.

7. 已知抛物线方程 $y^2 = 6x$,设极轴的方向与横轴的正方向一致,而极点在抛物线的焦点上,求它的极坐标方程.

答:$e = 1$,$p = 3$,$\rho = \dfrac{3}{1 - \cos\theta}$.

8. 设在极坐标系中,椭圆的中心与极点重合,且焦点在极轴上,求这个椭圆的极坐标方程.

[解] 椭圆在直角坐标系中的方程为

$$\frac{x^2}{a^2} + \frac{y^2}{b^2} = 1$$

式中 (x, y) 为椭圆上任意点的直角坐标.

直角坐标和极坐标的关系为

$$x = \rho\cos\theta, y = \rho\sin\theta$$

因此椭圆上任意点的极坐标满足

$$b^2\rho^2\cos^2\theta + a^2\rho^2\sin^2\theta = a^2 b^2$$

所以

$$\rho^2 = \frac{a^2 b^2}{b^2\cos^2\theta + a^2\sin^2\theta} =$$

$$\frac{a^2 b^2}{b^2\cos^2\theta + a^2(1 - \cos^2\theta)} =$$

$$\frac{a^2 b^2}{a^2 - c^2\cos^2\theta} =$$

$$\frac{b^2}{1-e^2\cos^2\theta}$$

所以椭圆的极坐标方程为

$$\rho^2=\frac{b^2}{1-e^2\cos^2\theta}$$

9. 椭圆 $\rho^2=\dfrac{288}{16-7\cos^2\theta}$ 的长等于 10 单位的直径与极轴成多大角.

〔解〕　依题意求 $\rho=5$ 时所对应的角, 故将 $\rho=5$ 代入方程得

$$25=\frac{288}{16-7\cos^2\theta}$$

即

$$\cos^2\theta=\frac{112}{7\times25}=\frac{16}{25}$$

所以

$$\cos\theta=\pm\frac{4}{5}$$

所以

$$\theta=\arccos\left(\pm\frac{4}{5}\right)$$

159

10. 计算双曲线 $\rho^2=\dfrac{48}{4\cos^2\theta-1}$ 的渐近线间的角.

〔解〕　由式 (2.9) 知 $b^2=48, e^2=4$, 可求得 $a=4$.

$$\tan\alpha=\frac{b}{a}=\frac{4\sqrt3}{4}=\sqrt3$$

所以

$$\alpha=\frac{\pi}{3}$$

因此渐近线间的夹角为

$$2\alpha=\frac{2\pi}{3}$$

11. 如果椭圆的三个半径[①] CP, CQ, CR 两夹角为 120°, 试证下式为一定值

$$\frac{1}{CP^2}+\frac{1}{CQ^2}+\frac{1}{CR^2}$$

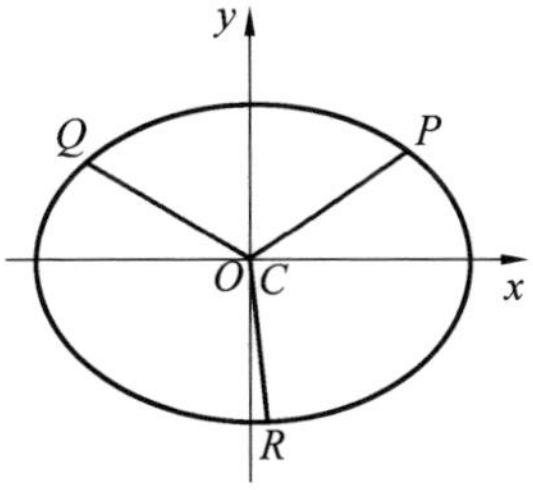

〔分析〕因分母出现了距离的平方, 所以把极点取在有心二次曲线的中心, 应用方程 (2.7).

〔证〕　用极坐标方程 (2.7). 如图 3.13, 设点 P

图 3.13

———————————

①　意思是从椭圆上的点到对称中心的距离.

的极坐标为 (OP,θ)，则点 $Q\left(OQ,\theta+\dfrac{2\pi}{3}\right),R\left(OR,\theta-\dfrac{2\pi}{3}\right)$. 故由式 (2.7) 得

$$\frac{1}{CP^2}=\frac{\cos^2\theta}{a^2}+\frac{\sin^2\theta}{b^2}$$

$$\frac{1}{CQ^2}=\frac{\cos^2\left(\theta+\dfrac{2\pi}{3}\right)}{a^2}+\frac{\sin^2\left(\theta+\dfrac{2\pi}{3}\right)}{b^2}$$

$$\frac{1}{CR^2}=\frac{\cos^2\left(\theta-\dfrac{2\pi}{3}\right)}{a^2}+\frac{\sin^2\left(\theta-\dfrac{2\pi}{3}\right)}{b^2}$$

因为

$$\cos^2\theta+\cos^2\left(\theta+\frac{2\pi}{3}\right)+\cos^2\left(\theta-\frac{2\pi}{3}\right)=\frac{3}{2}$$

$$\sin^2\theta+\sin^2\left(\theta+\frac{2\pi}{3}\right)+\sin^2\left(\theta-\frac{2\pi}{3}\right)=\frac{3}{2}$$

所以

$$\frac{1}{CP^2}+\frac{1}{CQ^2}+\frac{1}{CR^2}=\frac{3}{2}\left(\frac{1}{a^2}+\frac{1}{b^2}\right)=定值$$

12. 通过椭圆的焦点引互相垂直的两条弦 PFP' 与 QFQ'，试证

$$\frac{1}{PP'}+\frac{1}{QQ'}=定值$$

[证] 按式 (2.5) 所述引极坐标系. 设点 P 的坐标为 (FP,θ)，则点 $Q\left(FQ,\theta+\dfrac{\pi}{2}\right),P'(FP',\theta+\pi),Q'\left(FQ',\theta-\dfrac{\pi}{2}\right)$，故从式 (2.5) 得

$$FP=\frac{p}{1-e\cos\theta},FP'=\frac{p}{1+e\cos\theta}$$

$$FQ=\frac{p}{1+e\sin\theta},FQ'=\frac{p}{1-e\sin\theta}$$

$$PP'=FP+FP'=\frac{2p}{1-e^2\cos^2\theta}$$

同理

$$QQ'=\frac{2p}{1-e^2\sin^2\theta}$$

所以

$$\frac{1}{PP'}+\frac{1}{QQ'}=\frac{1}{2p}(1-e^2\cos^2\theta+1-e^2\sin^2\theta)=$$

$$\frac{1}{2p}(2-e^2)=定值$$

13. 设抛物线的焦点为 F，PQ 为通过点 F 的弦，曲线的顶点为 O，试证 $\triangle OPQ$ 的面积和 PQ 线段长的平方根成比例．

〔证〕　设抛物线的方程为

$$\rho = \frac{p}{1 - \cos\theta} \tag{1}$$

点 P,Q 的偏角（极角）分别为 $\theta,\theta+\pi$，则有

$$PQ = \frac{p}{1 - \cos\theta} + \frac{p}{1 - \cos(\theta + \pi)} = \frac{2p}{\sin^2\theta}$$

所以

$$\sin\theta = \sqrt{\frac{2p}{PQ}}$$

从式 (1) 可见 $OF = \dfrac{p}{2}$，所以

$$S_{\triangle OPQ} = S_{\triangle OPF} + S_{\triangle OQF} =$$

$$\frac{1}{2} \cdot \frac{p}{2} \cdot PF\sin\theta + \frac{1}{2} \cdot \frac{p}{2} \cdot QF\sin\theta =$$

$$\frac{p}{4}(PF + QF)\sin\theta =$$

$$\frac{p}{4}FQ\sin\theta$$

因此得

$$S_{\triangle OPQ} = \frac{p}{4} \cdot PQ \cdot \sqrt{\frac{2p}{PQ}} =$$

$$\frac{\sqrt{2}\,p\sqrt{p}}{4}\sqrt{PQ}$$

14. 试证：从抛物线的任何焦点所作弦的两个端点到对称轴的距离之积为一常数．

〔证〕　取焦点 F 为极点，对称轴为 x 轴，并设焦点弦的两个端点为 $M(\rho_1,\theta_1),N(\rho_2,\theta_2)$，则 $\theta_2 = \pi + \theta_1$．设点 M,N 到轴的距离分别为 δ_1,δ_2，则

$$\delta_1 \cdot \delta_2 = |\,\rho_1\sin\theta_1 \cdot \rho_2\sin\theta_2\,| =$$

$$\left|\frac{p}{1 - \cos\theta_1} \cdot \frac{p}{1 - \cos\theta_2}\sin^2\theta_1\right| =$$

$$\left|\frac{p^2}{1 - \cos^2\theta_1}\sin^2\theta_1\right| = p^2$$

15. 从一定点 P 引直线与二次曲线的交点为 R,S，与点 P 的极线交于点 Q，试证

161

$$\frac{1}{PR} + \frac{1}{PS} = \frac{2}{PQ} \qquad (1)$$

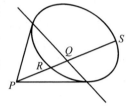

图 3.14

［证］　如图 3.14,取 P 为极点,极轴任意选取,这时二次曲线取一般的形式[①],如式(2.12).因上列等式中的距离在分母上,我们将式(2.12)改写为

$$a_{33}\frac{1}{\rho^2} + 2(a_{13}\cos\theta + a_{23}\sin\theta)\frac{1}{\rho} +$$
$$(a_{11}\cos^2\theta + 2a_{12}\cos\theta\sin\theta + a_{22}\sin^2\theta) = 0 \quad (2)$$

依题意点 P 不能在题设的二次曲线上,故 $a_{33} \neq 0$. 上式是 $\frac{1}{\rho}$ 的二次方程.式(1) 左边是式(2) 的两根之和. 故

$$\frac{1}{PR} + \frac{1}{PS} = -\frac{1}{a_{33}}(a_{13}\cos\theta + a_{23}\sin\theta) \qquad (3)$$

P 的极线方程[②]为

$$a_{13}x + a_{23}y + a_{33} = 0$$

162　即

$$\rho(a_{13}\cos\theta + a_{23}\sin\theta) + a_{33} = 0 \qquad (4)$$

从式(3)(4) 可见

$$\frac{1}{PR} + \frac{1}{PS} = \frac{2}{\rho}$$

16. 从原点向二次曲线 $F(x,y) = a_{11}x^2 + 2a_{12}xy + a_{22}y^2 + 2a_{13}x + 2a_{23}y + a_{33} = 0$ 引诸弦,求各弦的中点的轨迹方程.

［解］　因已选好直角坐标系,按通常方式引入极坐标系,则二次曲线方程变为

$$F(\rho\cos\theta, \rho\sin\theta) = \rho^2(a_{11}\cos^2\theta + 2a_{12}\cos\theta\sin\theta + a_{22}\sin^2\theta) +$$
$$2\rho(a_{13}\cos\theta + a_{23}\sin\theta) + a_{33} = 0 \qquad (1)$$

极角为 $\theta(\theta_1 \leqslant \theta \leqslant \theta_2)$ 的弦的两端点的极半径是二次方程(1)的两个解 ρ_1, ρ_2,故此弦的中点的坐标(ρ,θ)满足

$$\rho = \frac{\rho_1 + \rho_2}{2} = -\frac{a_{13}\cos\theta + a_{23}\sin\theta}{a_{11}\cos^2\theta + 2a_{12}\sin\theta\cos\theta + a_{22}\sin^2\theta} \qquad (2)$$

---

① 要想把二次曲线的方程写成标准形,极点就不能取在定点上,这时极坐标的优越性显示不出来.

② 证明见 3.1 节习题 45.

上面 θ_1，θ_2 为从原点向二次曲线引的两条切线的极角.

式（2）为各弦中点的轨迹方程；再将此方程变为直角坐标方程，得

$$a_{11}x^2 + 2a_{12}xy + a_{22}y^2 + a_{13}x + a_{23}y = 0 \qquad (3)$$

注意式（1）（3）两条曲线的 I_2 是一样的，故各弦中点的轨迹是和原二次曲线同种类型的二次曲线，是介于原二次曲线中的一段.

此习题可以叙述为：

从定点向二次曲线引诸弦，则各弦中点的轨迹是与此二次曲线同种类型的一段二次曲线.

17. 三角形的底边为长 $2a$ 的定直线段，而其余两边的积等于常数 a^2，求它的顶点轨迹.

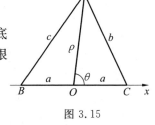

图 3.15

[解法一]　如图 3.15，取底边的中点作极点，底边为极轴. 设顶点坐标为 (ρ, θ)，另外两边长为 b，c，根据余弦定理，得

$$b = \sqrt{a^2 + \rho^2 - 2a\rho\cos\theta}$$
$$c = \sqrt{a^2 + \rho^2 - 2a\rho\cos(\pi - \theta)}$$

依题意有

$$\sqrt{a^2 + \rho^2 - 2a\rho\cos\theta} \cdot \sqrt{a^2 + \rho^2 + 2a\rho\cos\theta} = a^2$$

化简得

$$\rho^2 = 2a^2\cos 2\theta$$

这就是所求的轨迹方程，可用逐点描图法画出它的图形，此图形叫双扭线.

[解法二]　本题也可用直角坐标作，取 x 轴通过三角形的底，原点在底边中点上，设与底边相对的顶点的坐标为 $P(x, y)$，则

$$AB = \sqrt{(x+a)^2 + y^2}, AC = \sqrt{(x-a)^2 + y^2}$$

依题意得

$$a^2 = AB \cdot AC = \sqrt{(x+a)^2 + y^2}\sqrt{(x-a)^2 + y^2}$$

化简得

$$(x^2 + y^2)^2 = 2a^2(x^2 - y^2)$$

18. 如图 3.16，在半径为 a 的圆周上的任意点 P 与同圆上一定点 O 连直线，于此直线上点 P 的两侧取两点 P_1，P_2，使 $PP_1 = PP_2 = b$（常数），求 P_1，P_2 的轨迹方程. 此曲线叫作蜗牛线.

[解]　设蜗牛线上任意点 P_1 的极坐标为 (ρ, θ)，我们要求的就是 (ρ, θ) 满足的方程. 相对应的点 P 为 (ρ_0, θ). 因为 $\rho_0 = 2a \cdot \cos\theta$，依题意

$$\rho = \rho_0 + b$$

故 (ρ, θ) 满足

$$\rho = 2a\cos\theta + b$$

同理,点 P_2 的轨迹方程为

$$\rho = 2a\cos\theta - b$$

再求此蜗牛线的直角坐标方程,两边乘以 ρ 得

$$x^2 + y^2 = 2ax - b\sqrt{x^2 + y^2}$$

平方得

$$(x^2 + y^2 - 2ax)^2 = b^2(x^2 + y^2)$$

即蜗牛线为四次曲线.

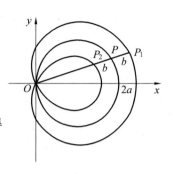

图 3.16

19. 长 $2a$ 的线段两端分别在直角坐标轴上移动,从原点向此动直线引垂线,求其垂足的轨迹方程(图 3.17).

〔解法一〕 以垂线的斜角 θ 为动直线的参数,则动直线的截距为 $2a\sin\theta, 2a\cos\theta$,故动直线方程为

$$\frac{x}{2a\sin\theta} + \frac{y}{2a\cos\theta} = 1$$

即

$$y = -x\cot\theta + 2a\cos\theta$$

从原点引的垂线方程为

$$y = x\tan\theta$$

交点的坐标为

$$\begin{cases} x = \dfrac{2a\cos\theta}{\tan\theta + \cot\theta} = 2a\sin\theta\cos^2\theta \\ y = x\tan\theta = 2a\sin^2\theta\cos\theta \end{cases}$$

消去参数得

$$(x^2 + y^2)^3 = 4a^2x^2y^2$$

这就是所求的轨迹.

〔解法二〕 也可用极坐标求轨迹.

设两条直线的交点的极坐标为 (ρ, θ),从 $\triangle AOB \backsim \triangle BOC$ 可见

$$\frac{2a}{2a\sin\theta} = \frac{2a\cos\theta}{\rho}$$

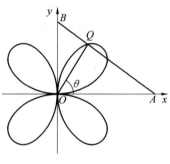

图 3.17

即
$$\rho = 2a\sin\theta\cos\theta = a\sin 2\theta$$

20. 已知两点 P,P' 关于极轴对称,则它们的极坐标间有什么关系?

[解] 一点的极坐标与其直角坐标①不同,有无穷多个.设 (ρ,θ) 为点 P 的极坐标,则 $(-\rho,\pi+\theta)$ 也是它的极坐标.当极角增加 $2n\pi$(n 为整数)时也是其坐标,有代表性的是前两个.

因此点 P 关于极轴对称的点 P' 的坐标有 $(\rho,-\theta)$ 与 $(-\rho,\pi-\theta)$.

21. 设点 P 的坐标为 (ρ,θ),l 为通过极的射线,从极轴到 l 间的角为 α,求点 P 关于 l 的对称点 P' 的极坐标(图 3.18).

[解] 点 P' 的一个极角为
$$\alpha+(\alpha-\theta)=2\alpha-\theta$$
故点 P' 的极坐标为
$$(\rho,2\alpha-\theta) \text{ 与 } (-\rho,2\alpha-\theta+\pi)$$
特别地,当 l 与极轴垂直时,点 P 的对称点的坐标为
$$(\rho,\pi-\theta) \text{ 与 } (-\rho,-\theta)$$

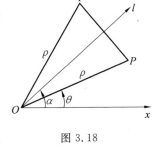

图 3.18

22. 设 P 的极坐标为 (ρ,θ),求 P 关于极点的对称点 P' 的坐标.

答:$(-\rho,\theta)$ 或 $(\rho,\theta+\pi)$.

23. 通过曲线的极坐标方程,讨论其对称性.

[解] 已知曲线的极坐标方程为 $\rho=f(\theta)$.当 $f(-\theta)=f(\theta)$,即 $f(\theta)$ 是偶函数时,曲线关于极轴对称.因为所谓一曲线关于某直线对称,就是曲线上各点的对称点都在此曲线上,如果点 $P(\rho,\theta)$ 是曲线上的点,那么关于极轴的对称点 $(\rho,-\theta)$ 的坐标仍满足曲线的方程;当 $f(\pi-\theta)=-f(\theta)$ 时,同理可说明此时曲线也关于极轴对称.

24. 设一曲线的极坐标方程为 $\rho=f(\theta)$,如 $f(-\theta)=-f(\theta)$,即 $f(\theta)$ 为奇函数,则曲线关于与极轴垂直的射线对称②.

[解] 设 (ρ,θ) 为曲线上的点,则点 $(-\rho,-\theta)$ 满足曲线的方程.

25. 设一曲线的极坐标方程为 $\rho=f(\theta)$,当(1)$f(\theta)$ 的反函数 $f^{-1}(\rho)$ 是偶函数,或(2)$f(\theta+\pi)=f(\theta)$,即 $f(\theta)$ 以 π 为周期时,则曲线关于极点对称.

---

① 坐标平面上的点与其直角坐标是一一对应的.

② 注意与直角坐标的情况结论不同.

[解] (1) 当 $f^{-1}(-\rho) = f^{-1}(\rho) = \theta$ 时,说明 $-\rho = f(\theta)$,$\rho = f(\theta)$,即当点 (ρ,θ) 在曲线上时 $(-\rho,\theta)$ 也在曲线上.

(2) 在(1)的条件下,当 (ρ,θ) 在曲线上时,则关于极点的对称点 $(\rho,\theta+\pi)$ 也在曲线上.

26. 设一曲线的方程为 $\rho = f(\theta)$,如 $f(2\alpha - \theta) = f(\theta)$,则曲线关于射线 $\theta = \alpha$ 对称.

[解] (ρ,θ) 是曲线上的点时,则 $(\rho,2\alpha - \theta)$ 也在曲线上.

27. 讨论曲线 $\rho = a\sin 2\theta$ 的对称性.(图 3.17).

[解] 设 $f(\theta) = a\sin 2\theta$,则:

(1) $f(\theta)$ 是奇函数,故由习题 24 知曲线关于与极轴垂直的射线对称;

(2) $f(\theta)$ 以 π 为周期,故由习题 25 知曲线关于极点对称;

(3) $f(\pi - \theta) = a\sin 2(\pi - \theta) - a\sin 2\theta = -f(\theta)$,故曲线关于极轴对称[①];

(4) 因 $f\left(2 \cdot \dfrac{\pi}{4} - \theta\right) = f\left(\dfrac{\pi}{2} - \theta\right) = \sin 2\left(\dfrac{\pi}{2} - \theta\right) = \sin(\pi - 2\theta) =$

166 $\sin 2\theta = f(\theta)$,故曲线关于 $\theta = \dfrac{\pi}{4}$ 对称;

(5) 同理可证曲线关于 $\theta = \dfrac{3\pi}{4}$ 对称.

28. 讨论三叶玫瑰线 $\rho = \cos 3\theta$ 的对称性.

答:关于极轴、射线 $\theta = \dfrac{\pi}{3}$,$\theta = \dfrac{2\pi}{3}$ 对称.

---

① 尽管 $f(-\theta) \neq f(\theta)$,也得到这样结果.

第4章 空间直线与平面

4.1 空间直角坐标

提　　要

Ⅰ 两点间的距离

设 $M_1(x_1,y_1,z_1),M_2(x_2,y_2,z_2)$ 为空间中两点,则这两点间的距离为

$$d=\sqrt{(x_2-x_1)^2+(y_2-y_1)^2+(z_2-z_1)^2} \tag{1.1}$$

如果两点中有一点是原点,另一点是 $M(x,y,z)$,那么

$$d=\sqrt{x^2+y^2+z^2} \tag{1.2}$$

Ⅱ 线段的定比分点

设一有向线段的两个端点为 $M_1(x_1,y_1,z_1)$ 及 $M_2(x_2,y_2,z_2)$,点 M 是直线 M_1M_2 上一分点,且 $\dfrac{M_1M}{MM_2}=\lambda$(常数),则点 M 的坐标是

$$x=\frac{x_1+\lambda x_2}{1+\lambda},y=\frac{y_1+\lambda y_2}{1+\lambda},z=\frac{z_1+\lambda z_2}{1+\lambda}$$

如果 $\lambda>0$,那么点 M 在点 M_1 与点 M_2 之间;如果 $\lambda<0$,那么点 M 在线段 M_1M_2(或 M_2M_1)的延长线上;当 $\lambda=1$ 时,点 M 是线段 M_1M_2 的中点,其坐标为

$$x=\frac{x_1+x_2}{2},y=\frac{y_1+y_2}{2},z=\frac{z_1+z_2}{2}$$

Ⅲ 直线的方向角、方向余弦、方向数

设 g 为空间一有向直线,α,β,γ 为直线 g 与各坐标轴正向的夹角,则 α,β,γ 称为有向直线 g 的方向角.

$\cos \alpha, \cos \beta, \cos \gamma$ 称为直线 g 的方向余弦. 通常,方向余弦用 l, m, n 表示.

设三个数 L, M, N 与直线 g 的方向余弦成比例,即

$$\frac{l}{L} = \frac{m}{M} = \frac{n}{N}$$

则 L, M, N 称为直线 g 的方向数. 一条直线有无穷多组方向数.

直线的方向余弦与方向数的关系是

$$l = \frac{L}{\pm \sqrt{L^2 + M^2 + N^2}}$$

$$m = \frac{M}{\pm \sqrt{L^2 + M^2 + N^2}}$$

$$n = \frac{N}{\pm \sqrt{L^2 + M^2 + N^2}}$$

根号前的正负号,对应于直线的两个方向.

Ⅳ 方向余弦间的关系

设一直线的方向余弦为 l, m, n,则有
$$l^2 + m^2 + n^2 = 1$$

Ⅴ 两直线的夹角

设 g_1, g_2 为两条有向直线,它们的方向余弦分别为 l_1, m_1, n_1 及 l_2, m_2, n_2,它们的夹角为 θ,则

$$\cos \theta = l_1 l_2 + m_1 m_2 + n_1 n_2$$

若两条直线的方向数分别为 L_1, M_1, N_1 及 L_2, M_2, N_2,则有

$$\cos \theta = \frac{L_1 L_2 + M_1 M_2 + N_1 N_2}{\pm \sqrt{L_1^2 + M_1^2 + N_1^2} \cdot \sqrt{L_2^2 + M_2^2 + N_2^2}}$$

Ⅵ 两直线平行及垂直条件

设两条直线的方向余弦分别为 l_1, m_1, n_1 及 l_2, m_2, n_2,则:
平行条件是

$$l_1 = \pm l_2, m_1 = \pm m_2, n_1 = \pm n_2$$

垂直条件是

$$l_1 l_2 + m_1 m_2 + n_1 n_2 = 0$$

设两条直线的方向数分别为 L_1, M_1, N_1 及 L_2, M_2, N_2,则:

平行条件是

$$\frac{L_1}{L_2} = \frac{M_1}{M_2} = \frac{N_1}{N_2}$$

垂直条件是

$$L_1 L_2 + M_1 M_2 + N_1 N_2 = 0$$

Ⅶ 三点共线条件

设 $M_1(x_1, y_1, z_1)$, $M_2(x_2, y_2, z_2)$, $M_3(x_3, y_3, z_3)$ 为空间中三个已知点, 这三点共线的充分且必要条件是

$$\frac{x_2 - x_1}{x_3 - x_1} = \frac{y_2 - y_1}{y_3 - y_1} = \frac{z_2 - z_1}{z_3 - z_1}$$

习　　题

169

1. 设 α, β, γ 是一直线的方向角, 试证: 下面关系

$$\sin^2\alpha + \sin^2\beta + \sin^2\gamma = 2$$

〔证〕　左边 $= (1 - \cos^2\alpha) + (1 - \cos^2\beta) + (1 - \cos^2\gamma) =$
$3 - (\cos^2\alpha + \cos^2\beta + \cos^2\gamma) = 2$

2. 若一直线与各坐标轴的交角分别为 $\theta, 2\theta, 3\theta$, 则此直线一定在某一坐标平面上, 试证明之.

〔证〕　由

$$\cos^2\theta + \cos^2 2\theta + \cos^2 3\theta = 1$$

得

$$\cos 2\theta + \cos 4\theta + \cos 6\theta + 1 = 0$$

即

$$4\cos\theta \cdot \cos 2\theta \cdot \cos 3\theta = 0$$

所以, 或者 $\theta = 90°$, 或者 $2\theta = 90°$, 或者 $3\theta = 90°$, 故此直线一定在某一坐标平面上.

3. 已知两点 $A(2, -1, 7)$ 及 $B(4, 5, -2)$, 求每个坐标面将线段 AB 所分的比, 并求分点的坐标.

〔解〕　设直线 AB 与各坐标面的交点坐标分别为 $(x, y, 0)$, $(0, y, z)$, $(x, 0, z)$. 因 λ_1 满足关系 $[7 + \lambda_1(-2)] + (1 + \lambda_1) = 0$, 得 $\lambda_1 = \frac{7}{2}$. 类似地, 可得 $\lambda_2 = -\frac{1}{2}$, $\lambda_3 = \frac{1}{5}$. 各分点坐标是

$$\left(\frac{32}{9},\frac{11}{3},0\right),(0,-7,16),\left(\frac{7}{3},0,\frac{11}{2}\right)$$

4.已知三角形的顶点为 $A(2,1,4),B(3,-1,2),C(5,0,6)$,求此三角形的面积.

〔解〕 用公式:面积 $=\dfrac{1}{2}AB \cdot AC \cdot \sin A$.

由已知条件得 $AB=3,AC=\sqrt{14}$;直线 AB 的方向余弦是 $-\dfrac{1}{3},\dfrac{2}{3},\dfrac{2}{3}$,直线 AC 的方向余弦是 $-\dfrac{3}{\sqrt{14}},\dfrac{1}{\sqrt{14}},-\dfrac{2}{\sqrt{14}}$;$\cos A=\dfrac{1}{\sqrt{14}}$,$\sin A=\sqrt{\dfrac{13}{14}}$.所以,三角形面积是 $S=\dfrac{3}{2}\sqrt{13}$.

5.一条直线通过坐标原点,且和联结原点与点 $M(1,1,1)$ 的直线成 $45°$ 角,求此直线上点的坐标满足的关系式.

〔解〕 设此直线上的点为 $A(x,y,z)$,因为 $\angle AOM=45°$,所以

$$\cos 45°=\frac{x+y+z}{\sqrt{1^2+1^2+1^2}\cdot\sqrt{x^2+y^2+z^2}}$$

得

$$\frac{x+y+z}{\sqrt{x^2+y^2+z^2}}=\frac{\sqrt{3}}{\sqrt{2}}$$

将两边平方,并整理,得

$$x^2+y^2+z^2-4yz-4zx-4xy=0$$

由此可知,点 A 在以 OM 为对称轴,半顶角为 $45°$ 的正圆锥面上.

6.求正立方体的两条对角线的交角.

〔解〕 如图 4.1,不失一般性,考虑对角线 AB,CD.各顶点坐标为 $A(1,0,0),B(0,1,1),C(0,1,0),D(1,0,1)$.设 AB 与 CD 的交角为 α,因直线 AB 的方向数是 $1,-1,-1$,直线 CD 的方向数是 $1,-1,1$,所以 $\cos\alpha=\dfrac{1}{3}$,故 $\alpha=\arccos\dfrac{1}{3}$.

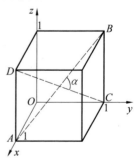

图 4.1

7.试证:任意四边形(不必在一平面内)相邻两边中点连线(相对的)平行且相等.

〔证〕 如图 4.2,设四个顶点分别是 $P_1(x_1,y_1,$

z_1）$,P_2(x_2,y_2,z_2),P_3(x_3,y_3,z_3),P_4(x_4,y_4,z_4)$，则各边中点的坐标是

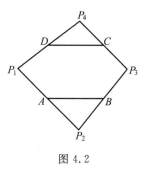

图 4.2

$$A\left(\frac{x_1+x_2}{2},\frac{y_1+y_2}{2},\frac{z_1+z_2}{2}\right)$$

$$B\left(\frac{x_2+x_3}{2},\frac{y_2+y_3}{2},\frac{z_2+z_3}{2}\right)$$

$$C\left(\frac{x_3+x_4}{2},\frac{y_3+y_4}{2},\frac{z_3+z_4}{2}\right)$$

$$D\left(\frac{x_1+x_4}{2},\frac{y_1+y_4}{2},\frac{z_1+z_4}{2}\right)$$

因 AB,CD 的方向数均为 $\dfrac{x_1-x_3}{2},\dfrac{y_1-y_3}{2},\dfrac{z_1-z_3}{2}$，故知 AB 与 CD 平行且相等.

8.在空间有四点 A,B,C,D，如果 AB 垂直于 CD，AC 垂直于 BD，那么 AD 也一定垂直于 BC，试证明之.

［证］　取点 A 为原点，设 B,C,D 的坐标分别是 $(x_1,y_1,z_1),(x_2,y_2,z_2)$，$(x_3,y_3,z_3)$.因 AB,CD 垂直，所以有

$$x_1(x_3-x_2)+y_1(y_3-y_2)+z_1(z_3-z_2)=0 \tag{1}$$

因 AC,BD 垂直，所以有

$$x_2(x_3-x_1)+y_2(y_3-y_1)+z_2(z_3-z_1)=0 \tag{2}$$

式（1）（2）两边相减，得

$$x_3(x_1-x_2)+y_3(y_1-y_2)+z_3(z_1-z_2)=0$$

所以 AD 垂直于 BC.

9.试证:联结任意四边形对边中点的线段相交,且互相平分（此四边形可以不在一平面内）.

［证］　设四顶点分别为 $P_1(x_1,y_1,z_1),P_2(x_2,y_2,z_2),P_3(x_3,y_3,z_3)$，$P_4(x_4,y_4,z_4)$，则各边中点分别是

$$A\left(\frac{x_1+x_2}{2},\frac{y_1+y_2}{2},\frac{z_1+z_2}{2}\right)$$

$$B\left(\frac{x_3+x_4}{2},\frac{y_3+y_4}{2},\frac{z_3+z_4}{2}\right)$$

$$C\left(\frac{x_2+x_3}{2},\frac{y_2+y_3}{2},\frac{z_2+z_3}{2}\right)$$

$$D\left(\frac{x_1+x_4}{2},\frac{y_1+y_4}{2},\frac{z_1+z_4}{2}\right)$$

而 AC, BD 的中点坐标均为

$$\left(\frac{x_1 + x_2 + x_3 + x_4}{4}, \frac{y_1 + y_2 + y_3 + y_4}{4}, \frac{z_1 + z_2 + z_3 + z_4}{4}\right)$$

故 AC, BD 相交且互相平分.

10. 试证：任意四边形两条对角线平方之和等于联结对边中点两线段平方之和的二倍.

[证] 如图 4.3，设四个顶点分别为 $P_1(x_1, y_1, z_1), P_2(x_2, y_2, z_2), P_3(x_3, y_3, z_3), P_4(x_4, y_4, z_4)$，则有

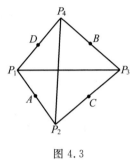

图 4.3

$$P_1P_3^2 = (x_1 - x_3)^2 + (y_1 - y_3)^2 + (z_1 - z_3)^2$$
$$P_2P_4^2 = (x_4 - x_2)^2 + (y_4 - y_2)^2 + (z_4 - z_2)^2$$

$$AB^2 = \frac{1}{4}\big[(x_1 - x_3)^2 + (x_2 - x_4)^2 +$$
$$2(x_1 - x_3)(x_2 - x_4) +$$
$$(y_1 - y_3)^2 + (y_2 - y_4)^2 + 2(y_1 - y_3)(y_2 - y_4) +$$
$$(z_1 - z_3)^2 + (z_2 - z_4)^2 + 2(z_1 - z_3)(z_2 - z_4)\big] \tag{1}$$

$$CD^2 = \frac{1}{4}\big[(x_1 - x_3)^2 + (x_2 - x_4)^2 - 2(x_1 - x_3)(x_2 - x_4) +$$
$$(y_1 - y_3)^2 + (y_2 - y_4)^2 - 2(y_1 - y_3)(y_2 - y_4) +$$
$$(z_1 - z_3)^2 + (z_2 - z_4)^2 - 2(z_1 - z_3)(z_2 - z_4)\big] \tag{2}$$

将式 (1)(2) 两边相加，得

$$AB^2 + CD^2 = \frac{1}{2}\big[(x_1 - x_3)^2 + (x_2 - x_4)^2 + (y_1 - y_3)^2 +$$
$$(y_2 - y_4)^2 + (z_1 - z_3)^2 + (z_2 - z_4)^2\big] =$$
$$\frac{1}{2}(P_1P_3^2 + P_2P_4^2)$$

11. 试证：在任意四面体中，从各顶点到它对面的重心所引的各直线相交于一点，且此点分每一线段之比为 $\lambda = 3$（此点称为四面体的重心）.

[证] 设四个顶点分别为 $P_1(x_1, y_1, z_1), P_2(x_2, y_2, z_2), P_3(x_3, y_3, z_3), P_4(x_4, y_4, z_4)$，则各面重心坐标分别是

$$M_1\left[\frac{1}{3}(x_1 + x_2 + x_3), \frac{1}{3}(y_1 + y_2 + y_3), \frac{1}{3}(z_1 + z_2 + z_3)\right]$$

$$M_2\left[\frac{1}{3}(x_2 + x_3 + x_4), \frac{1}{3}(y_2 + y_3 + y_4), \frac{1}{3}(z_2 + z_3 + z_4)\right]$$

$$M_3\left[\frac{1}{3}(x_1+x_3+x_4),\frac{1}{3}(y_1+y_3+y_4),\frac{1}{3}(z_1+z_3+z_4)\right]$$

$$M_4\left[\frac{1}{3}(x_1+x_2+x_4),\frac{1}{3}(y_1+y_2+y_4),\frac{1}{3}(z_1+z_2+z_4)\right]$$

P_4M_1 的 $\lambda=3$ 的分点坐标为

$$\left(\frac{x_1+x_2+x_3+x_4}{4},\frac{y_1+y_2+y_3+y_4}{4},\frac{z_1+z_2+z_3+z_4}{4}\right)$$

完全类似的,可得 P_1M_2,P_2M_3,P_3M_4 的 $\lambda=3$ 的分点坐标也是这样,故四条直线交于一点,且此点分每一线段之比为 $\lambda=3$.

12. 设 $P_1(x_1,y_1,z_1),P_2(x_2,y_2,z_2),P_3(x_3,y_3,z_3),P_4(x_4,y_4,z_4)$ 为四面体的顶点,M_1,M_2,M_3,M_4 分别为四面体各面的重心.试证:四面体 $P_1P_2P_3P_4$ 与四面体 $M_1M_2M_3M_4$ 的重心重合.

〔证〕　由前题知,四面体 $P_1P_2P_3P_4$ 的重心为

$$\left(\frac{x_1+x_2+x_3+x_4}{4},\frac{y_1+y_2+y_3+y_4}{4},\frac{z_1+z_2+z_3+z_4}{4}\right)$$

在前题中,点 M_1,M_2,M_3,M_4 的坐标已求得,而四面体 $M_1M_2M_3M_4$ 的重心坐标是

$$\left(\frac{x_1+x_2+x_3+x_4}{4},\frac{y_1+y_2+y_3+y_4}{4},\frac{z_1+z_2+z_3+z_4}{4}\right)$$

故二者重心重合.

13. 所谓 $\triangle ABC$ 在平面 π 上的投影,就是通过 AB,BC,AC 分别作平面与 π 垂直而得到的 π 上三条直线 $A'B',B'C',A'C'$ 所围成的图形 $\triangle A'B'C'$(图 4.4).以下证明

$$S_{\triangle A'B'C'}=S_{\triangle ABC}\cos\theta$$

式中 θ 是平面 ABC 的垂线与 π 的垂线所夹的锐角.

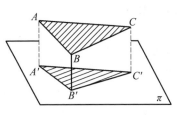

图 4.4

先证明 $\triangle ABC$ 中的一边与 π 平行的情况(图 4.5).

〔证〕　设 AD 是 $\triangle ABC$ 的高,由三垂线定理知 $A'D$ 是 $\triangle A'BC$ 的高,而 $A'D=AD\cos\theta$,所以

$$S_{\triangle A'BC}=\frac{1}{2}A'D\cdot BC=\frac{1}{2}AD\cos\theta\cdot BC=S_{\triangle ABC}$$

至于 θ 等于两平面的垂线所夹的锐角,从侧面看是显然的(图 4.6).

对于一般的情形,即 $\triangle ABC$ 的三边都不与 π 平行,可在三顶点中取一顶

点，比如点 C，过点 C 作 π 的平行平面与
$\triangle ABC$ 交于 CE，则 $CE \parallel \pi$，而

$$S_{\triangle A'B'C'} = S_{\triangle A'E'C'} + S_{\triangle B'C'E'} =$$
$$S_{\triangle AEC} \cos \theta + S_{\triangle BCE} \cos \theta =$$
$$(S_{\triangle AEC} + S_{\triangle BCE}) \cos \theta =$$
$$S_{\triangle ABC} \cos \theta$$

如图 4.7.

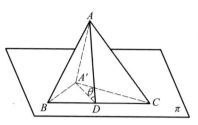

图 4.5

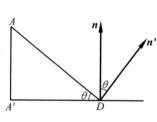

图 4.6

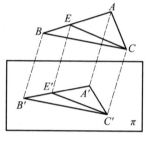

图 4.7

14. 空间中有一个三角形，其在三个坐标面上的投影面积已知，求此三角形的面积.

［解］ 设此三角形的面积为 S，它在各坐标面上的投影分别为 S_1, S_2, S_3.
又设，从原点向三角形所在的平面引的垂线与 x 轴，y 轴，z 轴的交角分别为 α，β，γ，则有[①]

$$S_1 = S\cos\alpha, S_2 = S\cos\beta, S_3 = S\cos\gamma$$

因为 $$\cos^2\alpha + \cos^2\beta + \cos^2\gamma = 1$$

所以 $$S_1^2 + S_2^2 + S_3^2 = S^2$$

故 $$S = \sqrt{S_1^2 + S_2^2 + S_3^2}$$

若设三角形顶点的坐标分别为

$$(x_1, y_1, z_1), (x_2, y_2, z_2), (x_3, y_3, z_3)$$

则[②]

$$S_1 = \pm\frac{1}{2}\begin{vmatrix} y_1 & z_1 & 1 \\ y_2 & z_2 & 1 \\ y_3 & z_3 & 1 \end{vmatrix}$$

---

① 见习题 13.

② "±"号表示取绝对值.

$$S_2 = \pm \frac{1}{2} \begin{vmatrix} x_1 & z_1 & 1 \\ x_2 & z_2 & 1 \\ x_3 & z_3 & 1 \end{vmatrix}$$

$$S_3 = \pm \frac{1}{2} \begin{vmatrix} x_1 & y_1 & 1 \\ x_2 & y_2 & 1 \\ x_3 & y_3 & 1 \end{vmatrix}$$

所以

$$S = \frac{1}{2} \sqrt{\begin{vmatrix} y_1 & z_1 & 1 \\ y_2 & z_2 & 1 \\ y_3 & z_3 & 1 \end{vmatrix}^2 + \begin{vmatrix} x_1 & z_1 & 1 \\ x_2 & z_2 & 1 \\ x_3 & z_3 & 1 \end{vmatrix}^2 + \begin{vmatrix} x_1 & y_1 & 1 \\ x_2 & y_2 & 1 \\ x_3 & y_3 & 1 \end{vmatrix}^2}$$

15. 一平面和直角坐标轴交于点 A, B, C , 且 $OA = a, OB = b, OC = c$, 求 $\triangle ABC$ 的面积.

[解法一]　设 $\triangle ABC$ 的面积为 S , 因 S 在坐标平面上的投影分别为

$$S_{\triangle OBC} = \frac{1}{2} bc , S_{\triangle OAC} = \frac{1}{2} ca , S_{\triangle OAB} = \frac{1}{2} ab$$

由前题知

$$S^2 = (S_{\triangle OBC})^2 + (S_{\triangle OAC})^2 + (S_{\triangle OBA})^2 =$$

$$\frac{1}{4} (b^2 c^2 + a^2 c^2 + a^2 b^2)$$

所以

$$S = \frac{1}{2} \sqrt{b^2 c^2 + a^2 c^2 + a^2 b^2}$$

[解法二]　平面 ABC 的方程是

$$\frac{x}{a} + \frac{y}{b} + \frac{z}{c} = 1$$

因而, 从点 O 引的垂线长若为 p , 则有

$$\frac{1}{p} = \sqrt{\left(\frac{1}{a}\right)^2 + \left(\frac{1}{b}\right)^2 + \left(\frac{1}{c}\right)^2} =$$

$$\frac{1}{|abc|} \sqrt{b^2 c^2 + c^2 a^2 + a^2 b^2}$$

四面体的体积

$$V = \frac{1}{6} |abc| \text{ 或 } V = \frac{1}{3} S_{\triangle ABC} \cdot p$$

所以

175

$$S_{\triangle ABC} = \frac{1}{2} \cdot \frac{|abc|}{p} = \frac{1}{2}\sqrt{b^2c^2 + c^2a^2 + a^2b^2}$$

16. 有一直线通过原点,其方向数为 (u,v,w),求此直线关于 x,y,z 各轴及关于 yz,zx,xy 各坐标面对称的直线的方向数.

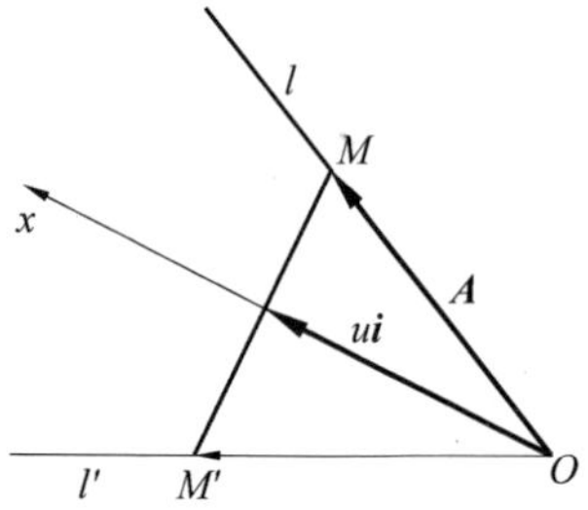

[解] (1) 设两条直线 l,l' 关于 x 轴对称,则 l,l' 和 x 轴在同一平面上,且 x 轴为两直线 l,l' 的角分线(图 4.8).

依题意,在 l 上可选一矢量 $\overrightarrow{OA} = u\boldsymbol{i} + v\boldsymbol{j} + w\boldsymbol{k}$,从 $\overrightarrow{OA}$ 的终点 M 向 x 轴引垂线与 l' 交于点 M',可见 $\overrightarrow{OM'}$ 在 x 轴上的投影为 $u\boldsymbol{i}$,则

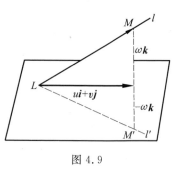

图 4.8

$$\overrightarrow{OM} + \overrightarrow{OM'} = 2u\boldsymbol{i}$$

又 $\overrightarrow{OM} + \overrightarrow{OM'}$ 在 y 轴上的投影为 $\boldsymbol{0}$,在 z 轴上的投影为 $\boldsymbol{0}$,所以

$$\overrightarrow{OM'} = u\boldsymbol{i} - v\boldsymbol{j} - w\boldsymbol{k}$$

即 l' 的方向数为 $u, -v, -w$.

(2) 设两直线 l 与 l' 关于面 xy 对称(图 4.9).

① 首先设 l 与面 xy 相交,交点为 L. 依题意,可在 l 上取 $LM = u\boldsymbol{i} + v\boldsymbol{j} + w\boldsymbol{k}$,通过点 M 向面 xy 引垂线必通过 l'. 设 N,M' 分别为与面 xy 及 l' 的交点,则

$$\overrightarrow{LM} = \overrightarrow{LN} + \overrightarrow{NM}$$
$$\overrightarrow{LM'} = \overrightarrow{LN} + \overrightarrow{NM'}$$

$$\overrightarrow{LN} = u\boldsymbol{i} + v\boldsymbol{j}$$
$$\overrightarrow{NM} = w\boldsymbol{k}$$

图 4.9

依题意有 $\overrightarrow{NM'} = -\overrightarrow{NM}$,所以 $\overrightarrow{LM'}$ 在 z 轴上的投影为 $-w$,故与 l 对称的 l' 其方向数为 $(u,v,-w)$.

② 当 $l \parallel$ 平面 xy 时,$w = 0$,这时 $l \parallel l'$,故 l' 的方向数仍可取为 $(u,v,-w)$.

关于 y 轴,z 轴对称的直线,其方向数分别为 $(-u,v,-w)$,$(-u,-v,w)$,关于面 yz,面 zx 对称的直线,其方向数分别为 $(-u,v,w)$,$(u,-v,w)$.

4.2 空间直线方程

提　　要

Ⅰ　直线的一般方程

$$\begin{cases} A_1 x + B_1 y + C_1 z + D_1 = 0 \\ A_2 x + B_2 y + C_2 z + D_2 = 0 \end{cases} \tag{2.1}$$

Ⅱ　直线的投影式方程

$$\begin{cases} x = pz + h \\ y = qz + k \end{cases} \tag{2.2}$$

Ⅲ　直线的标准式方程

（1）通过点 (x_0, y_0, z_0)，方向余弦是 l, m, n 的直线方程是

$$\frac{x - x_0}{l} = \frac{y - y_0}{m} = \frac{z - z_0}{n} \tag{2.3}$$

（2）通过点 (x_0, y_0, z_0)，一组方向数为 L, M, N 的直线方程是

$$\frac{x - x_0}{L} = \frac{y - y_0}{M} = \frac{z - z_0}{N} \tag{2.4}$$

Ⅳ　直线的参数式方程

（1）通过点 (x_0, y_0, z_0)，且方向余弦为 l, m, n 的直线方程是 $x = x_0 + lr$，$y = y_0 + mr$，$z = z_0 + nr$，其中 r 是参数，它表示从直线上的定点 $M_0(x_0, y_0, z_0)$ 到动点 $M(x, y, z)$ 间的线段的代数长[①]。

（2）通过点 (x_0, y_0, z_0)，且方向数为 L, M, N 的直线方程是
$$x = x_0 + Lt, \quad y = y_0 + Mt, \quad z = z_0 + Nt$$
其中 t 是参数.

---

① 当 $M_0 M$ 的方向和 (l, m, n) 的方向一致时，$r = M_0 M$ 的长；当 $M_0 M$ 的方向和 (l, m, n) 的方向相反时，$r = M_0 M$ 的长前面加负号.

177

V 直线的两点式方程

通过两定点 $M_1(x_1, y_1, z_1)$, $M_2(x_2, y_2, z_2)$ 的直线方程是

$$\frac{x - x_1}{x_2 - x_1} = \frac{y - y_1}{y_2 - y_1} = \frac{z - z_1}{z_2 - z_1}$$

习　题

1. 直线在面 zx 与面 yz 的投影方程分别为 $x = z + 3$, $2y = z - 5$, 求它在面 xy 上的投影方程.

〔解〕 此直线的投影式方程为

$$\begin{cases} x = z + 3 \\ 2y = z - 5 \end{cases}$$

由此消去 z, 得

$$x - 2y = 8$$

此即为在面 xy 上的投影方程.

2. 在直线 $\dfrac{x - 1}{2} = \dfrac{y - 8}{1} = \dfrac{z - 8}{3}$ 上, 求到原点距离等于 25 的点.

〔解〕 此直线上的点的坐标可用参数写成

$$x = 1 + 2t, y = 8 + t, z = 3t + 8$$

到原点距离为 25 的点, 满足方程

$$(1 + 2t)^2 + (8 + t)^2 + (8 + 3t)^2 = 25^2 \tag{1}$$

所以

$$7t^2 + 34t - 248 = 0$$

$$(t - 4)(7t + 62) = 0$$

$t = 4$, 或 $t = -\dfrac{62}{7}$, 代入式 (1) 得所求点的坐标为

$$x = 9, y = 12, z = 20$$

及

$$x = -\frac{117}{7}, y = -\frac{6}{7}, z = -\frac{130}{7}$$

3. 写出通过点 $(2, 3, -1)$, 且与直线

$$2(x + 4) = 3(y + 1) = 6(z - 5)$$

平行的直线方程.

［解］　已知直线的方向数为 $\left(\dfrac{1}{2}, \dfrac{1}{3}, \dfrac{1}{6}\right)$，故由公式（2.4）得

$$2(x-2)=3(y-3)=6(z+1)$$

4. 求直线 $x=pz+h, y=qz+k$ 的方向余弦.

［解］　已知直线方程可写成

$$\frac{x-h}{p}=\frac{y-k}{q}=\frac{z}{1}$$

所以其方向余弦与 $p, q, 1$ 成比例，故方向余弦为

$$\frac{\pm p}{\sqrt{p^2+q^2+1}}, \frac{\pm q}{\sqrt{p^2+q^2+1}}, \frac{\pm 1}{\sqrt{p^2+q^2+1}}$$

5. 有两条直线，一条在面 xy 上，与 x 轴交角为 α；另一条在面 yz 上，与 z 轴交角为 β，另有一直线垂直于这两条直线，则后一直线的方向余弦与 $\tan \alpha, -1$，$\tan \beta$ 成比例，试证明之.

［证］　设面 xy 上的直线为 AB，面 yz 上的直线为 CD，设它们的方向余弦分别为 l, m, n 及 l', m', n'，则有

$$l=\cos \alpha, m=\cos \left(\frac{\pi}{2}-\alpha\right)=\sin \alpha, n=\cos \frac{\pi}{2}=0$$

$$l'=\cos \frac{\pi}{2}=0, m'=\cos \left(\frac{\pi}{2}-\beta\right)=\sin \beta, n'=\cos \beta$$

其次，设与这两方向垂直的直线方向余弦为 λ, μ, ν，则有

$$\lambda \cos \alpha+\mu \sin \alpha+0=0$$

$$0+\mu \sin \beta+\nu \cos \beta=0$$

故

$$\frac{\lambda}{\sin \alpha \cos \beta}=\frac{\mu}{-\cos \alpha \cos \beta}=\frac{\nu}{\cos \alpha \sin \beta}$$

即

$$\frac{\lambda}{\tan \alpha}=\frac{\mu}{-1}=\frac{\nu}{\tan \beta}$$

所以，方向余弦与 $\tan \alpha, -1, \tan \beta$ 成比例.

6. 通过原点的两条直线方向余弦分别为 l, m, n 及 l', m', n'，求此两直线夹角的平分线的方向余弦.

［解法一］　设已知两直线为 g_1, g_2，分别在其上取点 $P(x_1, y_1, z_1)$ 及点 $Q(x_2, y_2, z_2)$ 使 $OP=OQ$，设其长为 r，则

$$x_1=lr, y_1=mr, z_1=nr$$

179

$$x_2 = l'r, y_2 = m'r, z_2 = n'r$$

因 PQ 的中点是分角线上的点,所以分角线是 PQ 中点的轨迹,因此其上的点满足

$$x = \left(\frac{l+l'}{2}\right)r, y = \left(\frac{m+m'}{2}\right)r, z = \left(\frac{n+n'}{2}\right)r$$

二等分线方程为

$$\frac{x}{l+l'} = \frac{y}{m+m'} = \frac{z}{n+n'}$$

所以

$$\lambda : \mu : \nu = l+l' : m+m' : n+n'$$

因而

$$\lambda = \frac{l+l'}{\Delta}, \mu = \frac{m+m'}{\Delta}, \nu = \frac{n+n'}{\Delta}$$

其中

$$\Delta = \sqrt{(l+l')^2 + (m+m')^2 + (n+n')^2}$$

180 若求 g_1 与 g_2 夹角的补角二等分线的方向余弦,类似可得

$$\lambda = \frac{l-l'}{\Delta'}, \mu = \frac{m-m'}{\Delta'}, \nu = \frac{n-n'}{\Delta'}$$

其中

$$\Delta' = \sqrt{(l-l')^2 + (m-m')^2 + (n-n')^2}$$

[解法二] 设 $e = (l_1, m_1, n_1)$,$e' = (l'_1, m'_1, n'_1)$,依题意都是单位矢量,$e+e'$ 在分角线上,故分角线的方向余弦为 $\dfrac{e+e'}{|e+e'|}$ 的三个坐标

$$\frac{l+l'}{\Delta'}, \frac{m+m'}{\Delta'}, \frac{n+n'}{\Delta'}$$

其中

$$\Delta' = |e+e'| = \sqrt{(l+l')^2 + (m+m')^2 + (n+n')^2}$$

7. 试求直线

$$\begin{cases} A_1 x + B_1 y + C_1 z + D_1 = 0 \\ A_2 x + B_2 y + C_2 z + D_2 = 0 \end{cases}$$

与 Ox, Oy, Oz 各坐标轴平行时,方程组的系数应满足什么条件?

[解] 已知直线的方向数是

$$\begin{vmatrix} B_1 & C_1 \\ B_2 & C_2 \end{vmatrix}, \begin{vmatrix} C_1 & A_1 \\ C_2 & A_2 \end{vmatrix}, \begin{vmatrix} A_1 & B_1 \\ A_2 & B_2 \end{vmatrix}$$

为使它与 Ox 轴平行,应有

$$\begin{vmatrix} B_1 & C_1 \\ B_2 & C_2 \end{vmatrix} \neq 0, \quad \begin{vmatrix} C_1 & A_1 \\ C_2 & A_2 \end{vmatrix} = 0, \quad \begin{vmatrix} A_1 & B_1 \\ A_2 & B_2 \end{vmatrix} = 0$$

由

$$\begin{vmatrix} B_1 & C_1 \\ B_2 & C_2 \end{vmatrix} \neq 0$$

得 B_1 与 B_2 不能同时等于零,C_1 与 C_2 也不能同时为零,而

$$\begin{vmatrix} C_1 & A_1 \\ C_2 & A_2 \end{vmatrix} = 0, \quad \begin{vmatrix} A_1 & B_1 \\ A_2 & B_2 \end{vmatrix} = 0$$

所以,必有 $A_1 = 0, A_2 = 0$

同理,为使直线与 Oy 轴,Oz 轴平行,应有

$$B_1 = B_2 = 0$$

及

$$C_1 = C_2 = 0$$

4.3　点到直线的距离

提　　要

Ⅰ　点 (x_1, y_1, z_1) 到直线 $\dfrac{x-a}{l} = \dfrac{y-b}{m} = \dfrac{z-c}{n}$ 的距离是

$$d = \sqrt{(x_1-a)^2 + (y_1-b)^2 + (z_1-c)^2 - \{l(x_1-a) + m(y_1-b) + n(z_1-c)\}^2}$$

$$(3.1)$$

式中 l, m, n 为方向余弦.

Ⅱ　两直线 $\dfrac{x-a_1}{l_1} = \dfrac{y-b_1}{m_1} = \dfrac{z-c_1}{n_1}$ 及 $\dfrac{x-a_2}{l_2} = \dfrac{y-b_2}{m_2} = \dfrac{z-c_2}{n_2}$ 的最短距离是

$$d = \pm \frac{1}{\Delta} \begin{vmatrix} a_1-a_2 & b_1-b_2 & c_1-c_2 \\ l_1 & m_1 & n_1 \\ l_2 & m_2 & n_2 \end{vmatrix} \tag{3.2}$$

其中

$$\Delta = \sqrt{\begin{vmatrix} m_1 & n_1 \\ m_2 & n_2 \end{vmatrix}^2 + \begin{vmatrix} n_1 & l_1 \\ n_2 & l_2 \end{vmatrix}^2 + \begin{vmatrix} l_1 & m_1 \\ l_2 & m_2 \end{vmatrix}^2}$$

式中 $l_1, m_1, n_1; l_2, m_2, n_2$ 为直线的方向数.

Ⅲ　两直线 $\dfrac{x-a_1}{l_1}=\dfrac{y-b_1}{m_1}=\dfrac{z-c_1}{n_1}$ 及 $\dfrac{x-a_2}{l_2}=\dfrac{y-b_2}{m_2}=\dfrac{z-c_2}{n_2}$ 共面的条件是

$$\begin{vmatrix} a_1-a_2 & b_1-b_2 & c_1-c_2 \\ l_1 & m_1 & n_1 \\ l_2 & m_2 & n_2 \end{vmatrix}=0 \tag{3.3}$$

习　　题

1.两直线 $\dfrac{x-3}{3}=\dfrac{y-8}{-1}=\dfrac{z-3}{1}, \dfrac{x+3}{-3}=\dfrac{y+7}{2}=\dfrac{z-6}{4}$ 的公垂线的垂足为 P, Q. 求 P, Q 的坐标,PQ 的长及 PQ 的方程.

［解］　将已知两直线写成参数式

$$\begin{cases} x=3+3r \\ y=8-r \\ z=3+r \end{cases} \quad 及 \quad \begin{cases} x=-3-3r' \\ y=-7+2r' \\ z=6+4r' \end{cases}$$

则点 P, Q 的坐标可设为如下形式

$$P(3+3r, 8-r, 3+r), Q(-3-3r', -7+2r', 6+4r')$$

故直线 PQ 的方向数为

$$(6+3r+3r') : (15-r-2r') : (-3+r-4r')$$

因为 PQ 垂直于已知的两条直线,所以

$$3(6+3r+3r')-(15-r-2r')+(-3+r-4r')=0$$
$$-3(6+3r+3r')+2(15-r-2r')+4(-3+r-4r')=0$$

解之得 $r=0, r'=0$,所以点 P, Q 的坐标为 $(3,8,3), (-3, -7, 6)$. PQ 的长为 $3\sqrt{30}$. PQ 的方程为

$$\frac{x-3}{2}=\frac{y-8}{5}=\frac{z-3}{-1}$$

2.一直线通过点 $P_1(x_1, y_1, z_1)$ 和 Oz 轴相交,且垂直于直线 $\dfrac{x}{l}=\dfrac{y}{m}=\dfrac{z}{n}$,求此直线的方程.

［解法一］　设所求直线方程为

$$\frac{x-x_1}{l_1}=\frac{y-y_1}{m_1}=\frac{z-z_1}{n_1}$$

因与已知直线垂直,所以有

$$ll_1 + mm_1 + nn_1 = 0 \qquad (1)$$

因题设与 z 轴交点为 $(0,0,z)$,则有

$$\frac{x_1}{l_1} = \frac{y_1}{m_1} \quad 即 \quad l_1 = \frac{x_1}{y_1}m_1 \qquad (2)$$

把式(2)代入式(1)得

$$l\frac{x_1}{y_1}m_1 + mm_1 + nn_1 = 0$$

所以

$$n_1 = \frac{-\left(l\dfrac{x_1}{y_1}m_1 + mm_1\right)}{n} = -\frac{\left(l\dfrac{x_1}{y_1} + m\right)m_1}{n}$$

所以所求直线方程为

$$\frac{x - x_1}{\dfrac{x_1}{y_1}m_1} = \frac{y - y_1}{m_1} = -\frac{n(z - z_1)}{\left(l\dfrac{x_1}{y_1} + m\right)m_1}$$

即

$$\frac{x - x_1}{x_1} = \frac{y - y_1}{y_1} = -\frac{n(z - z_1)}{lx_1 + my_1}$$

183

[解法二] 设所求直线与 z 轴的交点为 $(0,0,z_0)$,则由两点式得所求直线方程为

$$\frac{x - x_1}{x_1} = \frac{y - y_1}{y_1} = \frac{z - z_1}{z_1 - z_0} \qquad (1)$$

因为没有指明 z_0 是已知数,设法用已知数表示它,依题意知

$$lx_1 + my_1 + n(z_1 - z_0) = 0$$

故得

$$z_1 - z_0 = -\frac{1}{n}(lx_1 + my_1)$$

所以式(1)变为

$$\frac{x - x_1}{x_1} = \frac{y - y_1}{y_1} = -\frac{n(z - z_1)}{lx_1 + my_1}$$

3.一直线通过 $(1,1,6)$ 及 $(2,0,4)$ 两点,从原点向此直线引垂线,求垂足及垂线的长.

[解] 联结两已知点的方向数是 $1,-1,-2$,联结两点的直线上的点的坐标设为

$$x = 1 + \lambda, y = 1 - \lambda, z = 6 - 2\lambda$$

为使此点是从原点引的垂线的垂足,应有
$$(1+\lambda)\cdot 1+(1-\lambda)(-1)+(6-2\lambda)(-2)=0$$
所以
$$\lambda=2$$
因此,垂足为 $(3,-1,2)$,垂线长为
$$\sqrt{3^2+(-1)^2+(-2)^2}=\sqrt{14}$$

4. 求直线 $\dfrac{x-a}{l}=\dfrac{y-b}{m}=\dfrac{z-c}{n}$ 和坐标轴的最短距离.

〔解〕 利用公式(3.2)来求.因 x 轴的方向余弦为 $(1,0,0)$, $\Delta=\sqrt{m^2+n^2}$, $a_1=0,b_1=b,c_1=c;a_2=0,b_2=0,c_2=0$. 所以
$$d=\frac{1}{\Delta}\begin{vmatrix} a & b & c \\ l & m & n \\ 1 & 0 & 0 \end{vmatrix}=\frac{|bn-cm|}{\sqrt{m^2+n^2}}$$

同样,与 y 轴,z 轴的最短距离分别是
$$\frac{|lc-na|}{\sqrt{n^2+l^2}},\quad \frac{|ma-lb|}{\sqrt{l^2+m^2}}$$

184

5. 求正方体的对角线和不与它相交的任意棱间的最短距离.

〔解〕 如图4.10,以三条棱为坐标轴,一棱长为 a,则对角线 OE 的方程为
$$x=y=z$$
其方向数为
$$l=m=n=1$$
又有棱 AB 与 OE 不相交,$AB\perp x$ 轴,$AB /\!/ y$ 轴,通过点 $A(a,0,0)$,所以其方程为
$$\frac{x-a}{0}=\frac{y}{1}=\frac{z}{0}$$

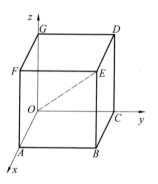

图 4.10

用最短距离公式(3.2),这里 $a_1=b_1=c_1=0,l=m=n=1,a_2=a,b_2=c_2=0,l'=n'=0,m'=1$,所以
$$d=\frac{a}{\sqrt{2}}$$

对其他棱也同样.

6. 一正立方体的棱长为 a,求一顶点到不通过此顶点的立方体的对角线的距离.

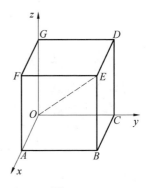

[解]　如图 4.11，由前题 OE 方程为

$$x = y = z$$

$$l = m = n = \pm \frac{1}{\sqrt{3}}$$

由式(3.1)可见，从点 $(a,0,0)$ 到 OE 的距离平方 $= (a-0)^2 + (0-0)^2 + (0-0)^2 - \frac{1}{3}\big[(a-0)^2 + (0-0)^2 + (0-0)^2\big] = \frac{2}{3}a^2$，所以 $d = \sqrt{\frac{2}{3}}a$.

对其他顶点也同样.

图 4.11

7. ABC 及 $A'B'C'$ 是两已知直线，BB' 是两直线间最短距离，又 $CA' \perp A'B'C'$，$C'A \perp ABC$，试证明

$$AB \cdot BC = A'B' \cdot B'C'$$

[证]　设两已知直线交角为 θ，因为 CA'，BB' 都垂直于直线 $A'B'C'$，所以 $A'B'$ 是 BC 在直线 $A'B'C'$ 上的投影，故

$$BC \cdot \cos\theta = A'B' \tag{1}$$

同理，AB 是 $B'C'$ 在直线 ABC 上的投影，故

$$AB = B'C'\cos\theta \tag{2}$$

由式(1)(2)得

$$AB \cdot BC = A'B' \cdot B'C'$$

8. 从直线 $\dfrac{x-x_1}{l} = \dfrac{y-y_1}{m} = \dfrac{z-z_1}{n}$ 外一点 $P(a,b,c)$ 向此直线引相交垂线. 试求其垂足坐标以及此垂线方程.

[解]　设垂足的坐标为 $x_1 + lt$，$y_1 + mt$，$z_1 + nt$，以下决定参数 t.

因为垂足与点 (a,b,c) 的连线的方向 $(x_1 + lt - a, y_1 + mt - b, z_1 + nt - c)$ 与方向 (l,m,n) 垂直，故得

$$l(x_1 + lt - a) + m(y_1 + mt - b) + n(z_1 + nt - c) = 0$$

解之得

$$t = \frac{l(a-x_1) + m(b-y_1) + n(c-z_1)}{l^2 + m^2 + n^2} \tag{1}$$

故垂足的坐标为

$$x_1 + lt, y_1 + mt, z_1 + nt \tag{2}$$

式中 t 由式(1)决定.

故点 P 与垂足 M 的连线方程为

$$\frac{x-a}{x_1-a+lt}=\frac{y-b}{y_1-b+mt}=\frac{z-c}{z_1-c+nt}$$

9.(1)求点 (x,y,z) 关于直线 $\dfrac{x-x_1}{l}=\dfrac{y-y_1}{m}=\dfrac{z-z_1}{n}$(其中 l,m,n 为方向余弦)的对称点.

(2)到问题(1)中的直线距离为 d 的点 (x_1,y_1,z_1) 满足下面关系式
$$(x-x_1)^2+(y-y_1)^2+(z-z_1)^2=$$
$$\{l(x-x_1)+m(y-y_1)+n(z-z_1)\}^2+d^2$$

试证明之.

[证] (1)求由点 (x,y,z) 向直线引的垂线的垂足.

设垂足为 (x_1+lt,y_1+mt,z_1+nt),由前题(1)知
$$t=-\{l(x_1-x)+m(y_1-y)+n(z_1-z)\}$$

设对称点为 (x',y',z'),则
$$\frac{x+x'}{2}=x_1+lt$$

186 所以
$$x'=2x_1-x+2lt$$
因而
$$x'=2x_1-x-2l\{l(x_1-x)+m(y_1-y)+n(z_1-z)\}$$

对于 y',z' 也同样.

(2)问题(1)中的 t 是从点 (x_1,y_1,z_1) 到垂足的长,因而由勾股定理得
$$(x-x_1)^2+(y-y_1)^2+(z-z_1)^2=$$
$$\{l(x-x_1)+m(y-y_1)+n(z-z_1)\}^2+d^2$$

10.以两直线的公垂线为 z 轴,以公垂线夹在两直线间的部分的中点为原点,以和两直线成等角的直线为 x 轴,y 轴,试证已知两直线可表示为

$$y=x\tan\alpha,z=c \ \text{及} \ y=-x\tan\alpha,z=-c$$

[证] 如图 4.12.设两直线公共垂线在两直线间的部分长为 $2c$,两直线的交角为 2α,则 AB 的方程为

$$\frac{x}{\cos\alpha}=\frac{y}{\sin\alpha}=\frac{z-c}{0}$$

即

$$y=\tan\alpha,z=c$$

又 CD 的方程为

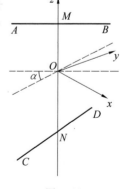

图 4.12

$$\frac{x}{\cos(-\alpha)} = \frac{y}{\sin(-\alpha)} = \frac{z+c}{0}$$

即

$$y = -\tan\alpha, z = -c$$

11. 有一定长线段,其两端保持在两条定直线上移动,试求此线段中点的轨迹.

[解]　如前题选坐标系,则两定直线方程可设为

$$y = x\tan\alpha, z = c \ \text{及} \ y = -x\tan\alpha, z = -c$$

又设定长线段为 $PQ, PQ = k$,点 $P(x_1, y_1, z_1), Q(x_2, y_2, z_2)$,设 PQ 中点 M 为 $(\bar{x}, \bar{y}, \bar{z})$,则有

$$2\bar{x} = x_1 + x_2, 2\bar{y} = y_1 + y_2, 2\bar{z} = z_1 + z_2 \tag{1}$$

又

$$y_1 = x_1\tan\alpha, z_1 = c, y_2 = -x_2\tan\alpha, z_2 = -c \tag{2}$$

可见 $\bar{z} = 0$,即中点轨迹在面 xOy 上.

$$PQ^2 = (x_1 - x_2)^2 + (y_1 - y_2)^2 + (z_1 - z_2)^2 = k^2 \tag{3}$$ 187

由式(1)(2)(3)消去 $x_1, y_1, z_1, x_2, y_2, z_2$,则得

$$4\bar{x}^2\tan^2\alpha + 4\bar{y}^2\cot^2\alpha = k^2 - 4c^2, \bar{z} = 0$$

这就是所求的轨迹. 当 $k^2 - 4c^2 > 0$ 时,是椭圆;当 $k^2 - 4c^2 = 0$ 时,是一点;当 $k^2 - 4c^2 < 0$ 时,是虚椭圆.

12. 一直线通过原点,且与两直线

$$\frac{x-a}{l} = \frac{y-b}{m} = \frac{z-c}{n}$$

及

$$\frac{x-a'}{l'} = \frac{y-b'}{m'} = \frac{z-c'}{n'}$$

相交,求此直线的方程.

[解]　原点与直线 $\dfrac{x-a}{l} = \dfrac{y-b}{m} = \dfrac{z-c}{n}$ 决定的平面为

$$\begin{vmatrix} x & y & z \\ a & b & c \\ l & m & n \end{vmatrix} = 0 \tag{1}$$

原点与直线 $\dfrac{x-a'}{l'} = \dfrac{y-b'}{m'} = \dfrac{z-c'}{n'}$ 决定的平面为

$$\begin{vmatrix} x & y & z \\ a' & b' & c' \\ l' & m' & n' \end{vmatrix} = 0 \tag{2}$$

式(1)(2)联立,即表示所求直线方程,这是过原点的直线.

4.4　平　面　方　程

提　　要

Ⅰ　平面的一般方程

$$Ax + By + Cz + D = 0 \tag{4.1}$$

其中系数 A, B, C 不全是零.

Ⅱ　平面的法式方程

设从原点向平面引法线,其方向余弦为 l, m, n,原点到平面的距离为 $p(p > 0)$,则平面方程是

$$lx + my + nz = p \tag{4.2}$$

Ⅲ　平面的截距式方程

在三个坐标轴上的截距分别为 a, b, c 的平面,其方程是

$$\frac{x}{a} + \frac{y}{b} + \frac{z}{c} = 1 \tag{4.3}$$

Ⅳ　平面的三点式方程

(1) 设 $M_1(x_1, y_1, z_1), M_2(x_2, y_2, z_2), M_3(x_3, y_3, z_3)$ 为不在同一直线上的三个定点,则通过这三点的平面方程是

$$\begin{vmatrix} x - x_1 & y - y_1 & z - z_1 \\ x_2 - x_1 & y_2 - y_1 & z_2 - z_1 \\ x_3 - x_1 & y_3 - y_1 & z_3 - z_1 \end{vmatrix} = 0 \tag{4.4}$$

(2) 空间四点 $M_1(x_1, y_1, z_1), M_2(x_2, y_2, z_2), M_3(x_3, y_3, z_3), M_4(x_4, y_4, z_4)$ 共面的条件是

$$\begin{vmatrix} x_4 - x_1 & y_4 - y_1 & z_4 - z_1 \\ x_2 - x_1 & y_2 - y_1 & z_2 - z_1 \\ x_3 - x_1 & y_3 - y_1 & z_3 - z_1 \end{vmatrix} = 0 \qquad (4.5)$$

三个方向 $(l_1, m_1, n_1), (l_2, m_2, n_2), (l_3, m_3, n_3)$，共面的条件是

$$\begin{vmatrix} l_1 & m_1 & n_1 \\ l_2 & m_2 & n_2 \\ l_3 & m_3 & n_3 \end{vmatrix} = 0 \qquad (4.6)$$

(3) 四个顶点为 $(x_1, y_1, z_1), (x_2, y_2, z_2), (x_3, y_3, z_3), (x_4, y_4, z_4)$ 的四面体，其体积是

$$V = \pm \frac{1}{6} \begin{vmatrix} x_1 & y_1 & z_1 & 1 \\ x_2 & y_2 & z_2 & 1 \\ x_3 & y_3 & z_3 & 1 \\ x_4 & y_4 & z_4 & 1 \end{vmatrix} \qquad (4.7)$$

正负号表示取正值.

Ⅴ　平面方程 $Ax + By + Cz + D = 0$ 的法线方向余弦及原点到此平面的距离分别为

$$l = \frac{A}{\pm \sqrt{A^2 + B^2 + C^2}}$$

$$m = \frac{B}{\pm \sqrt{A^2 + B^2 + C^2}}$$

$$n = \frac{C}{\pm \sqrt{A^2 + B^2 + C^2}}$$

$$p = \frac{-D}{\pm \sqrt{A^2 + B^2 + C^2}} \qquad (4.8)$$

根号前的符号取和 D 相反的符号.

Ⅵ　点到平面的距离

(1) 点 (x_1, y_1, z_1) 到平面 $lx + my + nz - p = 0$ 的垂线长是

$$d = lx_1 + my_1 + nz_1 - p \qquad (4.9)$$

若 $d > 0$，则点 (x_1, y_1, z_1) 与原点异侧；若 $d < 0$，则点 (x_1, y_1, z_1) 与原点同侧.

(2) 点 (x_1, y_1, z_1) 到平面 $Ax_1 + By_1 + Cz_1 + D = 0$ 的距离是

$$d = \frac{\mid Ax_1 + By_1 + Cz_1 + D \mid}{\sqrt{A^2 + B^2 + C^2}} \qquad (4.10)$$

习　　题

1.求平面 $3x + 2y + 6z = 35$ 的法线方向余弦及到原点的距离.

[解]　法式因子为

$$\sqrt{A^2 + B^2 + C^2} = \sqrt{3^2 + 2^2 + 6^2} = 7$$

将已知方程化为法式

$$\frac{3}{7}x + \frac{2}{7}y + \frac{6}{7}z = 5$$

故法线方向余弦为 $\frac{3}{7}, \frac{2}{7}, \frac{6}{7}$;到原点的距离为5.

2.一平面通过原点,且与 y 轴及 z 轴成 $30°$ 角,求此平面方程.

[解]　设平面的法线方向余弦为 l, m, n,当平面与 y, z 轴的正向成 $30°$ 时, $m = n = \cos(30° + 90°) = -\frac{1}{2}, l^2 = 1 - 2\left(-\frac{1}{2}\right)^2 = \frac{1}{2}$,所以 $l = \pm\frac{1}{\sqrt{2}}$.

此时平面方程为 $\pm\frac{1}{\sqrt{2}}x - \frac{1}{2}y - \frac{1}{2}z = 0$,即

$$y + z = \pm\sqrt{2}\,x$$

当平面与 y 轴负向、z 轴正向成 $30°$ 角时 $m = -n = -\frac{1}{2}$,则平面方程为

$$y - z = \pm\sqrt{2}\,x$$

3.$Ax + By + Cz + D = 0, Ax + By + Cz + D' = 0$ 是两平行平面,求它们之间的距离.

[解]　两个平行平面的距离等于第一个平面上的点 (x, y, z) 到第二个平面的距离,在前一平面上选点 $\left(0, 0, -\frac{D}{C}\right)$,从此点到后一平面的距离为

$$\frac{\mid D' - D \mid}{\sqrt{A^2 + B^2 + C^2}}$$

4.已知两组有公共原点的直角坐标轴,一平面在其上的截距分别为 a_1, b_1, c_1 及 a', b', c',则下面关系成立

$$\frac{1}{a^2} + \frac{1}{b^2} + \frac{1}{c^2} = \frac{1}{a'^2} + \frac{1}{b'^2} + \frac{1}{c'^2}$$

试证明之.

　　[证]　因为平面关于两个坐标系的方程分别为

$$\frac{x}{a}+\frac{y}{b}+\frac{z}{c}=1 , \frac{x}{a'}+\frac{y}{b'}+\frac{z}{c'}=1$$

所以原点到平面的距离 p 可分别写成

$$\frac{1}{\sqrt{\dfrac{1}{a^2}+\dfrac{1}{b^2}+\dfrac{1}{c^2}}} \ 或 \ \frac{1}{\sqrt{\dfrac{1}{a'^2}+\dfrac{1}{b'^2}+\dfrac{1}{c'^2}}}$$

因此

$$\frac{1}{\sqrt{\dfrac{1}{a^2}+\dfrac{1}{b^2}+\dfrac{1}{c^2}}} = \frac{1}{\sqrt{\dfrac{1}{a'^2}+\dfrac{1}{b'^2}+\dfrac{1}{c'^2}}}$$

即

$$\frac{1}{a^2}+\frac{1}{b^2}+\frac{1}{c^2}=\frac{1}{a'^2}+\frac{1}{b'^2}+\frac{1}{c'^2}$$

　　5. 在空间中已知四个平面,求到这些平面的有向距离的代数和为定值的点的轨迹.

　　[解]　若将四个平面的方程都写成法式方程

$$\lambda_1 x+\mu_1 y+\nu_1 z=p_1 , \lambda_2 x+\mu_2 y+\nu_2 z=p_2$$
$$\lambda_3 x+\mu_3 y+\nu_3 z=p_3 , \lambda_4 x+\mu_4 y+\nu_4 z=p_4$$

则所求的轨迹方程就是

$$(\lambda_1 x+\mu_1 y+\nu_1 z-p_1)+(\lambda_2 x+\mu_2 y+\nu_2 z-p_2)+$$
$$(\lambda_3 x+\mu_3 y+\nu_3 z-p_3)+(\lambda_4 x+\mu_4 y+\nu_4 z-p_4)=k$$

这是一个平面方程.

　　6. 一平面通过点 (α,β,γ),且在 x 轴,y 轴上的截距分别为 a,b,则其方程为

$$\frac{x}{a}+\frac{y}{b}-1=\frac{z}{\gamma}\left(\frac{\alpha}{a}+\frac{\beta}{b}-1\right)$$

　　[证]　设所求平面在 z 轴截距为 c,则其方程为

$$\frac{x}{a}+\frac{y}{b}+\frac{z}{c}=1 \tag{1}$$

因它通过点 (α,β,γ),所以 $\dfrac{\alpha}{a}+\dfrac{\beta}{b}+\dfrac{\gamma}{c}=1$. 故

$$\frac{1}{c}=\frac{1}{\gamma}\left(1-\frac{\alpha}{a}-\frac{\beta}{b}\right)$$

将它代入式(1)得

$$\frac{x}{a} + \frac{y}{b} + \frac{z}{\gamma}\left(1 - \frac{\alpha}{a} - \frac{\beta}{b}\right) = 1$$

即

$$\frac{x}{a} + \frac{y}{b} - 1 = \frac{z}{\gamma}\left(\frac{\alpha}{a} + \frac{\beta}{b} - 1\right)$$

7. 设三个平行平面 π_1, π_2, π_3 的方程分别是

$$Ax + By + Cz + D_1 = 0$$
$$Ax + By + Cz + D_2 = 0$$
$$Ax + By + Cz + D_3 = 0$$

为使其按 π_1, π_2, π_3 的顺序是等间隔的,其条件为何?

〔解〕 因为 A, B, C 中的某一个不为零,不失一般性,设 $A \neq 0$, x 轴与三个平面的交点 P_1, P_2, P_3 的 x 坐标为 $-\dfrac{D_1}{A}, -\dfrac{D_2}{A}, -\dfrac{D_3}{A}$.

因为点 P_1, P_2, P_3 是等间隔的,所以

$$\left(-\frac{D_1}{A}\right) + \left(-\frac{D_3}{A}\right) = 2\left(-\frac{D_2}{A}\right), \quad D_1 + D_3 = 2D_2$$

192 即 D_1, D_2, D_3 成等差数列.

8. 求点 (x_0, y_0, z_0) 关于平面 $Ax + By + Cz + D = 0$ 的对称点.

〔解〕 已知平面的法线的方向数为 (A, B, C),所以通过点 (x_0, y_0, z_0) 的法线上的点,可以表示为 $(x_0 + At, y_0 + Bt, z_0 + Ct)$,这里 t 与到点 (x_0, y_0, z_0) 的距离成比例. 对于由点 (x_0, y_0, z_0) 向平面引的垂线的垂足,其参数决定于

$$A(x_0 + At) + B(y_0 + Bt) + C(z_0 + Ct) + D = 0$$

所以

$$t = -\frac{Ax_0 + By_0 + Cz_0 + D}{A^2 + B^2 + C^2}$$

因为对应于点 (x_0, y_0, z_0) 的对称点的 t 值是这个 t 值的二倍,故所求的坐标为

$$x = x_0 - \frac{2A(Ax_0 + By_0 + Cz_0 + D)}{A^2 + B^2 + C^2}$$

y, z 也类似.

9. 试证:平面 $Ax + By + Cz + D = 0$ 将两点 $(x_1, y_1, z_1), (x_2, y_2, z_2)$ 按 $-\dfrac{Ax_1 + By_1 + Cz_1 + D}{Ax_2 + By_2 + Cz_2 + D}$ 的比分割.

〔证〕 两点 $(x_1, y_1, z_1), (x_2, y_2, z_2)$ 按 $\dfrac{m}{n}$ 的分点坐标为

$$x = \frac{mx_2 + nx_1}{m + n}, \quad y = \frac{my_2 + ny_1}{m + n}, \quad z = \frac{mz_2 + nz_1}{m + n}$$

此点应在平面 $Ax + By + Cz + D = 0$ 上,所以应有

$$A(mx_2 + nx_1) + B(my_2 + ny_1) + C(mz_2 + nz_1) + (m+n)D = 0$$

即

$$m(Ax_2 + By_2 + Cz_2 + D) + n(Ax_1 + By_1 + Cz_1 + D) = 0$$

故

$$\frac{m}{n} = -\frac{Ax_1 + By_1 + Cz_1 + D}{Ax_2 + By_2 + Cz_2 + D}$$

10. 一平面与空间四边形 $ABCD$ 的边 AB, BC, CD, DA 分别交于点 $P, Q, R, S,$ 则

$$\frac{AP}{PB} \cdot \frac{BQ}{QC} \cdot \frac{CR}{RD} \cdot \frac{DS}{SA} = 1$$

试证明之.

［证］　设四个顶点坐标分别为 $A(x_1, y_1, z_1), B(x_2, y_2, z_2), C(x_3, y_3, z_3), D(x_4, y_4, z_4),$ 平面方程为

$$lx + my + nz = p$$

则由前题得

193

$$\frac{AP}{PB} = -\frac{lx_1 + my_1 + nz_1 - p}{lx_2 + my_2 + nz_2 - p}$$

$$\frac{BQ}{QC} = -\frac{lx_2 + my_2 + nz_2 - p}{lx_3 + my_3 + nz_3 - p}$$

$$\frac{CR}{RD} = -\frac{lx_3 + my_3 + nz_3 - p}{lx_4 + my_4 + nz_4 - p}$$

$$\frac{DS}{SA} = -\frac{lx_4 + my_4 + nz_4 - p}{lx_1 + my_1 + nz_1 - p}$$

两边相乘得

$$\frac{AP}{PB} \cdot \frac{BQ}{QC} \cdot \frac{CR}{RD} \cdot \frac{DS}{SA} = 1$$

11. 一平面和直角坐标轴交于 A, B, C 三点,则从原点向此平面引的垂线的垂足 H 是 $\triangle ABC$ 的垂心,试证明之.

［证］　设平面方程的标准形为

$$\lambda x + \mu y + \nu z = p$$

则点 A, B, C 的坐标分别为

$$A\left(\frac{p}{\lambda}, 0, 0\right), B\left(0, \frac{p}{\mu}, 0\right), C\left(0, 0, \frac{p}{\nu}\right)$$

又因为从原点向这个平面引的垂线方程是

$$\frac{x}{\lambda} = \frac{y}{\mu} = \frac{z}{\nu}$$

所以,和平面的交点 H 的坐标是$(\lambda p, \mu p, \nu p)$. 而 BC 的方向数为 $0, -\frac{p}{\mu}, \frac{p}{\nu}$,

AH 的方向数为 $\lambda p - \frac{p}{\lambda}, \mu p, \nu p$,因为

$$0\left(\lambda p - \frac{p}{\lambda}\right) + \left(-\frac{p}{\mu}\right)\mu p + \left(\frac{p}{\nu}\right)\nu p = 0$$

所以 BC 和 AH 垂直. 同样,CA 和 BH,AB 和 CH 也垂直,因此 H 是$\triangle ABC$ 的垂心.

12. 一平面通过点 $P(a,b,c)$,且与 OP 垂直,与三坐标轴的交点为 A,B,C. 试证:$\triangle ABC$ 的面积为 $S = \dfrac{r^5}{2abc}$,其中 $OP = r$.

〔证〕 直线 OP 的方向余弦为

$$\frac{a}{\sqrt{a^2 + b^2 + c^2}}, \frac{b}{\sqrt{a^2 + b^2 + c^2}}, \frac{c}{\sqrt{a^2 + b^2 + c^2}}$$

194

即为

$$\frac{a}{r}, \frac{b}{r}, \frac{c}{r}$$

因为通过点 P 并与 OP 垂直的平面方程是

$$ax + by + cz = r^2$$

所以截距为

$$\frac{r^2}{a}, \frac{r^2}{b}, \frac{r^2}{c}$$

由 4.1 节习题 15 得

$$S_{\triangle ABC} = \frac{1}{2}\sqrt{\frac{r^4}{b^2} \cdot \frac{r^4}{c^2} + \frac{r^4}{c^2} \cdot \frac{r^4}{a^2} + \frac{r^4}{a^2} \cdot \frac{r^4}{b^2}} = \frac{r^5}{2abc}$$

13. 一平面与平面 xOy 的交线为 $x + 3y - z = 0$,且与坐标面构成一个体积为 $\dfrac{8}{3}$ 的四面体,求此平面的方程.

〔解〕 由题设知,所求平面在 x 轴,y 轴上的截距分别为 $2, \dfrac{2}{3}$,设在 z 轴上的截距为 C,则

$$V = \left|\frac{1}{3} \times \frac{1}{2} \times 2 \times \frac{2}{3} \times C\right| = \frac{8}{3}$$

即 $\qquad\qquad\qquad |\,C\,|=12$

所以 $\qquad\qquad\qquad C=\pm 12$

所求的平面方程为

$$\frac{x}{2}+\frac{3y}{2}\pm\frac{z}{12}=1$$

或 $\qquad\qquad\qquad 6x+18y\pm z=12$

14. 四面体 $ABCD$ 的体积为 8,已知 A,B,C 三点的坐标分别为 $(4,2,1)$,$(-2,0,-4),(0,0,-1)$,试求点 D 的轨迹.

　　［解］　设顶点 D 的坐标为 (x,y,z),则

$$8=\pm\frac{1}{6}\begin{vmatrix} x & y & z & 1 \\ 4 & 2 & 1 & 1 \\ -2 & 0 & -4 & 1 \\ 0 & 0 & -1 & 1 \end{vmatrix}$$

是 x,y,z 的一次方程,故为平面,与通过 A,B,C 三点的平面

$$\begin{vmatrix} x & y & z & 1 \\ 4 & 2 & 1 & 1 \\ -2 & 0 & -4 & 1 \\ 0 & 0 & -1 & 1 \end{vmatrix}=0$$

只是常数项有区别,故为与后一平面平行的平面.

15. 已知 $\triangle P_1P_2P_3$ 所在的平面方程为

$$Ax+By+Cz+D=0$$

则以空间内任意点 (x,y,z) 为顶点,以 $\triangle P_1P_2P_3$ 为底面的四面体的体积,与 $Ax+By+Cz+D$ 成比例,试证明之.

　　［证］　设三点 P_1,P_2,P_3 的坐标分别为 $(x_1,y_1,z_1),(x_2,y_2,z_2),(x_3,y_3,z_3)$,则此三点决定的平面方程为

$$\begin{vmatrix} x & y & z & 1 \\ x_1 & y_1 & z_1 & 1 \\ x_2 & y_2 & z_2 & 1 \\ x_3 & y_3 & z_3 & 1 \end{vmatrix}=0$$

因而

$$\begin{vmatrix} x & y & z & 1 \\ x_1 & y_1 & z_1 & 1 \\ x_2 & y_2 & z_2 & 1 \\ x_3 & y_3 & z_3 & 1 \end{vmatrix} = \lambda(Ax + By + Cz + D)$$

当 (x, y, z) 为空间内任意点时，上式左边表示以此点及点 P_1, P_2, P_3 为顶点的四面体的体积的六倍，所以体积与 $Ax + By + Cz + D$ 成比例.

16. 若在两定直线上各取线段 AB, CD，则四面体 $ABCD$ 的体积等于 $\frac{1}{6}AB \cdot CD \cdot h\sin\theta$，试证明之. 其中 h 是两定直线的最短距离，θ 是它们的夹角.

在这个问题中，如果 AB, CD 的长度为一定，那么由此可得到，不管 AB, CD 各在两定直线上的位置如何，四面体 $ABCD$ 的体积为一定值.

　[证法一]　设两条定直线的方程为

$$\frac{x - x_1}{\lambda_1} = \frac{y - y_1}{\mu_1} = \frac{z - z_1}{\nu_1}$$

$$\frac{x - x_2}{\lambda_2} = \frac{y - y_2}{\mu_2} = \frac{z - z_2}{\nu_2}$$

则点 A, B, C, D 的坐标分别可写成

$$A(x_1 + \lambda_1 s, y_1 + \mu_1 s, z_1 + \nu_1 s)$$
$$B(x_1 + \lambda_1 s', y_1 + \mu_1 s', z_1 + \nu_1 s')$$
$$C(x_2 + \lambda_2 t, y_2 + \mu_2 t, z_2 + \nu_2 t)$$
$$D(x_2 + \lambda_2 t', y_2 + \mu_2 t', z_2 + \nu_2 t')$$

因此，四面体 $ABCD$ 的体积为

$$\frac{1}{6}\begin{vmatrix} x_1 + \lambda_1 s & y_1 + \mu_1 s & z_1 + \nu_1 s & 1 \\ x_1 + \lambda_1 s' & y_1 + \mu_1 s' & z_1 + \nu_1 s' & 1 \\ x_2 + \lambda_2 t & y_2 + \mu_2 t & z_2 + \nu_2 t & 1 \\ x_2 + \lambda_2 t' & y_2 + \mu_2 t' & z_2 + \nu_2 t' & 1 \end{vmatrix} =$$

$$\frac{1}{6}\begin{vmatrix} x_1 + \lambda_1 s & y_1 + \mu_1 s & z_1 + \nu_1 s & 1 \\ \lambda_1(s' - s) & \mu_1(s' - s) & \nu_1(s' - s) & 0 \\ x_2 + \lambda_2 t & y_2 + \mu_2 t & z_2 + \nu_2 t & 1 \\ \lambda_2(t' - t) & \mu_2(t' - t) & \nu_2(t' - t) & 0 \end{vmatrix} =$$

$$\frac{1}{6}(s' - s)(t' - t)\begin{vmatrix} x_1 + \lambda_1 s & y_1 + \mu_1 s & z_1 + \nu_1 s & 1 \\ \lambda_1 & \mu_1 & \nu_1 & 0 \\ x_2 + \lambda_2 t & y_2 + \mu_2 t & z_2 + \nu_2 t & 1 \\ \lambda_2 & \mu_2 & \nu_2 & 0 \end{vmatrix} =$$

$$\frac{1}{6}(s'-s)(t'-t)\begin{vmatrix} x_1 & y_1 & z_1 & 1 \\ \lambda_1 & \mu_1 & \nu_1 & 0 \\ x_2 & y_2 & z_2 & 1 \\ \lambda_2 & \mu_2 & \nu_2 & 0 \end{vmatrix}=$$

$$\frac{1}{6}(s'-s)(t'-t)\begin{vmatrix} x_1-x_2 & y_1-y_2 & z_1-z_2 \\ \lambda_1 & \mu_1 & \nu_1 \\ \lambda_2 & \mu_2 & \nu_2 \end{vmatrix}$$

的绝对值,可是,因为

$$s'-s=AB,t'-t=CD$$

$$h=\pm\frac{1}{\Delta}\begin{vmatrix} x_2-x_1 & y_2-y_1 & z_2-z_1 \\ \lambda_1 & \mu_1 & \nu_1 \\ \lambda_2 & \mu_2 & \nu_2 \end{vmatrix}=$$

$$\pm\frac{1}{\sin\theta}\begin{vmatrix} x_2-x_1 & y_2-y_1 & z_2-z_1 \\ \lambda_1 & \mu_1 & \nu_1 \\ \lambda_2 & \mu_2 & \nu_2 \end{vmatrix}$$

所以四面体 $ABCD$ 的体积等于

$$\frac{1}{6}AB\cdot CD\cdot h\sin\theta$$

的绝对值.

[证法二]　设 $\boldsymbol{a}=\overrightarrow{AB},\boldsymbol{b}=\overrightarrow{AC},\boldsymbol{c}=\overrightarrow{AD},\boldsymbol{d}=\overrightarrow{DC},LM$ 为两直线的公垂线,则

四面体 $ABCD$ 的体积 $=\frac{1}{6}\mid \boldsymbol{b}\times\boldsymbol{c}\cdot\boldsymbol{a}\mid$,因为

$$\boldsymbol{b}\times\boldsymbol{c}\cdot\boldsymbol{a}=\boldsymbol{b}\times(\boldsymbol{b}+\boldsymbol{d})\cdot\boldsymbol{a}=\boldsymbol{b}\times\boldsymbol{d}\cdot\boldsymbol{a}=$$
$$(\overrightarrow{AL}+\overrightarrow{LM}+\overrightarrow{MD})\times\boldsymbol{d}\cdot\boldsymbol{a}=$$
$$(\overrightarrow{AL}+\overrightarrow{LM})\times\boldsymbol{d}\cdot\boldsymbol{a}=$$
$$\boldsymbol{a}\times(\overrightarrow{AL}+\overrightarrow{LM})\cdot\boldsymbol{d}=\boldsymbol{a}\times\overrightarrow{LM}\cdot\boldsymbol{d}=$$
$$(\boldsymbol{d}\times\boldsymbol{a})\cdot\overrightarrow{LM}=$$
$$\mid\boldsymbol{a}\mid\mid\boldsymbol{d}\mid\sin\theta e\overrightarrow{LM}$$

式中 e 为 $\boldsymbol{d}\times\boldsymbol{a}$ 的单位矢量,故四面体的体积为

$$\frac{1}{6}AB\cdot CD\cdot h\sin\theta$$

17. 在同一平面上的四点 A,B,C,D,向另一平面的投影为 A',B',C',D',则四面体 $ABCD'$ 的体积和四面体 $A'B'C'D$ 的体积相等,试证明之.

［证］ 把点 A, B, C, D 的正投影平面取为面 xy，如果设点 A, B, C, D 的坐标为 $A(x_1, y_1, z_1), B(x_2, y_2, z_2), C(x_3, y_3, z_3), D(x_4, y_4, z_4)$，则其投影的坐标分别为 $A'(x_1, y_1, 0), B'(x_2, y_2, 0), C'(x_3, y_3, 0), D'(x_4, y_4, 0)$. 那么由点 A, B, C, D 在同一平面内的条件为

$$
\begin{vmatrix}
x_1 & y_1 & z_1 & 1 \\
x_2 & y_2 & z_2 & 1 \\
x_3 & y_3 & z_3 & 1 \\
x_4 & y_4 & z_4 & 1
\end{vmatrix} = 0
$$

可得

$$
\frac{1}{6}
\begin{vmatrix}
x_1 & y_1 & z_1 & 1 \\
x_2 & y_2 & z_2 & 1 \\
x_3 & y_3 & z_3 & 1 \\
x_4 & y_4 & 0 & 1
\end{vmatrix}
+ \frac{1}{6}
\begin{vmatrix}
x_1 & y_1 & 0 & 1 \\
x_2 & y_2 & 0 & 1 \\
x_3 & y_3 & 0 & 1 \\
x_4 & y_4 & z_4 & 1
\end{vmatrix} = 0
$$

这个式子说明四面体 $ABCD'$ 的体积（左边第一个式子的绝对值）和四面体 $A'B'C'D$ 的体积（左边第二个式子的绝对值）相等.

198

4.5　直线与平面的关系

提　要

I　表示直线 $\dfrac{x-a}{L} = \dfrac{y-b}{M} = \dfrac{z-c}{N}$ 和平面 $Ax + By + Cz + D = 0$ 的夹角的公式是

$$
\cos \theta = \pm \frac{\sqrt{(BN - CM)^2 + (CL - AN)^2 + (AM - BL)^2}}{\sqrt{A^2 + B^2 + C^2} \cdot \sqrt{L^2 + M^2 + N^2}} \tag{5.1}
$$

$$
\sin \theta = \frac{AL + BM + CN}{\sqrt{A^2 + B^2 + C^2} \cdot \sqrt{L^2 + M^2 + N^2}} \tag{5.2}
$$

上述直线与平面相平行的条件是

$$
AL + BM + CN = 0
$$

相垂直的条件是

$$
\frac{A}{L} = \frac{B}{M} = \frac{C}{N}
$$

Ⅱ　直线 $\dfrac{x-a}{L}=\dfrac{y-b}{M}=\dfrac{z-c}{N}$ 完全落在平面 $Ax+By+Cz+D=0$ 内的条件是

$$Aa+Bb+Cc+D=0$$
$$AL+BM+CN=0$$

Ⅲ　两直线 $\dfrac{x-x_1}{L_1}=\dfrac{y-y_1}{M_1}=\dfrac{z-z_1}{N_1}$ 与 $\dfrac{x-x_2}{L_2}=\dfrac{y-y_2}{M_2}=\dfrac{z-z_2}{N_2}$ 共面的条件是

$$\begin{vmatrix} x_1-x_2 & y_1-y_2 & z_1-z_2 \\ L_1 & M_1 & N_1 \\ L_2 & M_2 & N_2 \end{vmatrix}=0$$

Ⅳ　共面两直线 $\dfrac{x-x_1}{L_1}=\dfrac{y-y_1}{M_1}=\dfrac{z-z_1}{N_1}$ 与 $\dfrac{x-x_2}{L_2}=\dfrac{y-y_2}{M_2}=\dfrac{z-z_2}{N_2}$ 所在的平面方程是

$$\begin{vmatrix} x-x_1 & y-y_1 & z-z_1 \\ L_1 & M_1 & N_1 \\ L_2 & M_2 & N_2 \end{vmatrix}=0$$

199

习　　题

1. 求直线 $\dfrac{x-1}{2}=\dfrac{y-2}{-3}=\dfrac{z+3}{4}$ 和平面 $2x+4y-z+1=0$ 的交点坐标.

[解]　将直线方程写成参数式,得
$$x=2t+1,y=-3t+2,z=4t-3 \tag{1}$$
已知直线与平面的交点在平面 $2x+4y-z+1=0$ 上.故其参数应满足
$$2(2t+1)+4(-3t+2)-(4t-3)+1=0$$
即
$$-12t+14=0$$
所以
$$t=\dfrac{7}{6}$$
将此值代入式(1)得交点坐标为
$$\left(\dfrac{10}{3},-\dfrac{3}{2},\dfrac{5}{3}\right)$$

2.(1) 试求含有直线 $x+5y-2z=2,8x+3y+z=4$,且垂直于平面 $x-$

$y - 3z = 5$ 的平面方程;

(2) 试求含有直线 $\dfrac{x - x_1}{l} = \dfrac{y - y_1}{m} = \dfrac{z - z_1}{n}$,且垂直于平面 $Ax + By + Cz + D = 0$ 的平面方程.

[解] (1) 含有已知直线的平面方程为
$$(x + 5y - 2z - 2) + \lambda(8x + 3y + z - 4) = 0$$
其法线的方向数为 $(1 + 8\lambda, 5 + 3\lambda, -2 + \lambda)$. 为使它与已知平面的法线(方向数为 $\{1, -1, -3\}$)垂直,应有
$$(1 + 8\lambda) - (5 + 3\lambda) - 3(-2 + \lambda) = 0$$
所以
$$\lambda = -1$$
因此所求的平面方程为
$$7x - 2y + 3z = 2$$

(2) 设所求平面方程为
$$\alpha x + \beta y + \gamma z + \delta = 0$$
因点 (x_1, y_1, z_1) 在其上,得
$$\alpha x_1 + \beta y_1 + \gamma z_1 + \delta = 0$$
因点 $(x_1 + l\lambda, y_1 + m\lambda, z_1 + n\lambda)$ 也在其上,得
$$\alpha l + \beta m + \gamma n = 0$$
因垂直于平面 $Ax + By + Cz + D = 0$,得
$$\alpha A + \beta B + \gamma C = 0$$
由上面三式消去 $\alpha, \beta, \gamma, \delta$,则得所求的平面方程为
$$\begin{vmatrix} x & y & z & 1 \\ x_1 & y_1 & z_1 & 1 \\ l & m & n & 0 \\ A & B & C & 0 \end{vmatrix} = 0$$

3. 一平面通过点 (a, b, c),且与两平面 $lx + my + nz = p$ 及 $l'x + m'y + n'z = p'$ 垂直,试求其方程.

[解] 设所求的平面方程为
$$A(x - a) + B(y - b) - C(z - c) = 0 \tag{1}$$
因为与已知两平面垂直,所以有
$$Al + Bm + Cn = 0 \tag{2}$$
及
$$Al' + Bm' + Cn' = 0 \tag{3}$$

将式(1)(2)(3)联立,得 A,B,C 的齐次线性方程组,为了使它有非零解,应有

$$
\begin{vmatrix}
x-a & y-b & z-c \\
l & m & n \\
l' & m' & n'
\end{vmatrix} = 0
$$

此即所求的平面方程.

4. 一平面通过点 (a,b,c) 且与两直线 $\dfrac{x-\alpha}{l}=\dfrac{y-\beta}{m}=\dfrac{z-\gamma}{n}$ 及 $\dfrac{x-\alpha'}{l'}=\dfrac{y-\beta'}{m'}=\dfrac{z-\gamma'}{n'}$ 平行,试求此平面的方程.

〔解〕 设所求平面方程为

$$A(x-a)+B(y-b)+C(z-c)=0$$

因为平行两直线,所以得

$$Al+Bm+Cn=0$$
$$Al'+Bm'+Cn'=0$$

上面关系是 A,B,C 的齐次方程,为使之有非零解,应有

$$
\begin{vmatrix}
x-a & y-b & z-c \\
l & m & n \\
l' & m' & n'
\end{vmatrix} = 0
$$

此即所求的方程.

5. 已知两平行直线 $\dfrac{x-a}{L}=\dfrac{y-b}{M}=\dfrac{z-c}{N}$ 及 $\dfrac{x-a'}{L}=\dfrac{y-b'}{M}=\dfrac{z-c'}{N}$,求它们间的距离,并求含这两条直线的平面方程.

〔解〕 由 $\dfrac{x-a}{L}=\dfrac{y-b}{M}=\dfrac{z-c}{N}$ 上的点 (a,b,c),向 $\dfrac{x-a'}{L}=\dfrac{y-b'}{M}=\dfrac{z-c'}{N}$ 引垂线的长就是两平行线间的距离,所以为

$$
d^2 = (a-a')^2 + (b-b')^2 + (c-c')^2 - \frac{[L(a-a')+M(b-b')+N(c-c')]^2}{L^2+M^2+N^2}
$$

含两直线的平面方程,是方程组(关于 A,B,C 的)

$$
\begin{cases}
A(x-a)+B(y-b)+C(z-c)=0 \\
AL+BM+CN=0 \\
A(a'-a)+B(b'-b)+C(c'-c)=0
\end{cases}
$$

有非零解的条件

201

$$\begin{vmatrix} x-a & y-b & z-c \\ a'-a & b'-b & c'-c \\ L & M & N \end{vmatrix} = 0$$

6. 求通过点 (a,b,c) 且垂直平面 $Ax+By+Cz+D=0$ 的直线方程.

[解]　设所求直线方程为

$$\frac{x-a}{L} = \frac{y-b}{M} = \frac{z-c}{N}$$

因为与已知平面垂直,所以

$$\frac{L}{A} = \frac{M}{B} = \frac{N}{C}$$

故所求的方程为

$$\frac{x-a}{A} = \frac{y-b}{B} = \frac{z-c}{C}$$

7. 一平面通过两点 (x_1,y_1,z_1),(x_2,y_2,z_2),且平行于方向余弦为 (l,m,n) 的直线,求此平面方程.

202　　[解法一]　设所求的平面方程为

$$Ax+By+Cz+D=0 \tag{1}$$

因为它通过两点 (x_1,y_1,z_1),(x_2,y_2,z_2),所以有

$$Ax_1+By_1+Cz_1+D=0,\ Ax_2+By_2+Cz_2+D=0 \tag{2}$$

因为坐标为 $(x_1+\lambda l,y_1+\lambda m,z_1+\lambda n)$ 的点也在平面上,所以

$$A(x_1+\lambda l)+B(y_1+\lambda m)+C(z_1+\lambda n)+D=0$$

因此

$$Al+Bm+Cn=0 \tag{3}$$

由式(1)(2)(3) 消去 A,B,C,D 得

$$\begin{vmatrix} x & y & z & 1 \\ x_1 & y_1 & z_1 & 1 \\ x_2 & y_2 & z_2 & 1 \\ l & m & n & 0 \end{vmatrix} = 0$$

这就是所求的方程. 但是当方向向量 $(x_2-x_1,y_2-y_1,z_2-z_1)$ 和方向向量 (l,m,n) 一致时,平面是不确定的.

[解法二]　设 (x,y,z) 为所求平面上任意点,则三个方向向量 $(x-x_1,y-y_1,z-z_1)$,$(x_2-x_1,y_2-y_1,z_2-z_1)$,$(l,m,n)$ 共面,故

$$\begin{vmatrix} x-x_1 & y-y_1 & z-z_1 \\ x_2-x_1 & y_2-y_1 & z_2-z_1 \\ l & m & n \end{vmatrix}=0$$

就是所求平面的方程.

8. 一平面含有直线 $\dfrac{x-a}{L}=\dfrac{y-b}{M}=\dfrac{z-c}{N}$,且平行于直线 $\dfrac{x-a'}{L'}=\dfrac{y-b'}{M'}=\dfrac{z-c'}{N'}$,求此平面方程.

［解］　因含直线 $\dfrac{x-a}{L}=\dfrac{y-b}{M}=\dfrac{z-c}{N}$ 的平面过点 (a,b,c) ,所以设所求方程为

$$A(x-a)+B(y-b)+C(z-c)=0 \tag{1}$$

因式(1)平行于上述直线,所以

$$AL+BM+CN=0 \tag{2}$$

又因平行于直线

$$\frac{x-a'}{L'}=\frac{y-b'}{M'}=\frac{z-c'}{N'}$$

所以

$$AL'+BM'+CN'=0 \tag{3}$$

为从式(1)(2)(3)解得非零的 A,B,C ,应有

$$\begin{vmatrix} x-a & y-b & z-c \\ L & M & N \\ L' & M' & N' \end{vmatrix}=0$$

此即所求的平面方程.

9. 设两直线 $\dfrac{y}{b}+\dfrac{z}{c}=1,x=0$ 及 $\dfrac{x}{a}-\dfrac{z}{c}=1,y=0$ 间的最短距离为 $2d$,则下面关系式成立

$$\frac{1}{d^2}=\frac{1}{a^2}+\frac{1}{b^2}+\frac{1}{c^2}$$

试证明之.

［证］　含有直线 $\dfrac{y}{b}+\dfrac{z}{c}=1,x=0$,且平行于直线 $\dfrac{x}{a}-\dfrac{z}{c}=1,y=0$ 的平面方程为

$$\frac{x}{a}-\frac{y}{b}-\frac{z}{c}+1=0$$

203

而两直线间最短距离是直线 $\dfrac{x}{a} - \dfrac{z}{c} = 1, y = 0$ 上的点 $(0,0,-c)$ 到此平面的距离,所以有下列关系式

$$2d = \frac{2}{\sqrt{\dfrac{1}{a^2} + \dfrac{1}{b^2} + \dfrac{1}{c^2}}}$$

故

$$\frac{1}{d^2} = \frac{1}{a^2} + \frac{1}{b^2} + \frac{1}{c^2}$$

10. 一直线通过点 (a,b,c),平行于平面 $Ax + By + Cz + D = 0$,且与直线 $\dfrac{x - \alpha}{l} = \dfrac{y - \beta}{m} = \dfrac{z - \gamma}{n}$ 相交,求此直线方程.

[解法一] 设所求方程为

$$\frac{x - a}{L} = \frac{y - b}{M} = \frac{z - c}{N} \tag{1}$$

因为平行于平面 $Ax + By + Cz + D = 0$,所以有

$$AL + BM + CN = 0 \tag{2}$$

又与直线 $\dfrac{x - \alpha}{l} = \dfrac{y - \beta}{m} = \dfrac{z - \gamma}{n}$ 相交,所以有

$$\begin{vmatrix} a - \alpha & b - \beta & c - \gamma \\ l & m & n \\ L & M & N \end{vmatrix} \tag{3}$$

由式 (2)(3) 得

$$\frac{L}{B[m(a - \alpha) - l(b - \beta)] - C[l(c - \gamma) - n(a - \alpha)]} =$$

$$\frac{M}{C[n(b - \beta) - m(c - \gamma)] - A[m(a - \alpha) - l(b - \beta)]} =$$

$$\frac{N}{A[l(c - \gamma) - n(a - \alpha)] - B[n(b - \beta) - m(c - \gamma)]}$$

[解法二] 通过点 $P(a,b,c)$ 作平面与已知平面平行得

$$A(x - a) + B(y - b) + C(z - c) = 0 \tag{1}$$

考虑已知直线

$$x = \alpha + lt, y = \beta + mt, z = \gamma + nt \tag{2}$$

由与式 (1) 的交点 M 得交点的参数

$$t = \frac{A(a - \alpha) + B(b - \beta) + C(c - \gamma)}{Al + Bm + Cn} \tag{3}$$

204

由两点式方程得所求直线 PL 的方程为

$$\frac{x-a}{a-\alpha-lt}=\frac{y-b}{b-\beta-mt}=\frac{z-c}{c-\gamma-nt} \tag{4}$$

式(4) 的分母乘以 $Al+Bm+Cn$ 并经化简得分母

$$(a-\alpha)(Al+Bm+Cn)-l[A(a-\alpha)+B(b-\beta)+C(c-\gamma)]=$$
$$B[m(a-\alpha)-l(b-\beta)]-C[l(c-\gamma)-n(a-\alpha)]$$

同理可得其他分母,故得式(4).

11. 通过空间一定点 O 引一直线,此直线与不通过点 O 的 n 个定平面的交点分别是 $P_1,P_2,\cdots,P_n$,在此直线上有一点 Q,满足关系式

$$\frac{n}{OQ}=\frac{1}{OP_1}+\frac{1}{OP_2}+\cdots+\frac{1}{OP_n}$$

试求点 Q 的轨迹.

[解]　设点 O 为坐标原点,n 个不通过原点的平面方程为

$$A_ix+B_iy+C_iz=1 \quad (i=1,2,\cdots,n)$$

对于直线 $x=lr,y=mr,z=nr$ 和各平面的交点 P_i,有

$$(A_il+B_im+C_in)r_i=1$$

所以

$$\frac{1}{OP_i}=A_il+B_im+C_in \quad (i=1,2,\cdots,n)$$

若设 $OQ=r$,则有

$$\frac{n}{r}=\sum_{i=1}^{n}\frac{1}{OP_i}=\sum_i A_il+\sum_i B_im+\sum_i C_in$$

因为 $lr=x,mr=y,nr=z$,所以

$$\sum_i A_ix+\sum_i B_iy+\sum_i C_iz=n$$

即一般说来,轨迹是平面.

12. 一直线与两定直线相交,且又与一定平面平行.试求将联结交点的线段按定比分割的分点的轨迹.

[分析] 一线段的两端各在一直线上,此线段的定比分点与两个参数有关,因为此线段与一个定平面平行,这就说明两参数有了关系,于是上述定比分点与一个参数有关了.

[解]　设两条定直线的方程为

$$\frac{x-x_1}{u_1}=\frac{y-y_1}{v_1}=\frac{z-z_1}{w_1}$$

$$\frac{x-x_2}{u_2}=\frac{y-y_2}{v_2}=\frac{z-z_2}{w_2}$$

定平面的方程为

$$Ax+By+Cz+D=0$$

则两条定直线上的点分别可写成

$$(x_1+u_1s,y_1+v_1s,z_1+w_1s)$$

$$(x_2+u_2t,y_2+v_2t,z_2+w_2t)$$

联结这两点的直线与定平面平行的条件是

$$A[(x_2-x_1)+u_2t-u_1s]+B[(y_2-y_1)+v_2t-v_1s]+$$

$$C[(z_2-z_1)+w_2t-w_1s]=0 \tag{1}$$

另一方面,将联结这两点的线段按定比 $m:n$ 分割的点的坐标为

$$x=\frac{n(x_1+u_1s)+m(x_2+u_2t)}{m+n}$$

$$y=\frac{n(y_1+v_1s)+m(y_2+v_2t)}{m+n}$$

$$z=\frac{n(z_1+w_1s)+m(z_2+w_2t)}{m+n}$$

可是由式(1)得

$$s=\frac{A(x_2-x_1)+B(y_2-y_1)+C(z_2-z_1)+(Au_2+Bv_2+Cw_2)t}{Au_1+Bv_1+Cw_1}$$

把这个代入 x,y,z 的表达式,则 x,y,z 是 t 的一次式,故轨迹是直线.

13. 空间中有两条定直线 g_1,g_2,联结 g_1 上的点和 g_2 上的点的线段中点的轨迹是 g_1,g_2 最短距离的垂直平分平面,试证明之.

〔证法一〕 设 g_1,g_2 的方程分别是

$$\frac{x-x_1}{u_1}=\frac{y-y_1}{v_1}=\frac{z-z_1}{w_1}$$

$$\frac{x-x_2}{u_2}=\frac{y-y_2}{v_2}=\frac{z-z_2}{w_2}$$

式中 (x_1,y_1,z_1) 与 (x_2,y_2,z_2) 分别为公垂线在 g_1 与 g_2 上的垂足. 在它们上的任意点的坐标可写成

$$(x_1+u_1s,y_1+v_1s,z_1+w_1s)$$

$$(x_2+u_2t,y_2+v_2t,z_2+w_2t)$$

所以这两点的中点坐标 x,y,z 是

$$x = \frac{x_1 + x_2}{2} + \frac{u_1 s + u_2 t}{2}, y = \frac{y_1 + y_2}{2} + \frac{v_1 s + v_2 t}{2}, z = \frac{z_1 + z_2}{2} + \frac{w_1 s + w_2 t}{2}$$

$$\tag{1}$$

因此,现在若设垂直于这两条直线的方向数为 u, v, w,因为

$$uu_1 + vv_1 + ww_1 = 0, uu_2 + vv_2 + ww_2 = 0$$

则由式(1) 可得

$$u\left(x - \frac{x_1 + x_2}{2}\right) + v\left(y - \frac{y_1 + y_2}{2}\right) + w\left(z - \frac{z_1 + z_2}{2}\right) = 0$$

这是将 g_1, g_2 最短距离垂直平分的平面方程.

[证法二]　按 4.3 节习题 10 的方式选坐标轴,则两条定直线的方程可分别表示为

$$y = x \tan \alpha, z = c \tag{1}$$

与

$$y = -x \tan \alpha, z = -c \tag{2}$$

设式(1) 上任意点的坐标为 x_1, y_1, z_1,式(2) 上任意点的坐标为 x_2, y_2, z_2,其中点的坐标 x, y, z 为

$$x = \frac{x_1 + x_2}{2}, y = \frac{y_1 + y_2}{2} = \frac{\tan \alpha}{2}(x_1 - x_2), z = 0$$

上式说明 x, y 可以任意变化,而 $z = 0$,故所求中点轨迹为面 xy,此平面是式(1)(2) 的最短距离的垂直平面.

4.6　两平面的夹角及平面族方程

提　　要

Ⅰ　表示两平面 $A_1 x + B_1 y + C_1 z + D_1 = 0$ 和 $A_2 x + B_2 y + C_2 z + D_2 = 0$ 的夹角的公式是

$$\cos \theta = \frac{A_1 A_2 + B_1 B_2 + C_1 C_2}{\pm \sqrt{A_1^2 + B_1^2 + C_1^2} \sqrt{A_2^2 + B_2^2 + C_2^2}}$$

根号前的符号根据需要选取,根据不同符号求得的角互补[①].

---

① 　在空间几何里两直线间的夹角只考虑劣角.

Ⅱ　两平面 $A_1 x + B_1 y + C_1 z + D_1 = 0$ 和 $A_2 x + B_2 y + C_2 z + D_2 = 0$ 的平行条件是

$$\frac{A_1}{A_2} = \frac{B_1}{B_2} = \frac{C_1}{C_2}$$

垂直条件是

$$A_1 A_2 + B_1 B_2 + C_1 C_2 = 0$$

Ⅲ　两平面 $A_1 x + B_1 y + C_1 z + D_1 = 0$ 和 $A_2 x + B_2 y + C_2 z + D_2 = 0$ 的夹角平分面方程是

$$\frac{A_1 x + B_1 y + C_1 z + D_1}{\sqrt{A_1^2 + B_1^2 + C_1^2}} = \pm \frac{A_2 x + B_2 y + C_2 z + D_2}{\sqrt{A_2^2 + B_2^2 + C_2^2}}$$

正负号对应于两个角平分面.

Ⅳ　平面族方程

（1）平行于已知平面 $Ax + By + Cz + D = 0$ 的平面族方程是

$$Ax + By + Cz + k = 0$$

其中 k 是任意常数.

（2）通过已知点 $M_0(x_0, y_0, z_0)$ 的平面族方程是

$$A(x - x_0) + B(y - y_0) + C(z - z_0) = 0$$

其中 A, B, C 不全为零.

（3）通过直线

$$\begin{cases} A_1 x + B_1 y + C_1 z + D_1 = 0 \\ A_2 x + B_2 y + C_2 z + D_2 = 0 \end{cases}$$

的平面束方程是

$$A_1 x + B_1 y + C_1 z + D_1 + \lambda(A_2 x + B_2 y + C_2 z + D_2) = 0$$

其中 λ 是任意常数.

习　　题

1. 求两平面 $2x - 4y + 5z = 12, x + 2y = 5$ 的夹角.

［解］　两平面的法线方向数分别为 $(2, -4, 5), (1, 2, 0)$,因此其方向余弦分别为

$$\left(\frac{2}{3\sqrt{5}}, \frac{-4}{3\sqrt{5}}, \frac{5}{3\sqrt{5}}\right), \left(\frac{1}{\sqrt{5}}, \frac{2}{\sqrt{5}}, 0\right)$$

设两平面的夹角为 φ,则

$$\cos \varphi = \frac{2}{3\sqrt{5}} \times \frac{1}{\sqrt{5}} + \frac{-4}{3\sqrt{5}} \times \frac{2}{\sqrt{5}} = -\frac{2}{5}$$

所以

$$\varphi = \arccos\left(-\frac{2}{5}\right)$$

2.$3x + 5y - 4z = 6, x - y + 4z = 2$ 为已知两平面,求此两平面夹角的平分面的方程.

[解]　用 $\sqrt{3^2 + 5^2 + (-4)^2} = 5\sqrt{2}$ 及 $\sqrt{1^2 + (-1)^2 + 4^2} = 3\sqrt{2}$ 分别除各个平面方程,将其化为法式方程

$$\frac{3x + 5y - 4z - 6}{5\sqrt{2}} = 0, \frac{x - y + 4z - 2}{3\sqrt{2}} = 0$$

因此到两平面距离相等的点满足方程

$$\frac{3x + 5y - 4z - 6}{5\sqrt{2}} \pm \frac{x - y + 4z - 2}{3\sqrt{2}} = 0$$

即所求的两个平面方程是

$$7x + 5y + 4z = 14, x + 5y - 8z = 2$$

3.求平行于平面 $Ax + By + Cz + D = 0$,且通过点 (a, b, c) 的平面方程.

[解]　通过点 (a, b, c) 的平面方程为

$$A'(x - a) + B'(y - b) + C'(z - c) = 0$$

为使它与已知平面平行,应有

$$\frac{A'}{A} = \frac{B'}{B} = \frac{C'}{C}$$

故所求的平面方程为

$$A(x - a) + B(y - b) + C(z - c) = 0$$

4.求与平面 $lx + my + nz = p$ 垂直,且过两点 (a, b, c) 及 (a', b', c') 的平面方程.

[解法一]　设所求平面方程为

$$Ax + By + Cz + D = 0 \tag{1}$$

因通过点 (a, b, c) 及 (a', b', c'),所以有

$$Aa + Bb + Cc + D = 0 \tag{2}$$

$$Aa' + Bb' + Cc' + D = 0 \tag{3}$$

又因垂直于平面

$$lx + my + nz = p$$

所以有

209

$$Al + Bm + Cn = 0 \tag{4}$$

由式(1)(2)(3)(4) 消去 A, B, C, D, 得所求方程为

$$\begin{vmatrix} x & y & z & 1 \\ a & b & c & 1 \\ a' & b' & c' & 1 \\ l & m & n & 0 \end{vmatrix} = 0$$

[解法二] 设 (x, y, z) 为所求平面上的任意点的坐标, 因三个矢量 $(x - a, y - b, z - c), (a' - a, b' - b, c' - c), (l, m, n)$ 共面, 故由式(4.6)得

$$\begin{vmatrix} x - a & y - b & z - c \\ a' - a & b' - b & c' - c \\ l & m & n \end{vmatrix} = 0$$

5. 试求将各坐标面的夹角二等分的平面方程.

[解] 面 xy 与面 xz 的二等分面方程是 $y - z = 0, y + z = 0$;

面 yz 与面 yx 的二等分面方程是 $x - z = 0, x + z = 0$;

面 zx 与面 zy 的二等分面方程是 $x - y = 0, x + y = 0$.

6. 四面体的一条边与其对边中点决定一个平面. 对于一个四面体, 这样的平面有六个, 试证明这六个平面交于一点.

[证] 设四面体的顶点坐标分别为 $A(x_1, y_1, z_1), B(x_2, y_2, z_2), C(x_3, y_3, z_3), D(x_4, y_4, z_4)$, 则通过边 AB 和它的对边 CD 的中点 $\left(\dfrac{x_3 + x_4}{2}, \dfrac{y_3 + y_4}{2}, \dfrac{z_3 + z_4}{2} \right)$ 的平面方程是

$$\begin{vmatrix} x & y & z & 1 \\ x_1 & y_1 & z_1 & 1 \\ x_2 & y_2 & z_2 & 1 \\ \dfrac{x_3 + x_4}{2} & \dfrac{y_3 + y_4}{2} & \dfrac{z_3 + z_4}{2} & 1 \end{vmatrix} = 0 \tag{1}$$

可见这个平面通过点

$$\left(\frac{x_1 + x_2 + x_3 + x_4}{4}, \frac{y_1 + y_2 + y_3 + y_4}{4}, \frac{z_1 + z_2 + z_3 + z_4}{4} \right)$$

同理, 其他五个平面也通过这个点, 所以这六个平面交于这一点.

7. 三面角各二面角的等分面交于一直线, 试证明之.

[证] 取原点在三面角内的直角坐标系, 设三平面方程分别为

$$l_1 x + m_1 y + n_1 z - p_1 = 0$$

$$l_2 x + m_2 y + n_2 z - p_2 = 0$$
$$l_3 x + m_3 y + n_3 z - p_3 = 0$$

则各二面角的等分面方程分别为

$$(l_1 x + m_1 y + n_1 z - p_1) - (l_2 x + m_2 y + n_2 z - p_2) = 0$$
$$(l_2 x + m_2 y + n_2 z - p_2) - (l_3 x + m_3 y + n_3 z - p_3) = 0$$
$$(l_3 x + m_3 y + n_3 z - p_3) - (l_1 x + m_1 y + n_1 z - p_1) = 0$$

三式两边相加恒等于 0,故交于一直线.

8. 在四面体 $ABCD$ 中,若 AB 垂直 CD,AC 垂直 BD,那么从各顶点向其对面引的垂线交于一点,试证明之.

〔证〕 取点 A 为原点,设点 B,C,D 的坐标分别为

$$B(x_1,y_1,z_1),C(x_2,y_2,z_2),D(x_3,y_3,z_3)$$

AB 垂直 CD,AC 垂直 BD 的条件是

$$x_1(x_2 - x_3) + y_1(y_2 - y_3) + z_1(z_2 - z_3) = 0 \tag{1}$$
$$x_2(x_3 - x_1) + y_2(y_3 - y_1) + z_2(z_3 - z_1) = 0 \tag{2}$$

此时可得

$$x_3(x_1 - x_2) + y_3(y_1 - y_2) + z_3(z_1 - z_2) = 0 \tag{3}$$

那么,从 B 向对面 ACD 引的垂线,是通过点 B 且垂直于 AC 的平面,且垂直于 AD 的平面的交线,因此其方程是

$$\begin{cases} x_2(x - x_1) + y_2(y - y_1) + z_2(z - z_1) = 0 & (4) \\ x_3(x - x_1) + y_3(y - y_1) + z_3(z - z_1) = 0 & (5) \end{cases}$$

同样,从点 C 向对面 ADB 引的垂线的方程是

$$\begin{cases} x_3(x - x_2) + y_3(y - y_2) + z_3(z - z_2) = 0 \\ x_1(x - x_2) + y_1(y - y_2) + z_1(z - z_2) = 0 \end{cases} \tag{6}$$

从点 D 向对面 ABC 引的垂线的方程是

$$\begin{cases} x_1(x - x_3) + y_1(y - y_3) + z_1(z - z_3) = 0 \\ x_2(x - x_3) + y_2(y - y_3) + z_2(z - z_3) = 0 \end{cases}$$

可是,若取为条件,这六个方程中只要三个不同的式(4)(5)(6). 因此,这三条直线交于上述的三个平面的交点.

从点 B,C,D 向对面引的垂线是这三个平面的交线,故三个面的交点是三条直线的交点,又通过原点到对面的垂线是过原点与 CD,BD 垂直的平面的交线,即

$$(x_2 - x_3)x + (y_2 - y_3)y + (z_2 - z_3)z = 0 \tag{7}$$
$$(x_3 - x_1)x + (y_3 - y_1)y + (z_3 - z_1)z = 0 \tag{8}$$

211

的交线.

以下证明式(4)(5)(6)的交点在式(7)(8)上. 原因是式(4)－(5)得

$$(x_2 - x_3)x + (y_2 - y_3)y + (z_2 - z_3)z =$$
$$(x_2 - x_3)x_1 + (y_2 - y_3)y_1 + (z_2 - z_3)z_1$$

从式(1)可见右边等于零. 故式(7)成立, 同理式(8)也成立, 所以从这个四面体的顶点向对面引的垂线都交于一点.

第 5 章 二次曲面

5.1 球 面

提 要

I 以点 (a,b,c) 为中心,以 r 为半径的球面方程是

$$(x-a)^2 + (y-b)^2 + (z-c)^2 = r^2$$

以原点为中心,以 r 为半径的球面方程是

$$x^2 + y^2 + z^2 = r^2$$

II 一般二次方程

$$Ax^2 + By^2 + Cz^2 + 2A'yz + 2B'zx + 2C'xy + 2A''x + 2B''y + 2C''z + D = 0$$

代表球面的条件是

$$A = B = C \neq 0, A' = B' = C' = 0$$

其中心坐标为

$$\left(-\frac{A''}{A}, -\frac{B''}{A}, -\frac{C''}{A} \right)$$

半径为

$$\frac{\sqrt{A''^2 + B''^2 + C''^2 - AD}}{A}$$

III 球面 $(x-a)^2 + (y-b)^2 + (z-c)^2 = r^2$ 上的点 (x_1, y_1, z_1) 处的切平面方程是

$$(x_1 - a)(x - a) + (y_1 - b)(y - b) + (z_1 - c)(z - c) = r^2$$

球面 $x^2 + y^2 + z^2 = r^2$ 上的点 (x_1, y_1, z_1) 处的切平面方程是 $x_1 x + y_1 y + z_1 z = r^2$.

IV 球面 $(x-a)^2 + (y-b)^2 + (z-c)^2 = r^2$ 上的点 (x_1, y_1, z_1) 处的法线

213

方程是

$$\frac{x-x_1}{x_1-a}=\frac{y-y_1}{y_1-b}=\frac{z-z_1}{z_1-c}$$

球面 $x^2+y^2+z^2=r^2$ 上的点 (x_1,y_1,z_1) 处的法线方程是

$$\frac{x}{x_1}=\frac{y}{y_1}=\frac{z}{z_1}$$

Ⅴ 点 (x_1,y_1,z_1) 关于球面 $(x-a)^2+(y-b)^2+(z-c)^2=r^2$ 的极平面方程是

$$(x_1-a)(x-a)+(y_1-b)(y-b)+(z_1-c)(z-c)=r^2$$

点 (x_1,y_1,z_1) 关于球面 $x^2+y^2+z^2+r^2$ 的极平面方程是

$$x_1x+y_1y+z_1z=r^2$$

Ⅵ 两球面

$$x^2+y^2+z^2+2A_1x+2B_1y+2C_1z+D_1=0$$
$$x^2+y^2+z^2+2A_2x+2B_2y+2C_2z+D_2=0$$

的根面方程是

$$2(A_1-A_2)x+2(B_1-B_2)y+2(C_1-C_2)z+D_1-D_2=0$$

Ⅶ 通过两球面

$$(x-a_1)^2+(y-b_1)^2+(z-c_1)^2=r_1^2$$
$$(x-a_2)^2+(y-b_2)^2+(z-c_2)^2=r_2^2$$

交线的球面束方程是

$$(x-a_1)^2+(y-b_1)^2+(z-c_1)^2-r_1^2+$$
$$\lambda\left[(x-a_2)^2+(y-b_2)^2+(z-c_2)^2-r_2^2\right]=0$$

其中 λ 是任意常数.

习　　题

1. 试确定平面 $lx+my+nz=p$ 与球面 $x^2+y^2+z^2+2Ax+2By+2Cy+D=0$ 相切的条件.

[解]　球面方程可写为

$$(x-A)^2+(y-B)^2+(z-C)^2=A^2+B^2+C^2-D$$

因为从球心到切平面的距离等于半径,故得

$$\frac{|\,lA+mB+nC-p\,|}{\sqrt{l^2+m^2+n^2}}=\sqrt{A^2+B^2+C^2-D}$$

平方之得相切条件
$$(lA + mB + nC - p)^2 = (l^2 + m^2 + n^2)(A^2 + B^2 + C^2 - D)$$

2. 证明：球面 $x^2 + y^2 + z^2 - 16x + 2y - 4z + 5 = 0$ 与平面 $2x + 2y - z = 11$ 相切.

〔证〕　把球面方程写成
$$(x - 3)^2 + (y + 1)^2 + (z - 2)^2 = 9$$

从球心 $(3, -1, 2)$ 到已知平面的距离为
$$\frac{|2 \times 3 + 2 \times (-1) - 2 - 11|}{\sqrt{2^2 + 2^2 + 1}} = 3 = 球的半径$$

故已知平面与已知球面相切.

3. 证明：$(x' - a)^2 + (y' - b)^2 + (z' - c)^2 - r^2$ 表示从点 (x', y', z') 向球面
$$(x - a)^2 + (y - b)^2 + (z - c)^2 - r^2 = 0 \tag{1}$$
引的切线长的平方.

〔证〕　球 (1) 的圆心和 (x', y', z') 的距离是
$$\sqrt{(x' - a)^2 + (y' - b)^2 + (z' - c)^2}$$

215

根据勾股弦定理, 切线长的平方是上面距离平方与 r^2 之差
$$(x' - a)^2 + (y' - b)^2 + (z' - c)^2 - r^2$$

4. A, B, C 为三个定点, P 为动点, 当满足条件 $PA^2 + PB^2 = PC^2$ 时, 则点 P 的轨迹是 (1)$\angle ACB$ 为锐角时为一球面; (2)$\angle ACB$ 为直角时为一点; (3)$\angle ACB$ 为钝角时为一虚球面, 试证之.

〔证〕　取 AB 在 x 轴上, 点 C 到 AB 的垂线在 y 轴上, 并设其垂足为 O, 过点 O 且垂直于平面 xOy 的直线为 z 轴, 则点 A, B, C 的坐标为 $(a, 0, 0)$, $(b, 0, 0)$, $(0, c, 0)$; 设轨迹上一点为 $P(x, y, z)$, 则有
$$PA^2 = (x - a)^2 + y^2 + z^2$$
$$PB^2 = (x - b)^2 + y^2 + z^2$$
$$PC^2 = x^2 + (y - c)^2 + z^2$$

由题意得
$$(x - a)^2 + y^2 + z^2 + (x - b)^2 + y^2 + z^2 = x^2 + (y - c)^2 + z^2$$

或
$$\{x - (a + b)\}^2 + (y + c)^2 + z^2 = (a^2 + c^2) + (b^2 + c^2) - (a - b)^2 \tag{*}$$

在 $\triangle ABC$ 中, 因为 $AC^2 = a^2 + c^2$, $BC^2 = b^2 + c^2$, $AB^2 = (a - b)^2$, 当 $(a^2 + b^2) + (b^2 + c^2) - (a - b)^2 \leqslant$ (或 $>$)0 时, 即当 $\angle ACB \leqslant$ (或 $>$)$\dfrac{\pi}{2}$ 时, 方程 $(*)$ 表

示球面或一点(或虚球面).

5.求平面 $Ax + By + Cz + D = 0$ 关于球面 $x^2 + y^2 + z^2 = r^2$ 的极点.

[解] 设所求的极点坐标为 (x_1, y_1, z_1),点 (x_1, y_1, z_1) 关于球面的极平面为 $x_1x + y_1y + z_1z = k^2$,因为它与已给的平面是同一平面,故要满足下面关系

$$\frac{x_1}{A} = \frac{y_1}{B} = \frac{z_1}{C} = \frac{-k^2}{D}$$

所以

$$x_1 = -\frac{Ak^2}{D}, y_1 = -\frac{Bk^2}{D}, z_1 = -\frac{Ck^2}{D}$$

这就是所求极点的坐标 (x_1, y_1, z_1).

6.试证:两球面的根面①垂直于它们的连心线.

[证] 设两球面方程为

$$x^2 + y^2 + z^2 + 2A_1x + 2B_1y + 2C_1z + D_1 = 0$$

及

$$x^2 + y^2 + z^2 + 2A_2x + 2B_2y + 2C_2z + D_2 = 0$$

则根面方程为

$$2(A_1 - A_2)x + 2(B_1 - B_2)y + 2(C_1 - C_2)z + D_1 - D_2 = 0 \tag{1}$$

两球中心为 $(-A_1, -B_1, -C_1), (-A_2, -B_2, -C_2)$,中心连线为

$$\frac{x + A_1}{A_1 - A_2} = \frac{y + B_1}{B_1 - B_2} = \frac{z + C_1}{C_1 - C_2} \tag{2}$$

由式(1)(2)知直线(2)与直线(1)垂直.

7.求通过点 (α, β, γ),中心为点 (a, b, c) 的球面方程.

[解] 设所求的球面方程为

$$(x - a)^2 + (y - b)^2 + (z - c)^2 = r^2$$

因为过点 (α, β, γ),所以有

$$(\alpha - a)^2 + (\beta - b)^2 + (\gamma - c)^2 = r^2$$

故得所求球面方程为

$$(x - a)^2 + (y - b)^2 + (z - c)^2 = (\alpha - a)^2 + (\beta - b)^2 + (\gamma - c)^2$$

8.求通过两球面 $x^2 + y^2 + z^2 = r^2$ 及 $(x - a)^2 + (y - b)^2 + z^2 = r_1^2$ 的交线,且通过原点的球面方程.

---

① 如两球面相交,根面为过其交线的平面.

［解］　过两球面交线的任意球面方程,由球面族
$$\lambda(x^2 + y^2 + z^2 - r^2) + \{(x-a)^2 + (y-b)^2 + z^2 - r_1^2\} = 0 \qquad (1)$$
表示,下面来定任意常数 λ,因式(1)被原点$(0,0,0)$满足,所以由 $-r^2\lambda + a^2 + b^2 - r_1^2 = 0$,得
$$\lambda = \frac{a^2 + b^2 - r_1^2}{r^2}$$

以此值代入式(1),并整理得
$$(a^2 + b^2 - r_1^2 + r^2)(x^2 + y^2 + z^2) - 2r^2(ax + by) = 0$$

9.试求切于三个坐标轴的球面方程.

［解］　设所求的球面方程为
$$x^2 + y^2 + z^2 + 2Ax + 2By + 2Cz + a^2 = 0 \qquad (1)$$
因为与 x 轴相切,将 $y=0$,$z=0$ 代入得
$$x^2 + 2Ax + a^2 = 0$$
因为相切与 x 轴只有一个交点,所以要求此方程有等根,即要求 $A^2 = a^2$,所以 $A = \pm a$.

217

同样,可得
$$B = \pm a, C = \pm a$$
以此代入式(1),即得球面方程是
$$x^2 + y^2 + z^2 \pm 2ax \pm 2ay \pm 2az + a^2 = 0$$

10.过定点 O 的半直线 OP 上有一点 Q,两线段的积 $OP \cdot OQ$ 为一定值k^2. 当点 Q 恒在一定平面上时,点 P 的轨迹如何? 又当点 Q 恒在一定球面上时,点 P 的轨迹如何?

［解］　取点 O 为原点,定平面为 $x = c$,建立平面直角坐标系,设点 $P(x_1, y_1, z_1)$,$Q(x_2, y_2, z_2)$,$OP = r_1$,$OQ = r_2$,则有下面关系
$$\frac{x_2}{x_1} = \frac{y_2}{y_1} = \frac{z_2}{z_1} = \frac{r_2}{r_1} = \frac{k^2}{r_1^2} = \frac{k^2}{x_1^2 + y_1^2 + z_1^2}$$

所以[①]
$$x_2 = \frac{k^2 x_1}{x_1^2 + y_1^2 + z_1^2}, y_2 = \frac{k^2 y_1}{x_1^2 + y_1^2 + z_1^2}, z_2 = \frac{k^2 z_1}{x_1^2 + y_1^2 + z_1^2}$$

当点 Q 在平面 $x = c$ 上时,则有

---

①　这样的点变换叫作反演.

$$\frac{k^2 x_1}{x_1^2 + y_1^2 + z_1^2} = c$$

即

$$x_1^2 + y_1^2 + z_1^2 - \frac{k^2}{c} x_1 = 0$$

把 x_1, y_1, z_1 作为动点的坐标,当 $c \neq 0$,上式就是球面.

又点 Q 在球面 $x^2 + y^2 + z^2 + 2A'x + 2B'y + 2C'z + D = 0$ 上时,以 $x_2, y_2,$ z_2 的表达式代入,则有

$$\frac{k^4 (x_1^2 + y_1^2 + z_1^2)}{(x_1^2 + y_1^2 + z_1^2)^2} + 2k^2 \left(\frac{A'x_1 + B'y_1 + C'z_1}{x_1^2 + y_1^2 + z_1^2} \right) + D = 0$$

可见,当 $D = 0$ 时,轨迹为一平面;当 $D \neq 0$ 时,轨迹为一球面.

11. 在空间中求到两定点的距离之比为定值的点的轨迹.

[解] 设两定点为 A, B. 以点 A 为原点,取 AB 所在直线为 x 轴,$AB = a$, 则点 A, B 的坐标为 $(0, 0, 0), (a, 0, 0)$. 设 P 为轨迹上一点,则有

$$PA : PB = k$$

或

$$x^2 + y^2 + z^2 = k^2 \{ (x-a)^2 + y^2 + z^2 \}$$

即

$$(1 - k^2)(x^2 + y^2 + z^2) + 2ak^2 x = k^2 a^2$$

所以,当 $k \neq 1$ 时,有

$$\left(x - \frac{ak^2}{k^2 - 1} \right)^2 + y^2 + z^2 = \frac{k^2 a^2}{(k^2 - 1)^2}$$

这是以点 $\left(\frac{ak^2}{k^2 - 1}, 0, 0 \right)$ 为中心,以 $\frac{ka}{k^2 - 1}$ 为半径的球面方程.

当 $k = 1$ 时,轨迹是平面 $x = \frac{a}{2}$.

12. 切于两直线 $y = mx, z = c; y = -mx, z = -c$ 的球面,其中心在二次曲面 $mxy + cz(1 + m^2) = 0$ 上,试证之.

[证] 设球面中心为 (α, β, γ),它到两直线的距离相等,所以由式 (3.1) 有

$$\alpha^2 + \beta^2 + (\gamma - c)^2 - \frac{(\alpha + m\beta)^2}{1 + m^2} =$$

$$\alpha^2 + \beta^2 + (\gamma + c)^2 - \frac{(\alpha - m\beta)^2}{1 + m^2}$$

即

$$m\alpha\beta + c\gamma(1 + m^2) = 0$$

所以,球面中心在二次曲面

$$mxy + cz(1 + m^2) = 0$$

上.

13. 半径为 r 的球面通过原点,且与坐标轴交于点 A, B, C,证明:$\triangle ABC$ 的重心在一定球面上.

[证]　设半径为 r,且过原点的球面方程为

$$x^2 + y^2 + z^2 + 2A'x + 2B'y + 2C'z = 0 \tag{1}$$

则

$$A'^2 + B'^2 + C'^2 = r^2 \tag{2}$$

式(1)与各坐标轴交点的坐标为

$$A(-2A', 0, 0), B(0, -2B', 0), C(0, 0, -2C')$$

所以,若设 $\triangle ABC$ 的重心为 (x_1, y_1, z_1) 时,则

$$x_1 = -\frac{2}{3}A', y_1 = -\frac{2}{3}B', z_1 = -\frac{2}{3}C'$$

根据关系式(2),重心坐标满足下面关系

$$\frac{9}{4}(x_1^2 + y_1^2 + z_1^2) = k^2$$

所以重心在球面

$$9(x^2 + y^2 + z^2) = 4k^2$$

上.

14. 一个球面通过原点,与坐标轴交于点 A, B, C,当四面体 $OABC$ 的体积为定值时,求球面中心的轨迹.

[解]　设所求的中心为 (α, β, γ),因为过原点,球面方程可设为

$$x^2 + y^2 + z^2 - 2\alpha x - 2\beta y - 2\gamma z = 0$$

它与各坐标轴的交点 A, B, C 的坐标为

$$A(2\alpha, 0, 0), B(0, 2\beta, 0), C(0, 0, 2\gamma)$$

设四面体 $OABC$ 的体积为定值 k^2,则有下面关系

$$\pm \begin{vmatrix} 2\alpha & 0 & 0 \\ 0 & 2\beta & 0 \\ 0 & 0 & 2\gamma \end{vmatrix} = 6k^2$$

即

$$\alpha\beta\gamma = \pm\frac{3}{4}k^2$$

所以,所求的轨迹方程为 $xyz = \pm\frac{3}{4}k^2$.

15. 点 P 是已知直线上的动点, A,B,C 是点 P 在三轴上的投影, 通过原点 O 及点 A,B,C 各点作球面, 则这些球面总含有一定圆, 试证之.

[证] 设已知直线为 $\dfrac{x-a}{l}=\dfrac{y-b}{m}=\dfrac{z-c}{n}$, 设此直线上的动点为 $P(x',$ $y',z')$, 则点 P 在三轴上的投影点 A,B,C 的坐标分别为 $(x',0,0)$, $(0,y',0)$, $(0,0,z')$, 所以通过 O,A,B,C 四点的球面方程为

$$x^2+y^2+z^2-xx'-yy'-zz'=0 \tag{1}$$

因点 $P(x',y',z')$ 在已知直线上, 所以有

$$\frac{x'-a}{l}=\frac{y'-b}{m}=\frac{z'-c}{n} \tag{2}$$

将式(2)化为参数式, 代入式(1)则得

$$x^2+y^2+z^2-x(a+\lambda l)-y(b+\lambda m)-z(c+\lambda n)=0$$

即

$$x^2+y^2+z^2-ax-by-cz-\lambda(lx+my+nz)=0 \tag{3}$$

式(3)表示通过 $x^2+y^2+z^2-ax-by-cz=0, lx+my+nz=0$ 的交线的球面, 即此球面族含有一个定圆.

16. 一平面通过定点 (a,b,c), 且交坐标轴为 A,B,C 三点, 试证通过原点及点 A,B,C 的球面中心轨迹方程为

$$\frac{a}{x}+\frac{b}{y}+\frac{c}{z}=2$$

[证] 设通过定点 (a,b,c) 的平面方程为

$$(x-a)+m(y-b)+n(z-c)=0$$

此时与坐标轴的交点 A,B,C 坐标分别为

$$(a+mb+nc,0,0),\left(0,\frac{a+mb+nc}{m},0\right),\left(0,0,\frac{a+mb+nc}{n}\right)$$

通过原点的球面方程设为

$$x^2+y^2+z^2+px+qy+rz=0$$

因通过点 A, 有

$$p=-(a+mb+nc)$$

同样, 因通过 B,C 两点, 有

$$q=-\frac{a+mb+nc}{m},r=-\frac{a+mb+nc}{n}$$

故球面方程为

$$x^2+y^2+z^2-(a+mb+nc)x-\frac{a+mb+nc}{m}y-\frac{a+mb+nc}{n}z=0$$

所以球面中心坐标为

$$x = \frac{a + mb + nc}{2}, y = \frac{a + mb + nc}{2m}, z = \frac{a + mb + nc}{2n}$$

消去 m,n,则得

$$\frac{a}{x} + \frac{b}{y} + \frac{c}{z} = 2$$

5.2　有心二次曲面

提　　要

Ⅰ　有心二次曲面方程的标准形

（1）椭球面

$$\frac{x^2}{a^2} + \frac{y^2}{b^2} + \frac{z^2}{c^2} = 1 \tag{2.1}$$

（2）单叶双曲面

$$\frac{x^2}{a^2} + \frac{y^2}{b^2} - \frac{z^2}{c^2} = 1 \tag{2.2}$$

（3）双叶双曲面

$$\frac{x^2}{a^2} + \frac{y^2}{b^2} - \frac{z^2}{c^2} = -1 \tag{2.3}$$

221

有心二次曲面方程,一般记成

$$Ax^2 + By^2 + Cz^2 = 1 \tag{2.4}$$

Ⅱ　在二次曲面 $Ax^2 + By^2 + Cz^2 = 1$ 上的点 (x_1, y_1, z_1) 处的切平面方程是

$$Ax_1 x + By_1 y + Cz_1 z = 1 \tag{2.5}$$

Ⅲ　在二次曲面 $Ax^2 + By^2 + Cz^2 = 1$ 上的点 (x_1, y_1, z_1) 处的法线方程是

$$\frac{x - x_1}{Ax_1} = \frac{y - y_1}{By_1} = \frac{z - z_1}{Cz_1} \tag{2.6}$$

Ⅳ　点 (x_1, y_1, z_1) 关于二次曲面 $Ax^2 + By^2 + Cz^2 = 1$ 的极平面方程是

$$Ax_1 x + By_1 y + Cz_1 z = 1 \tag{2.7}$$

Ⅴ　以点 (x_1, y_1, z_1) 为截口中心的平面方程是

$$A(x - x_1)x_1 + B(y - y_1)y_1 + C(z - z_1)z_1 = 0 \qquad (2.8)$$

Ⅵ　二次曲面 $Ax^2 + By^2 + Cz^2 = 1$ 的径面方程是

$$Alx + Bmy + Cnz = 0 \qquad (2.9)$$

其中 l, m, n 是平行弦的方向余弦.

Ⅶ　单叶双曲面 $\dfrac{x^2}{a^2} + \dfrac{y^2}{b^2} - \dfrac{z^2}{c^2} = 1$ 有两组直母线, 其方程是

$$
\begin{cases}
\dfrac{x}{a} + \dfrac{z}{c} = \lambda\left(1 + \dfrac{y}{b}\right) \\[2mm]
\dfrac{x}{a} - \dfrac{z}{c} = \dfrac{1}{\lambda}\left(1 - \dfrac{y}{b}\right)
\end{cases}
\qquad (2.10)
$$

和

$$
\begin{cases}
\dfrac{x}{a} - \dfrac{z}{c} = \mu\left(1 + \dfrac{y}{b}\right) \\[2mm]
\dfrac{x}{a} + \dfrac{z}{c} = \dfrac{1}{\mu}\left(1 - \dfrac{y}{b}\right)
\end{cases}
\qquad (2.11)
$$

222

习　　题

1.(1) 通过不在二次曲面 $Ax^2 + By^2 + Cz^2 = 1$ 上的点 P, 引两个定方向的直线, 若与曲面的交点分别为 $Q, R; Q', R'$, 则不管 P 的位置如何, $(PQ \cdot PR):(PQ' \cdot PR')$ 为一定值.

(2) 通过一点 P 的任意割线为 PQR, 如果引和它平行的半径 OS, 则 $(PQ \cdot PR):OS^2$ 为一定值.

[证] (1) 设两个定方向的方向余弦为 (l, m, n), (l', m', n'), 通过任意点 (x_1, y_1, z_1), 方向余弦为 (l, m, n) 的直线为 $x = x_1 + rl, y = y_1 + rm, z = z_1 + rn$. 对应于和曲面的交点, 有方程

$$(Al^2 + Bm^2 + Cn^2)r^2 + 2(Ax_1l + By_1m + Cz_1n)r +$$
$$(Ax_1^2 + By_1^2 + Cz_1^2 - 1) = 0 \qquad (*)$$

此方程的两个根是具有符号的 PQ, PR 长, 所以

$$PQ \cdot PR = \frac{Ax_1^2 + By_1^2 + Cz_1^2 - 1}{Al^2 + Bm^2 + Cn^2}$$

同样

$$PQ' \cdot PR' = \frac{Ax_1^2 + By_1^2 + Cz_1^2 - 1}{Al'^2 + Bm'^2 + Cn'^2}$$

所以 $(PQ \cdot PR) : (PQ' \cdot PR') = (Al'^2 + Bm'^2 + Cn'^2) : (Al^2 + Bm^2 + Cn^2) =$ 定值.

（2）通过点 P 引两条割线 PQR 和 $PQ'R'$，以及分别平行于两条割线之一的直径 $S_1 OS , S'_1 OS'$，根据问题（1），有

$$(PQ \cdot PR) : (PQ' \cdot PR') = (OS \cdot OS_1) : (OS' \cdot OS'_1) = OS^2 : OS'^2$$

所以

$$(PQ \cdot PR) : OS^2 = (PQ' \cdot PR') : OS'^2$$

2. $Ax^2 + By^2 + Cz^2 = 1$ 为已知有心二次曲面，点 P 为其上一点，若点 P 处的法线和三个坐标面分别交于 N_1 , N_2 , N_3 各点，则 $PN_1 : PN_2 : PN_3$ 为一定值，试证明之.

［证］　点 $P(x_1 , y_1 , z_1)$ 处的切平面方程为

$$Ax_1 x + By_1 y + Cz_1 z = 1$$

所以，法线的方向数为 (Ax_1 , By_1 , Cz_1)，法线的方程为

$$x - x_1 = Ax_1 t , y - y_1 = By_1 t , z - z_1 = Cz_1 t$$

t 为参数，因而

$$(x - x_1)^2 + (y - y_1)^2 + (z - z_1)^2 = (A^2 x_1^2 + B^2 y_1^2 + C^2 z_1^2) t^2$$

对于法线和平面 yz 的交点 N_1，因 $x = 0$，有

$$- x_1 = Ax_1 t$$

所以

$$t = -\frac{1}{A}$$

因此

$$PN_1^2 = \frac{A^2 x_1^2 + B^2 y_1^2 + C^2 z_1^2}{A^2}$$

同样

$$PN_2^2 = \frac{A^2 x_1^2 + B^2 y_1^2 + C^2 z_1^2}{B^2}$$

$$PN_3^2 = \frac{A^2 x_1^2 + B^2 y_1^2 + C^2 z_1^2}{C^2}$$

所以

$$PN_1 : PN_2 : PN_3 = \frac{1}{|A|} : \frac{1}{|B|} : \frac{1}{|C|}$$

3. 已知通过曲面 $Ax^2 + By^2 + Cz^2 = 1$ 的中心，且有方向 (l, m, n) 的直线 L，则此直线上点的极平面平行于此方向的径面，试证之.

［证］　设直线 L 上任意点的坐标为 $(l\lambda , m\lambda , n\lambda)$，此点关于二次曲面的极平面方程为

$$Al\lambda x + Bm\lambda y + Cn\lambda z = 1$$

λ 应不等于 0,因此,有

$$Alx + Bmy + Cnz = \frac{1}{\lambda}$$

二次曲面对应于方向 (l,m,n) 的径面方程为

$$Alx + Bmy + Cnz = 0$$

所以上面的极平面总与此径面平行.

4.求通过点 $(2,3,-4)$,$\left(2,-1,\dfrac{4}{3}\right)$ 的单叶双曲面 $\dfrac{x^2}{4} + \dfrac{y^2}{9} - \dfrac{z^2}{16} = 1$ 的母线方程.

〔解〕 从公式(2.10)可见,题设单叶双曲面的两组直母线为

$$\begin{cases} \dfrac{x}{2} + \dfrac{z}{4} = \lambda\left(1 + \dfrac{y}{3}\right) \\ \dfrac{x}{2} - \dfrac{z}{4} = \dfrac{1}{\lambda}\left(1 - \dfrac{y}{3}\right) \end{cases} \tag{1}$$

$$\begin{cases} \dfrac{x}{2} - \dfrac{z}{4} = \mu\left(1 + \dfrac{y}{3}\right) \\ \dfrac{x}{2} + \dfrac{z}{4} = \dfrac{1}{\mu}\left(1 - \dfrac{y}{3}\right) \end{cases} \tag{2}$$

依题意,所求直母线通过点 $(2,3,-4)$,代入(1)(2),得 $\lambda = 0$,$\mu = 1$,故通过点 $(2,3,-4)$ 的一条直母线为

$$2x + z = 0, \quad y = 3$$

另一条直母线为

$$\begin{cases} 6x - 4y - 3z = 12 \\ 6x + 4y + 3z = 12 \end{cases}$$

同理可得通过 $\left(2,-1,\dfrac{4}{3}\right)$ 的两条直母线为

$$\begin{cases} 6x - 8y + 3z = 24 \\ 6x + 2y - 3z = 6 \end{cases}$$

$$\begin{cases} 6x - 4y - 3z = 12 \\ 6x + 4y + 3z = 12 \end{cases}$$

5.求单叶双曲面 $\dfrac{x^2}{a^2} + \dfrac{y^2}{b^2} - \dfrac{z^2}{c^2} = 1$ 互相垂直的母线交点的轨迹.

〔解〕 设两组母线为

$$\begin{cases} \dfrac{x}{a} + \dfrac{z}{c} = \lambda\left(1 + \dfrac{y}{b}\right) \\[3mm] \dfrac{x}{a} - \dfrac{z}{c} = \dfrac{1}{\lambda}\left(1 - \dfrac{y}{b}\right) \end{cases} \qquad (1)$$

$$\begin{cases} \dfrac{x}{a} - \dfrac{z}{c} = \mu\left(1 + \dfrac{y}{b}\right) \\[3mm] \dfrac{x}{a} + \dfrac{z}{c} = \dfrac{1}{\mu}\left(1 - \dfrac{y}{b}\right) \end{cases} \qquad (2)$$

由上式可求出其方向余弦如下

$$\frac{l}{a(\lambda^2 - 1)} = \frac{m}{2b\lambda} = \frac{n}{c(\lambda^2 + 1)}$$

$$\frac{l}{a(\mu^2 - 1)} = \frac{m}{2b\mu} = \frac{n}{-c(\mu^2 - 1)}$$

所以,垂直时有

$$a^2(\lambda^2 - 1)(\mu^2 - 1) + 4b^2\lambda\mu - c^2(\lambda^2 + 1)(\mu^2 + 1) = 0$$

或

$$a^2(\lambda + \mu)^2 + b^2(1 - \lambda\mu)^2 + c^2(\lambda - \mu)^2 = (a^2 + b^2 - c^2)(1 + \lambda\mu)^2$$

两母线的交点[①]$\left(\dfrac{a(\lambda + \mu)}{1 + \lambda\mu}, \dfrac{b(1 - \lambda\mu)}{1 + \lambda\mu}, \dfrac{c(\lambda - \mu)}{1 + \lambda\mu}\right)$ 在球面 $x^2 + y^2 + z^2 = a^2 + b^2 - c^2$ 上,所以,所求的轨迹是双曲面和球面的交线.

6. 试证:曲面 $Ax^2 + By^2 + Cz^2 = 1$(或者 $Ax^2 + By^2 + Cz^2 = 0$)的截痕中心是满足于平面

$$Ax_1(x - x_1) + By_1(y - y_1) + Cz_1(z - z_1) = 0$$

的点,并求平面 $lx + my + nz = p$ 与曲面截痕的中心坐标.

[证] 设通过点 (x_1, y_1, z_1) 的直线方程为

$$x = x_1 + r\lambda, y = y_1 + r\mu, z = z_1 + r\nu$$

(r 是参数). 若考虑它与曲面的交点,则有

$$(A\lambda^2 + B\mu^2 + C\nu^2)r^2 + 2(Ax_1\lambda + By_1\mu + Cz_1\nu)r + (Ax_1^2 + By_1^2 + Cz_1^2 - 1) = 0$$

为使点 (x_1, y_1, z_1) 是交点连线的中点,要求此方程两根之和为 0,即 λ, μ, ν 应满足

$$Ax_1\lambda + By_1\mu + Cz_1\nu = 0$$

225

---

① 从式(1)(2)可解得两直线的交点坐标.

用 $\lambda = \dfrac{x-x_1}{r}, \mu = \dfrac{y-y_1}{r}, \nu = \dfrac{z-z_1}{r}$ 代入，则有

$$Ax_1(x-x_1) + By_1(y-y_1) + Cz_1(z-z_1) = 0$$

这表示平面，且通过点 (x_1, y_1, z_1) 的直线与曲面交于两点，它们关于点 (x_1, y_1, z_1) 对称。比较方程 $Ax_1x + By_1y + Cz_1z = Ax_1^2 + By_1^2 + Cz_1^2$ 与 $lx + my + nz = p$，则得 $\dfrac{Ax_1}{l} = \dfrac{By_1}{m} = \dfrac{Cz_1}{n}$，所以 $x_1 = \dfrac{l}{A}t, y_1 = \dfrac{m}{B}t, z_1 = \dfrac{n}{C}t$，代入 $lx + my + nz = p$，则得

$$t = \frac{p}{\dfrac{l^2}{A} + \dfrac{m^2}{B} + \dfrac{n^2}{C}}$$

所求的中心坐标为

$$x_1 = \frac{lp}{A\left(\dfrac{l^2}{A} + \dfrac{m^2}{B} + \dfrac{n^2}{C}\right)}$$

$$y_1 = \frac{mp}{B\left(\dfrac{l^2}{A} + \dfrac{m^2}{B} + \dfrac{n^2}{C}\right)}$$

$$z_1 = \frac{np}{C\left(\dfrac{l^2}{A} + \dfrac{m^2}{B} + \dfrac{n^2}{C}\right)}$$

7. 求平面 $lx + my + nz - p = 0$ 截椭圆面

$$\frac{x^2}{a^2} + \frac{y^2}{b^2} + \frac{z^2}{c^2} = 1$$

截痕的中心坐标.

[解] 设点 (x_1, y_1, z_1) 为截痕中心，根据习题 6，平面方程为

$$\frac{x_1(x-x_1)}{a^2} + \frac{y_1(y-y_1)}{b^2} + \frac{z_1(z-z_1)}{c^2} = 0$$

此平面与平面 $lx + my + nz - p = 0$ 为同一平面时，应有

$$\frac{x_1}{a^2 l} = \frac{y_1}{b^2 m} = \frac{z_1}{c^2 n} = \frac{\dfrac{x_1^2}{a^2} + \dfrac{y_1^2}{b^2} + \dfrac{z_1^2}{c^2}}{p}$$

或

$$\frac{x_1}{a^2 l} = \frac{y_1}{b^2 m} = \frac{z_1}{c^2 n} = \frac{lx_1 + my_1 + nz_1}{a^2 l^2 + b^2 m^2 + c^2 n^2} = \frac{p}{a^2 l^2 + b^2 m^2 + c^2 n^2}$$

故所求坐标为

226

$$\left(\frac{a^2 lp}{a^2 l^2 + b^2 m^2 + c^2 n^2}, \frac{b^2 mp}{a^2 l^2 + b^2 m^2 + c^2 n^2}, \frac{c^2 np}{a^2 l^2 + b^2 m^2 + c^2 n^2}\right)$$

8.有心二次曲面

$$Ax^2 + By^2 + Cz^2 = 1 \tag{1}$$

被平面

$$lx + my + nz = 0 \tag{2}$$

所截,若设其截痕椭圆主轴长的一半为 r,则 r 是下面方程的根

$$\frac{l^2}{Ar^2 - 1} + \frac{m^2}{Br^2 - 1} + \frac{n^2}{Cr^2 - 1} = 0$$

［解］　设主轴的端点为 $P(x, y, z)$,在点 P 截痕椭圆的切线为 PT,则 $PT \perp OP$,因而 OP, PT 及平面的法线互相垂直.有心二次曲面的法线向量是 (Ax, By, Cz),垂直于 PT.因为 OP 向量 (x, y, z)、平面的法线向量 (l, m, n) 及向量 (Ax, By, Cz) 在同一平面上,所以存在适当的数 λ, μ,使

$$x + \lambda l + \mu Ax = 0, y + \lambda m + \mu By = 0, z + \lambda n + \mu Cz = 0$$

成立,对上面三式分别乘以 x, y, z 且相加得

$$(x^2 + y^2 + z^2) + \lambda(lx + my + nz) + \mu(Ax^2 + By^2 + Cz^2) = 0$$

因为 $x^2 + y^2 + z^2 = r^2$,(x, y, z) 在式(1)(2) 上,所以 $r^2 + \mu = 0$,把 $\mu = -r^2$ 代入上面关系式,则有

$$\lambda l = (Ar^2 - 1)x$$

所以

$$x = \lambda \frac{l}{Ar^2 - 1}$$

同样

$$y = \lambda \frac{m}{Br^2 - 1}, z = \lambda \frac{n}{Cr^2 - 1}$$

因为 $lx + my + nz = 0$,所以得

$$\frac{l^2}{Ar^2 - 1} + \frac{m^2}{Br^2 - 1} + \frac{n^2}{Cr^2 - 1} = 0$$

特别是对于椭球面来说,$A = \frac{1}{a^2}, B = \frac{1}{b^2}, C = \frac{1}{c^2}$,上式可写为

$$\frac{a^2 l^2}{r^2 - a^2} + \frac{b^2 m^2}{r^2 - b^2} + \frac{c^2 n^2}{r^2 - c^2} = 0$$

9.证明:平面 $lx + my + nz = 0$ 与椭圆面

$$\frac{x^2}{a^2} + \frac{y^2}{b^2} + \frac{z^2}{c^2} = 1$$

的截痕面积为 $\dfrac{\pi abc}{p}$，其中 p 是从截痕的椭圆中心向平行于已知平面的切平面所引的垂线长.

[证] 设截痕椭圆的两轴长分别为 $2r_1,2r_2$，根据前题 r_1,r_2 是下面方程的根

$$\frac{a^2l^2}{r^2-a^2}+\frac{b^2m^2}{r^2-b^2}+\frac{c^2n^2}{r^2-c^2}=0$$

或者

$$r^4(a^2l^2+b^2m^2+c^2n^2)-r^2\{a^2(b^2+c^2)l^2+$$
$$b^2(c^2+a^2)m^2+c^2(a^2+b^2)n^2\}+a^2b^2c^2=0$$

所以

$$r_1^2r_2^2=\frac{a^2b^2c^2}{a^2l^2+b^2m^2+c^2n^2}=\frac{a^2b^2c^2}{p^2}$$

由椭圆面积公式[①] $\pi r_1r_2(r_1,r_2$ 为半径)，得截痕面积为 $\dfrac{abc}{p}\pi$.

10. 若通过椭球面中心有互相垂直的三个平面，其截痕椭圆面积分别为 S_1,S_2,S_3，则

$$\frac{1}{S_1^2}+\frac{1}{S_2^2}+\frac{1}{S_3^2}$$

为定值，试证明之.

[证] 设互相垂直的三个平面的法线方程为

$$l_ix+m_iy+n_iz=0 \quad (i=1,2,3)$$

则

$$S_i=\frac{\pi abc}{\sqrt{a^2l_i^2+b^2m_i^2+c^2n_i^2}}$$

所以

$$\frac{1}{S_i^2}=\frac{1}{\pi^2a^2b^2c^2}(a^2l_i^2+b^2m_i^2+c^2n_i^2)$$

因为矩阵 (l_i,m_i,n_i) 是正交的，所以

$$l_1^2+l_2^2+l_3^2=m_1^2+m_2^2+m_3^2=n_1^2+n_2^2+n_3^2=1$$

因而 $\dfrac{1}{S_1^2}+\dfrac{1}{S_2^2}+\dfrac{1}{S_3^2}=\dfrac{1}{\pi^2a^2b^2c^2}(a^2+b^2+c^2)$(定值).

11. 求二次曲面 $Ax^2+By^2+Cz^2=1$ 与平面 $lx+my+nz=p$ 的截痕中心

---

① 椭圆的面积 $=\pi ab$ 的证明，见《高等数学》定积分一章.

228

坐标及轴长.

　[解] 设通过点 (α,β,γ) 的直线方程为

$$\frac{x-\alpha}{\lambda}=\frac{y-\beta}{\mu}=\frac{z-\gamma}{\nu}=r \tag{1}$$

式 (1) 与曲面的交点和点 (α,β,γ) 的距离是方程

$$r^2(A\lambda^2+B\mu^2+C\nu^2)+2r(A\alpha\lambda+B\mu\beta+C\gamma\nu)+A\alpha^2+B\beta^2+C\gamma^2-1=0 \tag{2}$$

的根. 所以点 (α,β,γ) 是中心时, 有

$$A\alpha\lambda+B\beta\mu+C\gamma\nu=0 \tag{3}$$

又当式 (1) 在平面 $lx+my+nz=p$ 上时, 有

$$l\lambda+m\mu+n\nu=0 \tag{4}$$

$$l\alpha+m\beta+n\gamma=p \tag{5}$$

由式 (3)(4)(5) 有

$$\frac{\alpha}{\dfrac{l}{A}}=\frac{\beta}{\dfrac{m}{B}}=\frac{\gamma}{\dfrac{n}{C}}=\frac{p}{\dfrac{l^2}{A}+\dfrac{m^2}{B}+\dfrac{n^2}{C}} \tag{6}$$

由此得到 α,β,γ 的值, 代入式 (2) 得

$$r^2(A\lambda^2+B\mu^2+C\nu^2)=1-\frac{p^2}{\dfrac{l^2}{A}+\dfrac{m^2}{B}+\dfrac{n^2}{C}}(\equiv k^2)$$

所以

$$r^2=\frac{k^2}{A\lambda^2+B\mu^2+C\nu^2} \tag{7}$$

过二次曲面的中心且平行于式 (1) 的直线为

$$\frac{x}{\lambda}=\frac{y}{\mu}=\frac{z}{\nu}=r_1$$

与曲面的交点和中心的距离是方程

$$r_1^2(A\lambda^2+B\mu^2+C\nu^2)=1$$

的根, 所以

$$r_1^2=\frac{1}{A\lambda^2+B\mu^2+C\nu^2} \tag{8}$$

比较式 (7)(8) 得

$$r^2=k^2r_1^2=r_1^2\left(1-\frac{p^2}{\dfrac{l^2}{A}+\dfrac{m^2}{B}+\dfrac{n^2}{C}}\right)$$

所以若设平面 $lx+my+nz=p$ 和曲面 $Ax^2+By^2+Cz^2=1$ 的截痕轴长为 r，则有

$$\frac{l^2}{\dfrac{Ar^2}{k^2}-1}+\frac{m^2}{\dfrac{Br^2}{k^2}-1}+\frac{n^2}{\dfrac{Cr^2}{k^2}-1}=0$$

其中

$$k^2=1-\frac{p^2}{\dfrac{l^2}{A}+\dfrac{m^2}{B}+\dfrac{n^2}{C}}$$

12. 求平面 $lx+my+nz=p$ 与二次曲面 $Ax^2+By^2+Cz^2=1$ 相切的条件.

〔解〕 设切点坐标为 (x_1,y_1,z_1)，则有

$$Ax_1x+By_1y+Cz_1z=1$$

和

$$lx+my+nz=p$$

应表示同一平面，所以有

$$x_1=\frac{l}{Ap}, y_1=\frac{m}{Bp}, z_1=\frac{n}{Cp}$$

而点 (x_1,y_1,z_1) 在二次曲面上，所以

$$\frac{l^2}{Ap^2}+\frac{m^2}{Bp^2}+\frac{n^2}{Cp^2}=1$$

即

$$\frac{l^2}{A}+\frac{m^2}{B}+\frac{n^2}{C}=p^2$$

这就是所求的条件.

13. 求过直线 $x+9y-3z=0, 3x-3y+6z-5=0$ 且与曲面 $2x^2-6y^2+3z^2=5$ 相切的平面方程.

〔解〕 设所求平面为

$$x+9y-3z+\lambda(3x-3y+6z-5)=0$$

即

$$(1+3\lambda)x+(9-3\lambda)y-(3-6\lambda)z-5\lambda=0 \qquad (*)$$

因为它与已知曲面相切，根据前题有

$$\frac{5(1+3\lambda)^2}{2}-\frac{5(9-3\lambda)^2}{6}+\frac{5(3-6\lambda)^2}{3}=25\lambda^2$$

所以 $\lambda=1$ 和 $\lambda=-1$. 把值代入式 $(*)$ 得所求方程为

$$4x+6y+3z=5 \text{ 及 } 2x-12y+9z=5$$

14. 椭球面 $\dfrac{x^2}{a^2}+\dfrac{y^2}{b^2}+\dfrac{z^2}{c^2}=1$ 的三个互相垂直的切平面交点轨迹是球面 x^2+

$y^2 + z^2 = a^2 + b^2 + c^2$,试证明之.

［证］ 在椭球面上的点 (x_1, y_1, z_1) 处的切平面为

$$\frac{x_1 x}{a^2} + \frac{y_1 y}{b^2} + \frac{z_1 z}{c^2} = 1$$

若设切平面的法线方向余弦为 (l, m, n),而切平面方程可写成 $\lambda(l_1 x + m_1 y + n_1 z) = 1$,这里

$$\frac{x_1}{a^2} = \lambda l_1, \frac{y_1}{b^2} = \lambda m_1, \frac{z_1}{c^2} = \lambda n_1$$

所以 $\qquad\qquad x_1 = \lambda a^2 l_1, y_1 = \lambda b^2 m_1, z_1 = \lambda c^2 n_1$

因为 (x_1, y_1, z_1) 是椭球面上的点,所以有 $\lambda^2(a^2 l_1^2 + b^2 m_1^2 + c^2 n_1^2) = 1$,因而对于切平面上的点,关系式

$$(l_1 x + m_1 y + n_1 z)^2 = a^2 l_1^2 + b^2 m_1^2 + c^2 n_1^2 \qquad\qquad （*）$$

成立.以三个互相垂直的向量 (l_1, m_1, n_1), (l_2, m_2, n_2), (l_3, m_3, n_3) 为法线方向的切平面.对应其交点,和上面式(*)一起,有

$$(l_2 x + m_2 y + n_2 z)^2 = a^2 l_2^2 + b^2 m_2^2 + c^2 n_2^2$$
$$(l_3 x + m_3 y + n_3 z)^2 = a^2 l_3^2 + b^2 m_3^2 + c^2 n_3^2$$

将三式相加,由矩阵

$$\begin{pmatrix} l_1 & m_1 & n_1 \\ l_2 & m_2 & n_2 \\ l_3 & m_3 & n_3 \end{pmatrix}$$

的正交性,有 $x^2 + y^2 + z^2 = a^2 + b^2 + c^2$,即轨迹是此式表示的球面.

15.求平行于定直线且切于二次曲面 $Ax^2 + By^2 + Cz^2 = 1$ 的直线的轨迹.

［解］ 设定直线为 $\frac{x}{l} = \frac{y}{m} = \frac{z}{n}$,通过点 (α, β, γ) 且平行于定直线的直线为

$$\frac{x - \alpha}{l} = \frac{y - \beta}{m} = \frac{z - \gamma}{n}$$

由前面习题,有下面关系时直线切于曲面

$$(Al^2 + Bm^2 + Cn^2)(A\alpha^2 + B\beta^2 + C\gamma^2 - 1) = (Al\alpha + Bm\beta + Cn\gamma)^2$$

所以切线上的点 (α, β, γ) 的轨迹方程为

$$(Al^2 + Bm^2 + Cn^2)(Ax^2 + By^2 + Cz^2 - 1) = (Alx + Bmy + Cnz)^2$$

注:这个曲面叫作外切柱面.

16.已知二次曲面 $Ax^2 + By^2 + Cz^2 = 1$,$P(x_1, y_1, z_1)$ 为其上任意一点,求通过点 P 的弦的中点轨迹.

［解］ 设通过点 (x_1,y_1,z_1) 的直线为

$$x = x_1 + lr, y = y_1 + mr, z = z_1 + nr$$

对于它与二次曲面的交点,有

$$(Al^2 + Bm^2 + Cn^2)r + (Ax_1l + By_1m + Cz_1z) = 0$$

这个式子乘 r,且取 $lr = x - x_1, mr = y - y_1, nr = z - z_1$,则有

$$A(x - x_1)^2 + B(y - y_1)^2 + C(z - z_1)^2 +$$
$$Ax_1(x - x_1) + By_1(y - y_1) + Cz_1(z - z_1) = 0$$

所以 $\qquad Ax(x - x_1) + By(y - y_1) + Cz(z - z_1) = 0$

中点的轨迹是此方程表示的二次曲面,或者是其一部分.

17. 有一直线,其上有三个定点 A,B,C,当直线移动时,点 A,B,C 分别在互相垂直的三个定平面上,P 为直线上的另一定点,试求点 P 的轨迹.

［解］ 取三个定平面为坐标面,设直线的方向余弦为 (l,m,n),$PA = a$,$PB = b$,$PC = c$,设点 P 的坐标为 (x,y,z),因 A,B,C 三点分别在面 yz,面 zx,面 xy 上,所以

232

$$x + al = 0, y + bm = 0, z + cn = 0$$

所以 $\qquad l = -\dfrac{x}{a}, m = -\dfrac{y}{b}, n = -\dfrac{z}{c}$

由 $l^2 + m^2 + n^2 = 1$ 得

$$\frac{x^2}{a^2} + \frac{y^2}{b^2} + \frac{z^2}{c^2} = 1$$

所求轨迹是以三个已知平面为主平面的椭球面.

18. 已知空间内不相交的两直线,求到两直线距离平方之和为定值的点的轨迹.

［解］ (1) 两直线不平行的情形.

设两直线的公垂线为 AA',其中点为 O,两直线夹角为 2θ;又设 O 为直角坐标的原点,直线 $A'OA$ 为 z 轴,选与两直线各自成角 θ 的方向为 x 轴,设 $A(0,0,a)$,$A'(0,0,-a)$,两直线的方程分别为

$$z = a, x\sin\theta - y\cos\theta = 0$$

及

$$z = -a, x\sin\theta + y\cos\theta = 0$$

用三垂线定理,求空间内任意点 $P(x,y,z)$ 和两直线的距离.从点 P 向平面 $z = a$ 引垂线,垂足为 $Q(x,y,a)$,则 $PQ = |z - a|$.在平面 $z = a$ 上,从点 Q 向第一个直线引垂线 QH,则 $QH = |x\sin\theta - y\cos\theta|$,这时,$PH$ 是直线的垂线,且

$\angle PQH =$ 直角. 因而

$$PH^2 = (x\sin\theta - y\cos\theta)^2 + (z-a)^2$$

对于从点 P 向第二条直线引的垂线 PH', 类似地有

$$PH'^2 = (x\sin\theta + y\cos\theta)^2 + (z+a)^2$$

所以　　　　$PH^2 + PH'^2 = 2(x^2\sin^2\theta + y^2\cos^2\theta + z^2 + a^2)$

因此, 到两直线距离的平方和为定值 $2k$ 的点的轨迹方程为

$$x^2\sin^2\theta + y^2\cos^2\theta + z^2 = k - a^2$$

即 $k > a^2$ 时, 轨迹是以两直线的公垂线中点为中心的椭球面.

（2）两直线平行的情形.

设从任意点 P 向两直线引的垂线为 PH, PH', 则点 P, H, H' 在垂直于两直线的平面上, 在此平面上到两点 H, H' 距离平方为定值的点的轨迹是以 HH' 中点为中心的圆, 因此到两直线距离平方和为定值点的轨迹是圆柱, 其轴是和两直线在同一平面内, 且到两直线为等距离的直线.

19. 在空间内有不相交的两条定直线, 通过这两条定直线分别作互相垂直的两平面时, 其交线轨迹是单叶双曲面, 试证明之. 若两定直线相交或平行时, 情况如何？

［解］　设两条定直线夹角为 2α, 公垂线长为 $2d$. 取公垂线为 z 轴, 其中点为原点, 两直线夹角的平分线为 x 轴, y 轴, 则两定直线方程分别为

$$\frac{x}{\cos\alpha} = \frac{y}{\sin\alpha} = \frac{z-d}{0} \tag{1}$$

$$\frac{x}{\cos\alpha} = \frac{y}{-\sin\alpha} = \frac{z+d}{0} \tag{2}$$

设含有式（1）（2）的平面为

$$ax + by + c(z-d) = 0 \tag{3}$$

$$a'x + b'y + c'(z+d) = 0 \tag{4}$$

这时, 有

$$a\cos\alpha + b\sin\alpha = 0 \tag{5}$$

$$a'\cos\alpha - b'\sin\alpha = 0 \tag{6}$$

由假定, 式（3）（4）两平面互相垂直, 所以有

$$aa' + bb' + cc' = 0 \tag{7}$$

由式（3）（4）（5）（6）（7）消去 a, b, c, a', b', c' 得

$$y^2\cos^2\alpha + z^2\cos^2 2\alpha - x^2\sin^2\alpha = d^2\cos 2\alpha$$

对于 $\cos 2\alpha$ 的正值或负值, 此式总表示单叶双曲面.

233

若两条定直线相交,即 $d=0$,则得

$$y^2\cos^2\alpha + z^2\cos^2\alpha - x^2\sin^2\alpha = 0$$

是一锥面.

若两条直线平行,即 $\alpha = 0$,则有

$$y^2 + z^2 = d^2$$

是一柱面.

20.求与原点为定距离的平面截椭球面所得截痕的中心轨迹.

[解] 设椭球面方程为 $\dfrac{x^2}{a^2} + \dfrac{y^2}{b^2} + \dfrac{z^2}{c^2} = 1$,与原点的距离是 p 的平面为 $lx + my + nz - p = 0 (l, m, n$ 是方向余弦),根据前面习题11,得中心坐标

$$x = \frac{a^2 lp}{a^2 l^2 + b^2 m^2 + c^2 n^2}$$

$$y = \frac{b^2 mp}{a^2 l^2 + b^2 m^2 + c^2 n^2}$$

$$z = \frac{c^2 np}{a^2 l^2 + b^2 m^2 + c^2 n^2}$$

234

由这三式消去 l, m, n,则得

$$p^2\left(\frac{x^2}{a^4} + \frac{y^2}{b^4} + \frac{z^2}{c^4}\right) = \left(\frac{x^2}{a^2} + \frac{y^2}{b^2} + \frac{z^2}{c^2}\right)^2$$

这就是所求的轨迹,是四次曲面.

21.由点 $P(x_1, y_1, z_1)$ 引曲面 $Ax^2 + By^2 + Cz^2 = 1$ 的切线的轨迹是锥面

$$(Ax_1^2 + By_1^2 + Cz_1^2 - 1)(Ax^2 + By^2 + Cz^2 - 1) = (Ax_1 x + By_1 y + Cz_1 z - 1)^2$$

试证之.

[证] 设过点 P 的直线方程为

$$\frac{x - x_1}{l} = \frac{y - y_1}{m} = \frac{z - z_1}{n} \tag{1}$$

式(1)与曲面相切时,问题1的式($*$)有等根,所以有下面关系

$$(Al^2 + Bm^2 + Cn^2)(Ax_1^2 + By_1^2 + Cz_1^2 - 1) = (Alx_1 + Bmy_1 + Cnz_1)^2 \tag{2}$$

由式(1)(2)消去 l, m, n,可知所求的轨迹就是下面的锥面

$$\{A(x - x_1)^2 + B(y - y_1)^2 + C(z - z_1)^2\}\{Ax_1^2 + By_1^2 + Cz_1^2 - 1\} =$$
$$\{Ax_1(x - x_1) + By_1(y - y_1) + Cz_1(z - z_1)\}^2$$

令

$$U = Ax^2 + By^2 + Cz^2 - 1$$

$$V = Ax_1^2 + By_1^2 + Cz_1^2 - 1$$
$$W = Ax_1 x + By_1 y + Cz_1 z - 1$$

这方程为 $(U - 2W + V)V = (W - V)^2$，即 $UV = W^2$，所以，轨迹方程为

$$(Ax^2 + By^2 + Cz^2 - 1)(Ax_1^2 + By_1^2 + Cz_1^2 - 1) = (Ax_1 x + By_1 y + Cz_1 z - 1)^2$$

这是以 P 为顶点的外切锥面.

22. 过点 P 能引曲面 $Ax^2 + By^2 + Cz^2 = 1$ 的互相垂直的三条切线时，求这样的点 P 的轨迹方程.

〔解〕　设点 P 的坐标为 (x_1, y_1, z_1)，由点 P 引的三条切线，是以点 P 为顶点的外切锥面

$$(Ax^2 + By^2 + Cz^2 - 1)(Ax_1^2 + By_1^2 + Cz_1^2 - 1) = (Ax_1 x + By_1 y + Cz_1 z - 1)^2$$

$$(1)$$

的母线. 由 5.4 节习题 6，式(1)有互相垂直的三条母线的条件是 x, y, z 的系数之和为零

$$A(By_1^2 + Cz_1^2 - 1) + B(Ax_1^2 + Cz_1^2 - 1) + C(Ax_1^2 + By_1^2 - 1) = 0$$

或

$$A(B + C)x_1^2 + B(C + A)y_1^2 + C(A + B)z_1^2 = A + B + C$$

所以，轨迹方程为

$$A(B + C)x^2 + B(C + A)y^2 + C(A + B)z^2 = A + B + C$$

5.3　抛　物　面

提　要

Ⅰ　抛物面方程的标准形

(1) 椭圆抛物面

$$\frac{x^2}{a^2} + \frac{y^2}{b^2} = 2z$$

(2) 双曲抛物面

$$\frac{x^2}{a^2} - \frac{y^2}{b^2} = 2z$$

抛物面方程一般可写成

$$Ax^2 + By^2 = 2z$$

Ⅱ　在抛物面 $Ax^2 + By^2 = 2z$ 上的点 (x_1, y_1, z_1) 处的切平面方程是

$$Ax_1 x + By_1 y = z + z_1$$

Ⅲ　点 (x_1, y_1, z_1) 关于抛物面 $Ax^2 + By^2 = 2z$ 的极平面方程是

$$Ax_1 x + By_1 y = z + z_1$$

Ⅳ　在抛物面 $Ax^2 + By^2 = 2z$ 上的点 (x_1, y_1, z_1) 处的法线方程是

$$\frac{x - x_1}{Ax_1} = \frac{y - y_1}{By_1} = \frac{z - z_1}{-1}$$

Ⅴ　抛物面 $Ax^2 + By^2 = 2z$ 的径面方程是

$$Alx + Bmy - n = 0$$

其中 l, m, n 是平行弦的方向余弦.

Ⅵ　双曲抛物面 $\dfrac{x^2}{a^2} - \dfrac{y^2}{b^2} = 2z$ 的母线方程是：

$$(1) \begin{cases} \dfrac{x}{a} - \dfrac{y}{b} = 2\lambda \\ \dfrac{x}{a} + \dfrac{y}{b} = \dfrac{z}{\lambda} \end{cases};$$

$$(2) \begin{cases} \dfrac{x}{a} + \dfrac{y}{b} = 2\mu \\ \dfrac{x}{a} - \dfrac{y}{b} = \dfrac{z}{\mu} \end{cases}.$$

习　　题

1.已知抛物面方程为 $2z = Ax^2 + By^2$，点 (x_1, y_1, z_1) 为其上一点，求通过此点的弦的中点轨迹方程.

〔解〕　设通过点 (x_1, y_1, z_1) 的直线为

$$x = x_1 + lr, y = y_1 + mr, z = z_1 + nr$$

对于此直线和抛物线的交点有

$$(Al^2 + Bm^2)r^2 + 2(Ax_1 l + By_1 m - n)r + (Ax_1^2 + By_1^2 - 2z_1) = 0 \quad (1)$$

因而对于中点有

$$(Al^2 + Bm^2)r + (Ax_1 l + By_1 m - n) = 0 \qquad (2)$$

用 r 乘式(2)由式(1)减去，并用 $(x - x_1), (y - y_1), (z - z_1)$ 代换 lr, mr, nr，则有

$$A(x-x_1)^2 + B(y-y_1)^2 + Ax_1(x-x_1) + By_1(y-y_1) - (z-z_1) = 0$$

所以

$$z - z_1 = Ax(x-x_1) + By(y-y_1) \quad （抛物面）$$

2. 试证：明双曲抛物面的母线平行于两定平面.

［证］　设双曲抛物面方程为 $\dfrac{x^2}{a^2} - \dfrac{y^2}{b^2} = z$，则其母线为

$$\begin{cases} \dfrac{x}{a} - \dfrac{y}{b} = \lambda \\[2mm] \dfrac{x}{a} + \dfrac{y}{b} = \dfrac{z}{\lambda} \end{cases} \tag{1}$$

和

$$\begin{cases} \dfrac{x}{a} + \dfrac{y}{b} = \mu \\[2mm] \dfrac{x}{a} - \dfrac{y}{b} = \dfrac{z}{\mu} \end{cases} \tag{2}$$

母线 (1) 的方向余弦设为 l, m, n，则

$$\frac{l}{a} - \frac{m}{b} = 0, \quad \frac{l}{a} + \frac{m}{b} - \frac{n}{\lambda} = 0$$

所以

$$l : m : n = \frac{a}{2} : \frac{b}{2} : \lambda \tag{3}$$

因为 $l\dfrac{1}{a} - m\dfrac{1}{b} + n\cdot 0 = \dfrac{1}{2} - \dfrac{1}{2} + 0 = 0$，所以此母线与定平面

$$\frac{x}{a} - \frac{y}{b} = 0 \tag{4}$$

平行.

同理，母线 (2) 与定平面 $\dfrac{x}{a} + \dfrac{y}{b} = 0$ 平行.

3. 求平面 $lx + my + nz = p$ 切于抛物面 $Ax^2 + By^2 = 2z$ 的条件.

［解］　设切点为 (x_1, y_1, z_1)，两平面方程

$$Ax_1x + By_1y = z + z_1$$
$$lx + my + nz = p$$

表示同一平面，故应有

$$\frac{Ax_1}{l} = \frac{By_1}{m} = \frac{z_1}{p} = \frac{-1}{n}$$

所以

$$x_1 = \frac{-l}{An}, y_1 = -\frac{m}{Bn}, z_1 = -\frac{p}{n} \tag{1}$$

因为点 (x_1, y_1, z_1) 在抛物面上,所以有

$$Ax_1^2 + By_1^2 = 2z_1$$

把式(1)代入此式得

$$\frac{l^2}{A} + \frac{m^2}{B} + 2np = 0$$

或

$$p = -\frac{1}{2n}\left(\frac{l^2}{A} + \frac{m^2}{B}\right)$$

这就是所求的条件.

4.求抛物面的互相垂直的三个切平面的交点的轨迹.

[解] 设抛物面的方程为 $Ax^2 + By^2 = 2z$,由前题的 $p = -\frac{1}{2n}\left(\frac{l^2}{A} + \frac{m^2}{B}\right)$,

设互相垂直的三个切平面方程为

$$2n_1(l_1x + m_1y + n_1z) + \frac{l_1^2}{A} + \frac{m_1^2}{B} = 0 \tag{1}$$

$$2n_2(l_2x + m_2y + n_2z) + \frac{l_2^2}{A} + \frac{m_2^2}{B} = 0 \tag{2}$$

$$2n_3(l_3x + m_3y + n_3z) + \frac{l_3^2}{A} + \frac{m_3^2}{B} = 0 \tag{3}$$

则有下面关系式

$$l_1^2 + m_1^2 + n_1^2 = 1, \ l_2^2 + m_2^2 + n_2^2 = 1, \ l_3^2 + m_3^2 + n_3^2 = 1$$

$$m_1n_1 + m_2n_2 + m_3n_3 = 0, n_1l_1 + n_2l_2 + n_3l_3 = 0$$

$$l_1m_1 + l_2m_2 + l_3m_3 = 0$$

所以,将方程(1)(2)(3)两边分别相加,得

$$2z + \frac{1}{A} + \frac{1}{B} = 0$$

故所求的轨迹是平面.

5.过原点向抛物面 $Ax^2 + By^2 = 2z$ 的切平面引垂线,求其垂足的轨迹方程.

[解] 设切平面方程为

$$2n(lx + my + nz) + \frac{l^2}{A} + \frac{m^2}{B} = 0 \tag{1}$$

设过原点向式(1)引的垂线方程是

$$\frac{x}{l} = \frac{y}{m} = \frac{z}{n} \tag{2}$$

因为垂足满足式(1)(2),所以由式(1)(2)消去 l, m, n 得

$$2z(x^2 + y^2 + z^2) + \frac{x^2}{A} + \frac{y^2}{B} = 0$$

此即为所求轨迹方程.

6.通过一定点最多可向抛物面 $Ax^2 + By^2 = 2z$ 引五条法线,试证之.

[证]　设定点为 (α, β, γ),曲面上的点 (x_1, y_1, z_1) 处的法线方程为

$$\frac{x - x_1}{Ax_1} = \frac{y - y_1}{By_1} = \frac{z - z_1}{-1}$$

因通过点 (α, β, γ),所以有

$$\frac{\alpha - x_1}{Ax_1} = \frac{\beta - y_1}{By_1} = \frac{\gamma - z_1}{-1} = \lambda \tag{1}$$

所以

$$x_1 = \frac{\alpha}{A\lambda + 1}, y_1 = \frac{\beta}{B\lambda + 1}, z_1 = \frac{\gamma + \lambda}{1}$$

而点 (x_1, y_1, z_1) 在抛物面上,所以

$$\frac{A\alpha^2}{(A\lambda + 1)^2} + \frac{B\beta^2}{(B\lambda + 1)^2} = 2(\gamma + \lambda)$$

这是关于 λ 的五次方程,因为最多有五个实根,所以通过定点最多可以引五条法线.

5.4　锥　　面

提　　要

Ⅰ　锥面方程的标准形是

$$Ax^2 + By^2 + Cz^2 = 0$$

Ⅱ　锥面上的点 (x_1, y_1, z_1) 处的切平面方程是

$$Ax_1x + By_1y + Cz_1z = 0$$

Ⅲ　点 (x_1, y_1, z_1) 关于锥面 $Ax^2 + By^2 + Cz^2 = 0$ 的极平面方程是

$$Ax_1x + By_1y + Cz_1z = 0$$

Ⅳ 以点(x_1, y_1, z_1)为截痕中心的平面方程是

$$Ax_1(x - x_1) + By_1(y - y_1) + Cz_1(z - z_1) = 0$$

Ⅴ 径面方程是

$$Alx + Bmy + Cnz = 0$$

其中l, m, n是平行弦的方向余弦.

Ⅵ 以原点为顶点的一般二次锥面方程是

$$Ax^2 + By^2 + Cz^2 + 2A'yz + 2B'zx + 2C'xy = 0$$

习　　题

1.求以直线$\dfrac{x}{l} = \dfrac{y}{m} = \dfrac{z}{n}$为轴,半顶角为$\alpha$的直圆锥面的方程.

[解] 设锥面上任意一点为$P(x_1, y_1, z_1)$,点P与直线$\dfrac{x}{l} = \dfrac{y}{m} = \dfrac{z}{n}$的距离为$\sqrt{x_1^2 + y_1^2 + z_1^2 - (lx_1 + my_1 + nz_1)^2}$, 点$P$与原点的距离为$\sqrt{x_1^2 + y_1^2 + z_1^2}$,所以有下面关系:$x_1^2 + y_1^2 + z_1^2 - (lx_1 + my_1 + nz_1)^2 = (x_1^2 + y_1^2 + z_1^2)\sin^2\alpha$,把$x_1, y_1, z_1$作为动点坐标,这就是所求的锥面方程,即

$$x^2 + y^2 + z^2 = (lx + my + nz)^2 \sec^2\alpha$$

2.试证:通过坐标轴的二次锥面的一般方程为$A'yz + B'zx + C'xy = 0$.

[证] 顶点为原点的二次锥面的一般方程为

$$Ax^2 + By^2 + Cz^2 + 2A'yz + 2B'zx + 2C'xy = 0 \tag{1}$$

因为含有方向数为$(1,0,0),(0,1,0),(0,0,1)$的直线,所以$A = B = C = 0$,式(1)成为

$$A'yz + B'zx + C'xy = 0$$

3.求下列平面与锥面的交线方程

$$2x + y - z = 0$$
$$4x^2 - y^2 + 3z^2 = 0$$

[解] 设交线方程为

$$\frac{x}{l} = \frac{y}{m} = \frac{z}{n} \tag{1}$$

式(1)在已知平面上,应有

$$2l + m - n = 0 \tag{2}$$

式(1)在已知锥面上,应有

$$4l^2 - m^2 + 3n^2 = 0 \tag{3}$$

由式(2)(3) 消去 n 得

$$4l^2 - m^2 + 3(2l + m)^2 = 0$$

即

$$8l^2 + 6lm + m^2 = 0$$

所以

$$l : m = 1 : -2$$

又

$$l : m = -1 : 4$$

把它代入式(2) 得 $l : m : n = 1 : -2 : 0$，或 $-1 : 4 : 2$.

所以交线方程为

$$\frac{x}{1} = \frac{y}{2} = \frac{z}{0} \; 及 \; \frac{x}{-1} = \frac{y}{4} = \frac{z}{2}$$

4. 求以原点为顶点,以平面 $x + y + z = a$ 上的与各坐标面相切的圆为准线的锥面方程.

［解］ 平面 $x + y + z = a$ 在各轴上的截距均为 a,准线方程为

$$\begin{cases} x + y + z = a \\ x^2 + y^2 + z^2 = \dfrac{a^2}{2} \end{cases} \tag{1}$$

设 (x', y', z') 为准线上任意一点,则母线方程为

$$\frac{x}{x'} = \frac{y}{y'} = \frac{z}{z'} \tag{2}$$

又由式(1) 得

$$\begin{cases} x' + y' + z' = a \\ x'^2 + y'^2 + z'^2 = \dfrac{a^2}{2} \end{cases} \tag{3}$$

由式(2)(3) 消去 x', y', z' 得

$$2(x^2 + y^2 + z^2) = (x + y + z)^2$$

此即为所求锥面方程.

5. 试证:平面 $lx + my + nz = 0$ 截锥面

$$Ax^2 + By^2 + Cz^2 + 2A'yz + 2B'zx + 2C'xy = 0$$

生成的两直线互相垂直的条件为

$$(A + B + C)(l^2 + m^2 + n^2) = f(l, m, n)$$

其中 $f(l, m, n) = Al^2 + Bm^2 + Cn^2 + 2A'mn + 2B'nl + 2C'lm$.

［证］ 设平面与锥面的交线为

$$\frac{x}{L} = \frac{y}{M} = \frac{z}{N}$$

则有

$$lL + mM + nN = 0 \tag{1}$$

$$AL^2 + BM^2 + CN^2 + 2A'MN + 2B'NL + 2C'LM = 0 \tag{2}$$

L, M 是下面方程的根

$$L^2(Cl^2 + An^2 - 2B'nl) + 2LM(C'n^2 + Clm - A'ln - B'mn) +$$
$$M^2(Cm^2 + Bn^2 - 2A'mn) = 0$$

设两根为 $\dfrac{L_1}{M_1}, \dfrac{L_2}{M_2}$,则

$$\begin{cases} \dfrac{L_1}{M_1} \cdot \dfrac{L_2}{M_2} = \dfrac{Cm^2 + Bn^2 - 2A'mn}{Cl^2 + An^2 - 2B'nl} \\[3mm] \dfrac{L_1}{M_1} + \dfrac{L_2}{M_2} = -\dfrac{2(C'n^2 + Clm - A'ln - B'mn)}{Cl^2 + An^2 - 2B'nl} \end{cases} \tag{3}$$

故

$$\frac{L_1 L_2}{Cm^2 + Bn^2 - 2A'mn} = \frac{M_1 M_2}{Cl^2 + An^2 - 2B'nl} \tag{4}$$

242 又由式(1)得

$$\frac{N_1}{M_1} = -\frac{1}{n}\left(\frac{lL_1}{M_1} + m\right)$$

$$\frac{N_2}{M_2} = -\frac{1}{n}\left(\frac{lL_2}{M_2} + m\right)$$

所以

$$\frac{N_1 N_2}{M_1 M_2} = \frac{1}{n^2}\left\{ l^2\left(\frac{L_1}{M_1} + \frac{L_2}{M_2}\right) + lm\left(\frac{L_1}{M_1} + \frac{L_2}{M_2}\right) + m^2 \right\}$$

把式(3)代入这个式子,得

$$\frac{N_1 N_2}{M_1 M_2} = \frac{1}{n^2}\left\{ \frac{l^2(Cm^2 + Bn^2 - 2A'mn)}{Cl^2 + An^2 - 2B'nl} - \frac{2lm(C'n^2 + Clm - A'ln - B'mn)}{Cl^2 + An^2 - 2B'nl} + m^2 \right\} =$$
$$\frac{Bl^2 + Am^2 - 2C'lm}{Cl^2 + An^2 - 2B'nl}$$

故得

$$\frac{L_1 L_2}{Cm^2 + Bn^2 - 2A'mn} = \frac{M_1 M_2}{Cl^2 + An^2 - 2B'nl} = \frac{N_1 N_2}{Bl^2 + Am^2 - 2C'lm} \tag{5}$$

因为两直线垂直的条件为

$$L_1 L_2 + M_1 M_2 + N_1 N_2 = 0$$

所以由式(5)得

$$(Cm^2 + Bn^2 - 2A'mn) + (An^2 + Cl^2 - 2B'nl) + (Bl^2 + Am^2 - 2C'lm) = 0$$

或写成

$$(A + B + C)(l^2 + m^2 + n^2) = Al^2 + Bm^2 + Cn^2 + 2A'mn + 2B'nl + 2C'lm$$

这就是所求的条件.

6. 锥面 $Ax^2 + By^2 + Cz^2 + 2A'yz + 2B'zx + 2C'xy = 0$ 有互相垂直的三条母线的条件是 $A + B + C = 0$,试证之.

[证] 设含有两条互相垂直的母线的平面方程是

$$lx + my + nz = 0 \tag{1}$$

则由前题得

$$(A + B + C)(l^2 + m^2 + n^2) = f(l, m, n) \tag{2}$$

又因为从原点向平面(1)引的垂线是锥面的母线,所以

$$f(l, m, n) = 0 \tag{3}$$

由式(2)(3)得 $A + B + C = 0$,证毕.

7. 试证:以原点为顶点,且通过平面

$$lx + my + Cz = p$$
$$Ax^2 + By^2 + Cz^2 = 1$$

与

的交线的锥面方程为

$$Ax^2 + By^2 + Cz^2 = \left(\frac{lx + my + nz}{p}\right)^2$$

243

[证] 设 $P(x_1, y_1, z_1)$ 为平面 $lx + my + nz = p$ 与曲面 $Ax^2 + By^2 + Cz^2 = 1$ 的交线上的一点,联结原点与点 P 的直线方程为

$$\frac{x}{x_1} = \frac{y}{y_1} = \frac{z}{z_1} \tag{1}$$

由于点 P 在交线上,所以有

$$lx_1 + my_1 + nz_1 = p \tag{2}$$
$$Ax_1^2 + By_1^2 + Cz_1^2 = 1 \tag{3}$$

由式(1)(2)(3)消去 x_1, y_1, z_1,即得锥面方程

$$Ax^2 + By^2 + Cz^2 = \left(\frac{lx + my + nz}{p}\right)^2$$

8. 求平面 $lx + my + nz = 0$ 切于锥面 $Ax^2 + By^2 + Cz^2 = 0$ 的条件.

[解] 切于点 (x_1, y_1, z_1) 的切平面方程为

$$Ax_1x + By_1y + Cz_1z = 0 \tag{1}$$

此平面与已知平面 $lx + my + nz = 0$ 是同一平面的条件为

$$\frac{Ax_1}{l} = \frac{By_1}{m} = \frac{Cz_1}{n}$$

而点 (x_1, y_1, z_1) 在锥面上,所以有

$$\frac{l^2}{A} + \frac{m^2}{B} + \frac{n^2}{C} = 0$$

这就是所求的条件.

9.求平面 $lx + my + nz = 0$ 与锥面 $Ax^2 + By^2 + Cz^2 + 2A'yz + 2B'zx + 2C'xy = 0$ 相切的条件.

[解] 因为平面与锥面交于原点,设平面与锥面的交线为 $\frac{x}{L} = \frac{y}{M} = \frac{z}{N}$,则有下列关系

$$lL + mM + nN = 0 \tag{1}$$

$$AL^2 + BM^2 + CN^2 + 2A'MN + 2B'NL + 2C'LM = 0 \tag{2}$$

由式(1)(2) 消去 N,得

$$L^2(Cl^2 + An^2 - 2B'nl) + 2LM(C'n^2 + Clm - A'ln - B'mn) +$$
$$M^2(Cm^2 + Bn^2 - 2A'mn) = 0 \tag{3}$$

从式(3) 可得交线的方向余弦的比 $L : M$.因为平面与锥面相切时两交线重合,所以式(3) 应解出 L/M 的等根,因此有条件

$$(C'n^2 + Clm - A'ln - B'mn)^2 - (Cl^2 + An^2 - 2B'nl)(Cm^2 + Bn^2 - 2A'mn) = 0$$

10.有一定直线和与此直线相交的定平面,求到定直线和到定平面距离相等的点的轨迹.

[解] 取定平面为面 xy,定直线与定平面的交点为原点.设定直线方程为

$$\frac{x}{l} = \frac{y}{m} = \frac{z}{n}$$

l, m, n 是定直线在所取坐标系中的方向余弦,设 (x', y', z') 是轨迹上一点,则它到平面的距离为 z',到定直线的距离为

$$\sqrt{x'^2 + y'^2 + z'^2 - (lx' + my' + nz')^2}$$

所以得

$$x'^2 + y'^2 + z'^2 - (lx' + my' + nz')^2 = z'^2$$

即

$$x^2 + y^2 = (lx + my + nz)^2$$

这是 x, y, z 的齐次二次式,所以是过原点的一个锥面.

编辑手记

著名数学家 W. R. Fuchs 曾指出：

> 我们应该理解数学，因为它是人类的一项很有意义的活动；因为它帮助我们理解我们所生存的世界的重要方面，并且还给我们以观察空间、时间和物质所需要的更为深刻的洞察力；因为它在人类的文化成就中位于前列；因为它是我们的生气与智力的标志.

本书是一部昔日的俄罗斯几何名著，今天重新将其钩沉出来具有很重要的现实意义. 在俄罗斯的教材中有很多经典之作. 举一个例子，有"几何沙皇"之称的 И. Ф. 沙雷金所编的《数学 —— 代数、数学分析和几何（10—11 年级）》中有一节，如下：

平面的方程

在这一节我们证明一个重要的定理.

定理 1 （平面方程的一般形式）任意平面在笛卡儿（Descartes）坐标系中可以由方程 $ax + by + cz + d = 0$ 给出，其中 a, b, c 中至少有一个数不等于零.

反过来，任何方程 $ax + by + cz + d = 0$ 在数 a, b, c 中至少有一个数不等于零的条件下，是平面的方程.

证明 我们考察平面 L. 设 $A(m, n, p)$ 是空间内某个点，$A_0(m_0, n_0, p_0)$ 是 A 在平面 L 上的投影，$M(x, y, z)$ 是平面 L 上的任意点（图 1）. 因为直线 AA_0 垂直平面 L，所以它垂直于这个平面上的任意一条直线，也就是，垂直于 A_0M. 对于 $\mathrm{Rt}\triangle AA_0M$ 由毕达哥拉斯（Pythagoras）定理，有

$$AA_0^2 + A_0M^2 = AM^2$$

亦即

$$(m - m_0)^2 + (n - n_0)^2 + (p - p_0)^2 + (x - m_0)^2 +$$
$$(y - n_0)^2 + (z - p_0)^2 =$$
$$(x - m)^2 + (y - n)^2 + (z - p)^2$$

经明显的变换后,我们得到

$$(m - m_0)x + (n - n_0)y + (p - p_0)z + (m_0 - m)m_0 +$$
$$(n_0 - n)n_0 + (p - p_0)p_0 = 0 \tag{1}$$

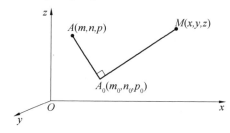

图 1

于是,我们证明了,在平面 L 上的任意点的坐标满足方程

$$ax + by + cz + d = 0$$

其中

$$a = m - m_0, b = n - n_0, c = p - p_0$$
$$d = (m_0 - m)m_0 + (n_0 - n)n_0 + (p - p_0)p_0$$

这里,除 (m, n, p) 当某个点 A 的坐标不在考察的平面上外,(m_0, n_0, p_0) 是点 A 在这个平面上的投影点 A_0 的坐标.显然不属于平面的点不满足得到的方程.定理的第一部分得证.

现在我们证明定理的第二部分.我们考察方程

$$ax + by + cz + d = 0 \tag{2}$$

其中 $a^2 + b^2 + c^2 \neq 0$.

我们取某个点 $A_0(m_0, n_0, p_0)$,它的坐标满足方程(2),即 $am_0 + bn_0 + cp_0 + d = 0$,由条件 $a^2 + b^2 + c^2 \neq 0$ 得出,这个点必定存在.例如,如果 $a \neq 0$,那么可以取 $m_0 = -\dfrac{d}{a}$,$n_0 = p_0 = 0$.我们取点 $A(m, n, p)$,其中 $m = a + m_0$,$n = b + n_0$,$p = c + p_0$(很明显,取得每个点,在证明定理的第一部分得到的公式帮助了我们).写出通过点 A_0 且垂直于直线 AA_0 的平面的方程,我们得到方程(1).在方程(1)中,我们分别用 m, n 和 p 代替表达式 $m = a + m_0$,$n = b + n_0$,$p = c + p_0$,对方程进

行简单代换,得

$$ax + by + cz - am_0 - bn_0 - cp_0 = 0$$

又因为

$$am_0 + bn_0 + cp_0 + d = 0$$

所以我们得到方程

$$ax + by + cz + d = 0$$

这样一来,给出的方程实际上给出了平面.定理证完.

我们注意,如果 $a_1 = \lambda a, b_1 = \lambda b, c_1 = \lambda c, d_1 = \lambda d (\lambda \neq 0)$,那么方程 $ax + by + cz + d = 0$ 和 $a_1 x + b_1 y + c_1 z + d_1 = 0$ 给出一个平面方程. 因此,我们总可以用更方便我们的方法取这些数中的一个,获得其他 这样的形式,使得保持所有的比 $\dfrac{a}{b}, \dfrac{b}{c}$,等等. 在导出坐标平面的方程 时不必进行像定理的证明中那样找点 A 和 A_0,然后再写出方程. 我们 解下面的问题:

问题 求通过点 $(1,0,0),(0,2,0),(0,0,3)$ 的平面方程.

解 正如我们所知,平面方程具有形式

$$ax + by + cz + d = 0$$

在这个方程中代入已知点的坐标,我们得到方程组 $a + d = 0, 2b + d = 0, 3c + d = 0$,由它们可以通过 d 表示所有系数并且代入方程. 所有这 些方程当 d 不同时给出同一个平面,为方便起见,假设 $d = -6$,我们得 到方程 $6x + 3y + 2z - 6 = 0$.

可以看出上文写的既通俗又严谨,很值得我们学习. 而这种传统也导致了 大批优秀的数学人才在俄罗斯成群地涌现,其中最著名的莫过于 20 世纪杰出

的数学家柯尔莫哥洛夫(Kolmogorov)：

2003年1月16日至21日，许多世界著名的数学家云集莫斯科，参加一个名为"柯尔莫哥洛夫与当代数学"的学术会议，在会议上，菲尔兹奖获得者斯梅尔(Smale)、诺维科夫(Novikov)，沃尔夫奖获得者阿诺德(Arnol'd)、希策布鲁赫(Hirzebruch)、卡勒松(Carleson)和西奈(Sinaǐ)等12位一流的数学家分别做了主题报告，这些报告都触及了柯尔莫哥洛夫的研究领域．2003年4月29日，莫斯科大学又举行了一场纪念会，隆重纪念这位20世纪的伟大数学家、数学教育家的百年诞辰．

1. 早年的经历

1903年4月25日，柯尔莫哥洛夫出生于俄国坦波夫省，1987年10月20日在莫斯科逝世，他的祖父是牧师，他的父亲卡塔耶夫(Kataev)是一位农学家，曾被流放过，在"十月革命"后回来担任农业部某部门的领导，1919年在战斗中牺牲，柯尔莫哥洛夫的母亲出身于贵族家庭，后因难产而死．柯尔莫哥洛夫的童年是在外祖父家度过的，姨妈把他抚养成人，尽管柯尔莫哥洛夫在出生后就失去了母爱，也从未得到过父爱，但柯尔莫哥洛夫却是在关爱中长大的．在他很小的时候，姨妈就教导他要热爱学习，热爱大自然，在五六岁时，柯尔莫哥洛夫就独自发现了奇数与平方数的关系，体会到了数学发现的乐趣．他的外祖父家创办了一份家庭杂志《春燕》，年幼的柯尔莫哥洛夫竟然负责起其中数学栏目的编辑工作，他把自己的一些发现发表在该杂志上．

6岁时，他随姨妈去了莫斯科，在一所当时被认为是最有名的预科学校读书，在求学期间，他认真学习了生物学和物理学；14岁时，他从一部百科全书中学习了高等数学，并对象棋、社会问题和历史也产生了兴趣．

1920年，柯尔莫哥洛夫中学毕业后，当过一段时间的列车售票员，在工作之余，他写了一本关于牛顿(Newton)力学定律的小册子．同年，柯尔莫哥洛夫进入莫斯科大学学习，除了学习数学，他还学习了冶金和俄国史，他对历史特别着迷，曾写了一篇关于15～16世纪诺夫格勒地区地主财产的论文．关于这篇论文，他的老师、著名历史学家巴赫罗欣(Bakhrushin)说："你在论文中提供了一种证明，在你所研究的数学知识范围内,这也许足够了,但对历史学家来说是不够的,他至少需要五种证明",历史教授的这番话对柯尔莫哥洛夫产生了重大的影响.

2.闯入数学王国

在莫斯科大学读书期间,柯尔莫哥洛夫非常喜欢听大数学家鲁津(Luzin,1883—1950)的课,且经常与鲁津的学生亚历山德罗夫(Alexandrov,1896—1982)、乌里松(Uryson,1898—1924)、苏斯林(Suslin)等在一起讨论学术上的问题.在鲁津的课上,这位一年级的大学生竟反驳了老师的一个假设,令人刮目相看.柯尔莫哥洛夫还参加了斯捷潘诺夫(Stepanov,1889—1950)的三角级数讨论班,并解答了鲁津提出的一个问题,鲁津知道后,十分赏识他,主动提出收他为弟子.

尽管柯尔莫哥洛夫还只是一名大学生,但他却取得了举世瞩目的成就.1922年2月,他发表了有关集合运算方面的论文,推广了苏斯林的研究成果;同年6月,他发现了一个几乎处处发散的傅里叶(Fourier)级数;到1926年,他构造出了处处发散的傅里叶级数,这个级数是他在当列车售票员时想出来的.柯尔莫哥洛夫瞬间成为世界数学界的一颗闪亮的新星.几乎同时,他对微分、积分、测度论等也产生了兴趣.

1925年,柯尔莫哥洛夫大学毕业,成了鲁津的研究生.这一年,柯尔莫哥洛夫发表了8篇在读大学时写的论文.在每一篇论文里,他都引入了新概念、新思想、新方法.他的第一篇关于概率论方面的论文就是在这一年发表的,此文是他与辛钦(Khinchin,1894—1959)合作完成的,其中含有三角级数定理以及关于独立随机变量部分和的不等式,后来,这些发现成了不等式以及随机分析的基础.他证明了希尔伯特变换的一个切比雪夫(Chebyshev)型不等式,该不等式后来成了调和分析的"柱石".1928年,他求得了独立随机变量序列满足大数定律的充要条件;翌年,又发现重对数律的广泛条件.此外,他的工作还包括微分和积分运算的若干推广、直觉主义逻辑等.

1929年夏天,柯尔莫哥洛夫与亚历山德罗夫乘船从雅洛斯拉夫尔出发,沿伏尔加河穿越高加索山脉,最后到达亚美尼亚的塞万湖,在湖中的一个小半岛上住下.在那里,他们享受游泳和日光浴的乐趣,亚

249

历山德罗夫戴着墨镜和巴拿马草帽,撰写一部有关拓扑学的著作.此书是他与霍普夫(H. Hopf,1894—1971)合作完成的,一问世即成为一部经典的著作;柯尔莫哥洛夫则在树荫下研究连续状态和连续时间的马尔可夫过程(一类随机过程).1931年,柯尔莫哥洛夫的该研究结果发表,其内容是扩散理论之滥觞.柯尔莫哥洛夫与亚历山德罗夫两人的友谊即始于这次长途旅行.亚历山德罗夫后来回忆说:"到1979年,我和柯尔莫哥洛夫认识已经有五十年了,在这整整半个世纪里,我们从未有过任何争吵,从未有过任何误解,即便是在某个问题上有分歧,我们彼此都会尊重对方的观点,同时也会心平气和地交流."而柯尔莫哥洛夫则认为两个人的友谊是他一生中最珍贵的感情.

1930年夏天,柯尔莫哥洛夫与亚历山德罗夫开始了另一次长途旅行.这次他们访问了柏林、格丁根、慕尼黑、巴黎.柯尔莫哥洛夫结识了希尔伯特(Hilbert,1862—1943)、库朗(Courant,1888—1972)、朗道(Landau,1877—1938)、外尔(Weyl,1885—1955)、卡拉泰奥多里(Carathéodory,1873—1950)、弗雷歇(Fréchet,1878—1973)、博雷尔(Borel,1871—1956)、莱维(Lévy,1886—1971)、勒贝格(Lebesgue,1875—1941)等一流数学家,与弗雷歇、莱维等进行了深入的学术讨论.

20世纪30年代是柯尔莫哥洛夫数学生涯中的第二个创造高峰期.在这个时期,他发表了80余篇有关概率论、射影几何、数理统计、实变函数论、拓扑学、逼近论、微分方程、数理逻辑、生物数学、哲学、数学史与数学方法论等方面的论文.1931年,柯尔莫哥洛夫被莫斯科大学聘为教授.1933年,他出版了《概率论的基本概念》,这是概率论的经典之作,该书首次将概率论建立在严格公理的基础上,解答了希尔伯特第6问题中概率部分的问题,这标志着概率论发展新阶段的开始,具有划时代的意义.同年,柯尔莫哥洛夫发表了《概率论中的分析方法》,为马尔可夫随机过程理论奠定了基础.从此,马尔可夫过程理论成为一个强有力的科学工具.

在拓扑学上,柯尔莫哥洛夫是线性拓扑空间理论的创始人之一;他和美国著名数学家亚历山大(Alexander,1888—1971)同时独立引入了上同调群的概念.1934年,柯尔莫哥洛夫研究了链、上链、同调和有限胞腔复形的上同调.在1936年发表的论文中,柯尔莫哥洛夫定义了任一局部紧致拓扑空间的上同调群的概念.1935年,在莫斯科国际拓扑学会议上,柯尔莫哥洛夫定义了上同调环.

1935 年,柯尔莫哥洛夫和亚历山德罗夫在莫斯科郊外一个名叫科马洛夫卡(Komarovka)的小村庄里买了一座旧宅邸.他们的许多数学工作都是在这里完成的.阿达玛(Hadamard)、弗雷歇、巴拿赫(Banach)、霍普夫、库拉托夫斯基(Kuratowski)等许多著名数学家都访问过科马洛夫卡.莫斯科大学的研究生们经常结伴来到科马洛夫卡拜访这两位数学大师,与两位大师一起参加"数学郊游".在那里,柯尔莫哥洛夫和亚历山德罗夫热情地招待学生们.到了晚上,学生们尽管有些疲劳,但总是带着学习上的收获快乐地回到莫斯科.著名数学家马尔采夫(Malcev)和盖尔范德(Gel'fand)就是其中的两位研究生.柯尔莫哥洛夫的博士生、著名数学家格涅坚科(Gnedenko)回忆说:"对于柯尔莫哥洛夫的所有学生来说,与柯尔莫哥洛夫一起做研究的岁月是终生难忘的.最令人难以忘怀的是每个周日的郊游,柯尔莫哥洛夫邀请他所有的学生(研究生或本科生)以及别的导师的学生前来参加郊游活动.在郊游的过程中,我们讨论当前的数学(及其应用)问题,还有一些有关绘画、建筑和文学方面的问题."

20 世纪 30 年代末,柯尔莫哥洛夫发展了平稳随机过程理论,美国数学家维纳(Wiener,1894—1964)随后也获得了同样的成果.柯尔莫哥洛夫还把研究领域推广到行星运动和空气的湍流理论.

20 世纪 40 年代,柯尔莫哥洛夫的研究兴趣转向应用方面.1941 年,他发表了两篇有关湍流的论文,这两篇论文为湍流理论的发展奠定了基础.其中一个著名定律是"三分之二律":在湍流中,距离为 r 的两点的速度差的平方平均与 $\frac{2}{3}r$ 成正比.

在这个时期,除了在数学方面,柯尔莫哥洛夫在遗传学、弹道学、气象学、金属结晶学等方面均有重要贡献.在 1940 年发表的一篇论文里,柯尔莫哥洛夫证明了孟德尔(Mendel)定律.当时,孟德尔定律在苏联是受批判的,柯尔莫哥洛夫的论文反映了他追求真理的科学精神.

20 世纪 50 年代是柯尔莫哥洛夫学术生涯的第三个创造高峰期.这个时期,他的研究领域包括经典力学、遍历理论、函数论、信息论、算法理论等.

1953 年和 1954 年,柯尔莫哥洛夫发表了两篇有关动力系统及其在哈

251

密尔顿（Hamilton）动力学中应用方面的论文，这标志着 KAM（Kolmogorov- Arnold- Moser）理论的建立.1954 年,柯尔莫哥洛夫应邀在阿姆斯特丹国际数学家大会上做了"动力系统的一般理论与经典力学"的重要报告.后来,人们的研究证明了他深刻的洞察力.

在这个时期,柯尔莫哥洛夫开始了自动机理论和算法理论的研究.他和学生乌斯宾斯基(Uspenskii)创立了被称为"柯尔莫哥洛夫—乌斯宾斯基"的概念.他还力排反对意见,支持有关计算理论的研究.许多苏联的计算机科学家都是柯尔莫哥洛夫的学生或学生的学生.20世纪 50 年代中后期,柯尔莫哥洛夫致力于信息论和动力系统遍历论的研究.他在动力系统理论中引入了熵的重要概念,开辟了一个广阔的新领域,建立了混沌理论.1958—1959 年,柯尔莫哥洛夫将遍历理论应用于对一类湍流现象的研究,这对他后来的工作产生了深远的影响.

1957 年,柯尔莫哥洛夫和他的学生阿诺德完全解决了希尔伯特第 13 问题:存在连续的三元函数,不能表示成二元连续函数的叠合.他给出了否定的答案:任意多个变量的连续函数都可表示成单变量连续函数的叠合.

20 世纪 60 年代以后,柯尔莫哥洛夫又开创了演算信息论(今称"柯尔莫哥洛夫复杂性理论")和演算概率论这两个数学分支.

柯尔莫哥洛夫的研究几乎遍及数论之外的一切数学领域.1963年,在第比利斯召开的概率统计会议上,美国统计学家沃尔夫维茨(Wolfowitz,1910—1981)说:"我来苏联的一个特别的目的是确定柯尔莫哥洛夫到底是一个人呢,还是一个研究机构."

3. 独特的教学研究方式

在半个多世纪的漫长学术生涯中,柯尔莫哥洛夫不断提出新问题、构建新思想、创造新方法,在世界数学舞台上保持着历久不衰的生命力,这得益于他健康的体魄.他酷爱体育锻炼,被称作"户外数学家".他和亚历山德罗夫每周有四天时间在科马洛夫卡度过(另外三天则住在城里的学校公寓),其中有一整天是体育锻炼的时间:滑雪、划船、徒步(平均路程长达 30 km).在晴朗的三月,他们常常穿着滑雪鞋和短裤,在外面连续锻炼 4 h.平日里,他们早晨的锻炼是不间断的,冬天还要再跑 10 km.当河冰融化的时候,他们还喜欢下水游泳.在 70岁生日时,柯尔莫哥洛夫组织了一次滑雪旅行,他穿着短裤、光着胳膊

252

在雪地里穿行,把别的参加者都甩在了后面.

他的许多奇妙且关键的思想往往是在林间漫步、湖中畅游、山坡滑雪的时候诞生的.在1962年访问印度时,他甚至建议印度所有的大学和研究所都建在海岸线上,以便师生在开始严肃讨论前先下海游泳.

柯尔莫哥洛夫也是一位著名的数学教育家,他喜欢为有数学天赋的学生提供特殊的教育计划.他认为,14~16岁年龄段的学生对数学的兴趣会明显地表现出来,对数学没有兴趣的学生应该学习特殊的简化课程,对数学有兴趣的学生就可以选择数学作为大学专业进行深入的学习,不过,在其进入大学之前应考核一下处理数学问题的各种能力——运算能力、几何直观能力、逻辑推理能力.

柯尔莫哥洛夫创立了莫斯科大学数学寄宿学校.多年来,他花费大量时间在寄宿学校上,制订教学大纲,编写教材,授课(每周多达26 h),带领学生徒步旅行和探险,教学生音乐、美术以及文学.这所学校里的学生常常在全苏和国际数学奥林匹克竞赛中名列前茅.但对于那些成不了数学家的学生,他并不感到担忧,无论他们最终从事什么职业,只要能保持开阔的视野、探索的精神,他都会感到满意.一名学生如果能进入柯尔莫哥洛夫的"大家庭",那该是多么的幸运!

作为20世纪世界杰出的数学家,柯尔莫哥洛夫获得了许许多多的荣誉:1941年获首届苏联国家奖、1949年获苏联科学院切比雪夫奖、1963年获国际巴尔赞奖、1965年获列宁奖、1976年获民主德国科学院亥姆霍兹奖章、1980年获沃尔夫奖、1986年获罗巴切夫斯基奖等.他还前后七次获得列宁勋章.

1939年,柯尔莫哥洛夫当选苏联科学院院士.他还是波兰科学院(1956年)、伦敦皇家统计学会(1956年)、罗马尼亚科学院(1957年)、民主德国科学院(1959年)、美国艺术与科学院(1959年)、美国哲学学会(1961年)、荷兰皇家科学院(1963年)、伦敦皇家学会(1964年)、匈牙利科学院(1965年)、美国国家科学院(1967年)、法国科学院(1968年)、芬兰科学院(1983年)等机构的外籍院士或荣誉会员.巴黎大学(1955年)、斯德哥尔摩大学(1960年)、印度统计研究所(1962年)、华沙大学、布达佩斯大学等相继授予他荣誉博士学位.

柯尔莫哥洛夫喜爱俄国诗与美术,尤其热爱油画与建筑,他将诗体学看作是自己科学研究的一个领域.他也酷爱音乐,莫扎特的G小调交响乐和巴赫的小提琴协奏曲常常陪伴他和亚历山德罗夫(常常还有众多朋友）度过科马洛夫卡的宁静之夜.

他热爱学生,对学生严格要求并且指导有方.他直接指导的学生有 67 人,他们大多数成为世界级的数学家,其中 14 人成为苏联科学院的院士.1987 年 10 月 20 日他在莫斯科逝世,享年 84 岁,柯尔莫哥洛夫为科学事业无私地贡献了光辉的一生.

本书虽属历史名著,但其内容对今天的高考仍有帮助,比如微信公众号"中学数学教与学"中的一篇文章:

平面法向量的"另类"算法

在空间平面法向量的算法中,平面法向量的"另类"算法普遍采用的算法是设 $n = (x, y, z)$,它和平面内的两个不共线的向量垂直,数量积为 0,建立两个关于 x, y, z 的方程,再对其中一个变量根据需要取特殊值,即可得到法向量.还有一种求法向量的方法也比较简便,先来看一个引理:

如图 1 所示,若平面 ABC 与空间直角坐标系 x, y, z 轴的交点分别为 $A(a,0,0)$,$B(0,b,0)$,$C(0,0,c)$,定义三点分别在 x, y, z 轴上的坐标值 $x_A = a$,$y_B = b$,$z_C = c$(a,b,c 均不为 0),则平面 ABC 的法向量为 $n = \lambda\left(\dfrac{1}{a}, \dfrac{1}{b}, \dfrac{1}{c}\right)$($\lambda \neq 0$),参数 λ 的值可根据实际需要选取.

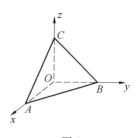

图 1

证明 $\overrightarrow{AB} = (-a, b, 0)$,$\overrightarrow{AC} = (-a, 0, c)$,所以 $n \cdot \overrightarrow{AB} = 0$,$n \cdot \overrightarrow{AC} = 0$,所以 $n = \lambda\left(\dfrac{1}{a}, \dfrac{1}{b}, \dfrac{1}{c}\right)$ 是平面 ABC 的法向量.

这种方法非常简便,但要注意以下两个问题:

(1) 若平面和某个坐标轴平行,则可看作平面和该坐标轴交点的坐标值为 ∞,法向量对应该轴的坐标为 0.比如,若平面和 x 轴平行(交点的坐标值为 ∞),和 y, z 轴交点的坐标值分别为 b, c,则平面的法向量为 $n = \lambda\left(0, \dfrac{1}{b}, \dfrac{1}{c}\right)$;若平面和 x, y 轴平行,和 z 轴交点的坐标值为 c,则平面的法向量为 $n = \lambda\left(0, 0, \dfrac{1}{c}\right)$.

254

(2) 若平面过坐标原点 O,则可适当平移平面.

例 1 如图 2 所示,以正方体顶点 D 为坐标原点,分别以 $\overrightarrow{DA}$,$\overrightarrow{DC}$,$\overrightarrow{DD_1}$ 为 x,y,z 轴建立空间直角坐标系,正方体棱长为 1,E,F 分别为 CD,BC 中点.

(1) 求平面 AED_1 的法向量;

(2) 求平面 A_1AE 的法向量;

(3) 求平面 C_1DF 的法向量.

解 (1) 平面 AED_1 与 x,y,z 轴的交点分别为 $(1,0,0)$,$(0,\frac{1}{2},0)$,$(0,0,1)$,则其法向量为 $\boldsymbol{n}=\pm(1,2,1)$.

(2) 平面 A_1AE 与 x,y 轴的交点分别为 $(1,0,0)$,$(0,\frac{1}{2},0)$,与 z 轴无交点,则其法向量为 $\boldsymbol{n}=\pm(1,2,0)$.

(3) 平面 C_1DF 过坐标原点,因而不能直接用定理,可先进行平移. 取 FC 中点 G,CC_1 中点 H,则 $EG \parallel DF$,$EH \parallel DC_1$,易知平面 $EGH \parallel$ 平面 C_1DF.

平面 EGH 与 x,y,z 轴的交点分别为 $(-\frac{1}{4},0,0)$,$(0,\frac{1}{2},0)$,$(0,0,-\frac{1}{2})$,则其法向量为 $\boldsymbol{n}=\pm(-4,2,-2)$.

注 如图 3 所示,当图中的平面与坐标轴的交点不是已知的点时,需要延长平面去和坐标轴相交,通常是找出该平面与 xOy 平面,yOz 平面,zOx 平面的交线,这样与坐标轴在同一平面内,便于找到平面与坐标轴的交点.

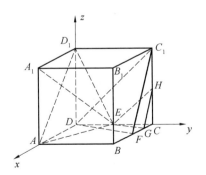

图 2

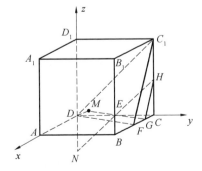

图 3

255

例 2　如图 4 所示,四棱锥 $S-ABCD$ 中,底面 $ABCD$ 为平行四边形,侧面 $SBC \perp$ 底面 $ABCD$.已知 $\angle ABC = 45°$,$AB = 2$,$BC = 2\sqrt{2}$,$SA = SB = \sqrt{3}$.

(1) 证明:$SA \perp BC$;

(2) 求直线 SD 与平面 SAB 所成角的大小.

解　(1) 作 $SO \perp BC$,垂足为 O,联结 AO,由侧面 $SBC \perp$ 底面 $ABCD$,得 $SO \perp$ 平面 $ABCD$.

因为 $SA = SB$,所以 $AO = BO$.又 $\angle ABC = 45°$,所以 $\triangle AOB$ 为等腰直角三角形,$AO \perp OB$.

如图 5 所示,以 O 为坐标原点,OA 为 x 轴正方向,OB 为 y 轴正方向,建立空间直角坐标系 $Oxyz$,$A(\sqrt{2},0,0)$,$B(0,\sqrt{2},0)$,$C(0,-\sqrt{2},0)$,$S(0,0,1)$,$\overrightarrow{SA} = (\sqrt{2},0,-1)$,$\overrightarrow{CB} = (0,2\sqrt{2},0)$,$\overrightarrow{SA} \cdot \overrightarrow{CB} = 0$,所以 $SA \perp BC$.

(2)$D(\sqrt{2},2\sqrt{2},0)$,$\overrightarrow{DS} = (-\sqrt{2},-2\sqrt{2},1)$.平面 SAB 与 x,y,z 轴的交点分别为 $A(\sqrt{2},0,0)$,$B(0,\sqrt{2},0)$,$S(0,0,1)$,则法向量 $\boldsymbol{n} = (\frac{\sqrt{2}}{2},\frac{\sqrt{2}}{2},1)$ 或 $\boldsymbol{n} = (1,1,\sqrt{2})$.

设 SD 与平面 SAB 所成角为 α,则 $\sin\alpha = \dfrac{|\overrightarrow{DS} \cdot \boldsymbol{n}|}{|\overrightarrow{DS}| \cdot |\boldsymbol{n}|} = \dfrac{\sqrt{22}}{11}$,所以 SD 与平面 SAB 所成角为 $\arcsin\dfrac{\sqrt{22}}{11}$.

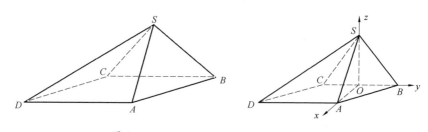

图 4　　　　　　　　　　图 5

例 3　如图 6 所示,在四棱锥 $S-ABCD$ 中,底面 $ABCD$ 为正方形,侧棱 $SD \perp$ 底面 $ABCD$,E,F 分别是 AB,SC 的中点.

(1) 求证:$EF \,/\!/$ 平面 SAD;

(2) 设 $SD = 2CD$,求二面角 $A-EF-D$ 的大小.

解　(1) 如图 7 所示,建立空间直角坐标系 $Dxyz$.

256

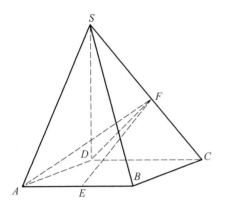

图 6

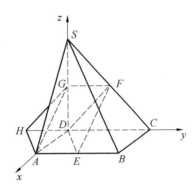

图 7

257

设 $A(a,0,0)$，$S(0,0,b)$，则 $B(a,a,0)$，$C(0,a,0)$，$E(a,\dfrac{a}{2},0)$，

$F(0,\dfrac{a}{2},\dfrac{b}{2})$，$\overrightarrow{EF}=(-a,0,\dfrac{b}{2})$. 取 SD 的中点 $G(0,0,\dfrac{b}{2})$，则 $\overrightarrow{AG}=$

$(-a,0,\dfrac{b}{2})$.

$\overrightarrow{EF}=\overrightarrow{AG}$，$EF \parallel AG$，$AG \subset$ 平面 SAD，$EF \not\subset$ 平面 SAD，所以 $EF \parallel$ 平面 SAD.

（2）不妨设 $A(1,0,0)$，则 $B(1,1,0)$，$C(0,1,0)$，$S(0,0,2)$，$E(1,\dfrac{1}{2},0)$，$F(0,\dfrac{1}{2},1)$. 平面 $AEFG$ 与 x，z 轴的交点分别为 $A(1,0,0)$，$G(0,0,1)$，与 y 轴无交点，则法向量 $\boldsymbol{n}_1=(1,0,1)$，在 CD 延长线上取点 H，使 $DH=AE$，则 $DH \underset{=}{\parallel} AE$，所以 $AH \parallel ED$. 由（1）可知，$AG \parallel EF$，所以平面 $AHG \parallel$ 平面 EFD，平面 AHG 与 x，y，z 轴的交点分别为 $A(1,0,0)$，$H(0,-\dfrac{1}{2},0)$，$G(0,0,1)$，则法向量 $\boldsymbol{n}_2=(1,-2,1)$，设二面角 $A-EF-D$ 的大小为 α，则

$$\cos \alpha = \frac{\boldsymbol{n}_1 \cdot \boldsymbol{n}_2}{|\boldsymbol{n}_1| \cdot |\boldsymbol{n}_2|}=\frac{\sqrt{3}}{3}$$

即二面角 $A-EF-D$ 的大小为 $\arccos \dfrac{\sqrt{3}}{3}$.

例 4 如图 8 所示，正三棱柱 $ABC-A_1B_1C_1$ 的所有棱长都为 2，D 为 CC_1 的中点.

(1) 求证:$AB_1 \perp$ 面 A_1BD;

(2) 求二面角 $A-A_1D-B$ 的大小;

(3) 求点 C 到平面 A_1BD 的距离.

解 (1)如图9所示,取 BC 中点 O,联结 AO. 因为 $\triangle ABC$ 为正三角形,所以 $AO \perp BC$.

因为在正三棱柱 $ABC-A_1B_1C_1$ 中,平面 $ABC \perp$ 平面 BCC_1B_1,所以 $AO \perp$ 平面 BCC_1B_1.

取 B_1C_1 中点 O_1,以 O 为原点,以 $\overrightarrow{OB},\overrightarrow{OO_1},\overrightarrow{OA}$ 的方向为 x,y,z 轴的正方向建立空间直角坐标系,则 $B(1,0,0),D(-1,1,0),A_1(0,2,\sqrt{3}),A(0,0,\sqrt{3}),B_1(1,2,0)$,所以

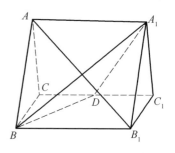

图 8

$$\overrightarrow{AB_1}=(1,2,-\sqrt{3})$$
$$\overrightarrow{BD}=(-2,1,0)$$
$$\overrightarrow{BA_1}=(-1,2,\sqrt{3})$$

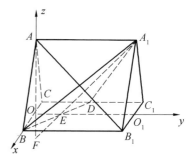

图 9

因为

$$\overrightarrow{AB_1} \cdot \overrightarrow{BD} = -2+2+0=0$$
$$\overrightarrow{AB_1} \cdot \overrightarrow{BA_1} = -1+4-3=0$$

所以

$$\overrightarrow{AB_1} \perp \overrightarrow{BD}, \overrightarrow{AB_1} \perp \overrightarrow{BA_1}$$

又因为

$$BD \bigcap BA_1 = B$$

所以

$$AB_1 \perp 平面 A_1BD$$

(2)平面 A_1AD 与 x,z 轴的交点分别为 $C(-1,0,0),A(0,0,\sqrt{3})$,与 y 轴无交点,则法向量 $\boldsymbol{n}_1=(-1,0,\frac{\sqrt{3}}{3})$ 或 $(-\sqrt{3},0,1)$.

设 BD 与 y 轴交于点 E,则 $OE=\frac{1}{2}CD=\frac{1}{2}$,则 $E(0,\frac{1}{2},0)$,联结

A_1E 并延长交 z 轴于点 F，则 $\dfrac{|FO|}{|FA|}=\dfrac{|OE|}{|AA_1|}=\dfrac{1}{4}$，则 $|FO|=$

$\dfrac{1}{3}|OA|=\dfrac{\sqrt{3}}{3}$，所以 $F(0,0,-\dfrac{\sqrt{3}}{3})$，而平面 A_1BD 与 x 轴的交点为

$B(1,0,0)$，所以法向量 $\boldsymbol{n}_2=(-1,-2,\sqrt{3})$，设二面角 $A-A_1D-B$ 的

大小为 α，则 $\cos\alpha=\dfrac{\boldsymbol{n}_1\cdot\boldsymbol{n}_2}{|\boldsymbol{n}_1|\cdot|\boldsymbol{n}_2|}=\dfrac{\sqrt{6}}{4}$.

所以二面角 $A-A_1D-B$ 的大小为 $\arccos\dfrac{\sqrt{6}}{4}$.

（3）由（2）知，$\boldsymbol{n}_2$ 为平面 A_1BD 的法向量. 因为 $\overrightarrow{BC}=(-2,0,0)$，

$\boldsymbol{n}_2=(-1,-2,\sqrt{3})$. 所以点 C 到平面 A_1BD 的距离 $d=\dfrac{|\overrightarrow{BC}\cdot\boldsymbol{n}_2|}{|\boldsymbol{n}_2|}=$

$\dfrac{2}{2\sqrt{2}}=\dfrac{\sqrt{2}}{2}$.

练习

1.（2008 湖南理）如图 10 所示，四棱锥 $P-ABCD$ 的底面 $ABCD$ 是边长为 1 的菱形，$\angle BCD=60°$，E 是 CD 的中点，$PA\perp$ 底面 $ABCD$，$PA=2$.

（1）证明：平面 $PBE\perp$ 平面 PAB；

（2）求平面 PAD 和平面 PBE 所成二面角（锐角）的大小.

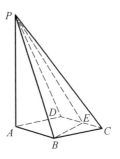

图 10

2.（2008 湖南文）如图 11 所示，四棱锥 $P-ABCD$ 的底面 $ABCD$ 是边长为 1 的菱形，$\angle BCD=60°$，E 是 CD 的中点，$PA\perp$ 底面 $ABCD$，$PA=\sqrt{3}$.

（1）证明：平面 $PBE\perp$ 平面 PAB；

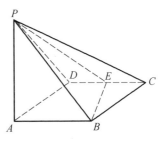

图 11

(2) 求二面角 $A-BE-P$ 的大小.

3. (2008 全国 Ⅱ 文、理) 如图 12 所示,在正四棱柱 $ABCD-A_1B_1C_1D_1$ 中,$AA_1=2AB=4$,点 E 在 CC_1 上且 $C_1E=3EC$.

(1) 证明: $A_1C \perp$ 平面 BED;

(2) 求二面角 A_1-DE-B 的大小.

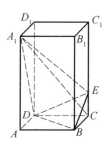

图 12

如图 13 所示,平面的法向量:

注意:

1. 法向量一定是非零向量;

2. 一个平面的所有法向量都互相平行;

3. 向量 n 是平面的法向量,向量 m 与平面平行或在平面内,则有 $n \cdot m = 0$

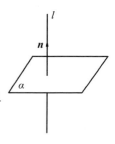

图 13

在中国古代几何知识多被皇家所垄断,而且完全是舶来品,如明崇祯七年 (1634 年) 七月,一幅高 2 m、宽 4.52 m 的巨大形制的星图 ——《赤道南北两总星图》绘制完成. 星图的创作人员是国际班底 —— 由礼部尚书徐光启主持测绘、德国传教士汤若望设计、意大利传教士罗雅谷校订,还有许多钦天监的中国学者参与了制图.

图上绘有大小 20 幅星图及天文仪器图,另有 2 篇图说. 图中所使用的数据,既继承了中国古代星图的内容,又吸收了当时最新的欧洲天文学成果,代表了当时星图绘制的最高水平.

明末,东西方天文学已经有了一些交流,但中西所用的坐标系统不同,中国用的是天极坐标系统,即以北极星为坐标原点,而西方用的是黄道坐标系统;中国古代设定一个圆为 365 又 1/4 度,而西方则是 360 度. 这就导致在天文观测时进行东西方数据对比非常麻烦.而这幅星图的其中一个历史价值就在于,它呈现了东西方天文学的两种坐标系统,针对某个星点可以很容易地进行比对和转换.从这一点生发开来,又可以牵引出当时的东西历法之争、东西方几何发展的不同之处、徐光启和汤若望等人的个人命运、科学在当时面临的环境等.

曾几何时中国的科学技术与人文大多受俄式影响颇深.在我们工作室所出版的两千多种各层次的数学著作中大约有十分之一是俄罗斯数学家所著,有一部分是俄文原版,但大多数被译成了中文.因为地缘优势我们工作室的俄语人才相对较多.几年前乌克兰裔英籍女作家玛琳娜·柳薇卡的处女作《乌克兰拖拉机简史》意外走红.她冒着一本小说被归入农业科技类图书、从此无人问津的风险,给一个幽默风趣的家庭喜剧取了一个"最勇敢的书名".当然,事实证明,这样的别出心裁反而让这本书惹人注目,她夺得了英国为喜剧小说而设的"伍德豪斯奖",并成为获得该奖的第一位女作家 —— 或许各国文学界都是如此,自恋刻薄的女作家好找,幽默风趣的却不多.

当然,英国女作家在中国有非常好的口碑,如 JK.罗琳、阿加莎·克里斯蒂、伍尔夫、简·奥斯汀、勃朗特三姐妹等.如今,这个队伍里面,可以加上一个新名字,一个幽默风趣、智慧洞达的作家 —— 玛琳娜·柳薇卡.

对很多中国读者而言,单看这本书的书名,立刻就会想到书名有异曲同工之妙的《钢铁是怎样炼成的》,而且二者都与颇受关注的乌克兰有关 —— 包括乌克兰文学在内的俄罗斯文学,在中国文学界曾经占据举足轻重的地位,因而,这本书在中国读者中唤起的阅读期待可想而知.希望本书也是如此!

刘培杰

2022 年 8 月 15 日

于哈工大

刘培杰数学工作室
已出版(即将出版)图书目录——初等数学

书 名	出版时间	定 价	编号
新编中学数学解题方法全书(高中版)上卷(第2版)	2018—08	58.00	951
新编中学数学解题方法全书(高中版)中卷(第2版)	2018—08	68.00	952
新编中学数学解题方法全书(高中版)下卷(一)(第2版)	2018—08	58.00	953
新编中学数学解题方法全书(高中版)下卷(二)(第2版)	2018—08	58.00	954
新编中学数学解题方法全书(高中版)下卷(三)(第2版)	2018—08	68.00	955
新编中学数学解题方法全书(初中版)上卷	2008—01	28.00	29
新编中学数学解题方法全书(初中版)中卷	2010—07	38.00	75
新编中学数学解题方法全书(高考复习卷)	2010—01	48.00	67
新编中学数学解题方法全书(高考真题卷)	2010—01	38.00	62
新编中学数学解题方法全书(高考精华卷)	2011—03	68.00	118
新编平面解析几何解题方法全书(专题讲座卷)	2010—01	18.00	61
新编中学数学解题方法全书(自主招生卷)	2013—08	88.00	261
数学奥林匹克与数学文化(第一辑)	2006—05	48.00	4
数学奥林匹克与数学文化(第二辑)(竞赛卷)	2008—01	48.00	19
数学奥林匹克与数学文化(第二辑)(文化卷)	2008—07	58.00	36'
数学奥林匹克与数学文化(第三辑)(竞赛卷)	2010—01	48.00	59
数学奥林匹克与数学文化(第四辑)(竞赛卷)	2011—08	58.00	87
数学奥林匹克与数学文化(第五辑)	2015—06	98.00	370
世界著名平面几何经典著作钩沉——几何作图专题卷(共3卷)	2022—01	198.00	1460
世界著名平面几何经典著作钩沉(民国平面几何老课本)	2011—03	38.00	113
世界著名平面几何经典著作钩沉(建国初期平面三角老课本)	2015—08	38.00	507
世界著名解析几何经典著作钩沉——平面解析几何卷	2014—01	38.00	264
世界著名数论经典著作钩沉(算术卷)	2012—01	28.00	125
世界著名数学经典著作钩沉——立体几何卷	2011—02	28.00	88
世界著名三角学经典著作钩沉(平面三角卷Ⅰ)	2010—06	28.00	69
世界著名三角学经典著作钩沉(平面三角卷Ⅱ)	2011—01	38.00	78
世界著名初等数论经典著作钩沉(理论和实用算术卷)	2011—07	38.00	126
世界著名几何经典著作钩沉(解析几何卷)	2022—10	68.00	1564
发展你的空间想象力(第3版)	2021—01	98.00	1464
空间想象力进阶	2019—05	68.00	1062
走向国际数学奥林匹克的平面几何试题诠释.第1卷	2019—07	88.00	1043
走向国际数学奥林匹克的平面几何试题诠释.第2卷	2019—09	78.00	1044
走向国际数学奥林匹克的平面几何试题诠释.第3卷	2019—03	78.00	1045
走向国际数学奥林匹克的平面几何试题诠释.第4卷	2019—09	98.00	1046
平面几何证明方法全书	2007—08	35.00	1
平面几何证明方法全书习题解答(第2版)	2006—12	18.00	10
平面几何天天练上卷·基础篇(直线型)	2013—01	58.00	208
平面几何天天练中卷·基础篇(涉及圆)	2013—01	28.00	234
平面几何天天练下卷·提高篇	2013—01	58.00	237
平面几何专题研究	2013—07	98.00	258
平面几何解题之道.第1卷	2022—05	38.00	1494
几何学习题集	2020—10	48.00	1217
通过解题学习代数几何	2021—04	88.00	1301
圆锥曲线的奥秘	2022—06	88.00	1541

刘培杰数学工作室
已出版(即将出版)图书目录——初等数学

书　名	出版时间	定　价	编号
最新世界各国数学奥林匹克中的平面几何试题	2007—09	38.00	14
数学竞赛平面几何典型题及新颖解	2010—07	48.00	74
初等数学复习及研究(平面几何)	2008—09	68.00	38
初等数学复习及研究(立体几何)	2010—06	38.00	71
初等数学复习及研究(平面几何)习题解答	2009—01	58.00	42
几何学教程(平面几何卷)	2011—03	68.00	90
几何学教程(立体几何卷)	2011—07	68.00	130
几何变换与几何证题	2010—06	88.00	70
计算方法与几何证题	2011—06	28.00	129
立体几何技巧与方法(第2版)	2022—10	168.00	1572
几何瑰宝——平面几何500名题暨1500条定理(上、下)	2021—07	168.00	1358
三角形的解法与应用	2012—07	18.00	183
近代的三角形几何学	2012—07	48.00	184
一般折线几何学	2015—08	48.00	503
三角形的五心	2009—06	28.00	51
三角形的六心及其应用	2015—10	68.00	542
三角形趣谈	2012—08	28.00	212
解三角形	2014—01	28.00	265
探秘三角形:一次数学旅行	2021—10	68.00	1387
三角学专门教程	2014—09	28.00	387
图天下几何新题试卷.初中(第2版)	2017—11	58.00	855
圆锥曲线习题集(上册)	2013—06	68.00	255
圆锥曲线习题集(中册)	2015—01	78.00	434
圆锥曲线习题集(下册·第1卷)	2016—10	78.00	683
圆锥曲线习题集(下册·第2卷)	2018—01	98.00	853
圆锥曲线习题集(下册·第3卷)	2019—10	128.00	1113
圆锥曲线的思想方法	2021—08	48.00	1379
圆锥曲线的八个主要问题	2021—10	48.00	1415
论九点圆	2015—05	88.00	645
近代欧氏几何学	2012—03	48.00	162
罗巴切夫斯基几何学及几何基础概要	2012—07	28.00	188
罗巴切夫斯基几何学初步	2015—06	28.00	474
用三角、解析几何、复数、向量计算解数学竞赛几何题	2015—03	48.00	455
用解析法研究圆锥曲线的几何理论	2022—05	48.00	1495
美国中学几何教程	2015—04	88.00	458
三线坐标与三角形特征点	2015—04	98.00	460
坐标几何学基础.第1卷,笛卡儿坐标	2021—08	48.00	1398
坐标几何学基础.第2卷,三线坐标	2021—09	28.00	1399
平面解析几何方法与研究(第1卷)	2015—05	18.00	471
平面解析几何方法与研究(第2卷)	2015—06	18.00	472
平面解析几何方法与研究(第3卷)	2015—07	18.00	473
解析几何研究	2015—01	38.00	425
解析几何学教程.上	2016—01	38.00	574
解析几何学教程.下	2016—01	38.00	575
几何学基础	2016—01	58.00	581
初等几何研究	2015—02	58.00	444
十九和二十世纪欧氏几何学中的片段	2017—01	58.00	696
平面几何中考.高考.奥数一本通	2017—07	28.00	820
几何学简史	2017—08	28.00	833
四面体	2018—01	48.00	880
平面几何证明方法思路	2018—12	68.00	913
折纸中的几何练习	2022—09	48.00	1559
中学新几何学(英文)	2022—10	98.00	1562

书　名	出版时间	定　价	编号
平面几何图形特性新析.上篇	2019—01	68.00	911
平面几何图形特性新析.下篇	2018—06	88.00	912
平面几何范例多解探究.上篇	2018—04	48.00	910
平面几何范例多解探究.下篇	2018—12	68.00	914
从分析解题过程学解题:竞赛中的几何问题研究	2018—07	68.00	946
从分析解题过程学解题:竞赛中的向量几何与不等式研究(全2册)	2019—06	138.00	1090
从分析解题过程学解题:竞赛中的不等式问题	2021—01	48.00	1249
二维、三维欧氏几何的对偶原理	2018—12	38.00	990
星形大观及闭折线论	2019—03	68.00	1020
立体几何的问题和方法	2019—11	58.00	1127
三角代换论	2021—05	58.00	1313
俄罗斯平面几何问题集	2009—08	88.00	55
俄罗斯立体几何问题集	2014—03	58.00	283
俄罗斯几何大师——沙雷金论数学及其他	2014—01	48.00	271
来自俄罗斯的5000道几何习题及解答	2011—03	58.00	89
俄罗斯初等数学问题集	2012—05	38.00	177
俄罗斯函数问题集	2011—03	38.00	103
俄罗斯组合分析问题集	2011—01	48.00	79
俄罗斯初等数学万题选——三角卷	2012—11	38.00	222
俄罗斯初等数学万题选——代数卷	2013—08	68.00	225
俄罗斯初等数学万题选——几何卷	2014—01	68.00	226
俄罗斯《量子》杂志数学征解问题100题选	2018—08	48.00	969
俄罗斯《量子》杂志数学征解问题又100题选	2018—08	48.00	970
俄罗斯《量子》杂志数学征解问题	2020—05	48.00	1138
463个俄罗斯几何老问题	2012—01	28.00	152
《量子》数学短文精粹	2018—09	38.00	972
用三角、解析几何等计算解来自俄罗斯的几何题	2019—11	88.00	1119
基谢廖夫平面几何	2022—01	48.00	1461
数学:代数、数学分析和几何(10—11年级)	2021—01	48.00	1250
立体几何.10—11年级	2022—01	58.00	1472
直观几何学:5—6年级	2022—04	58.00	1508
平面几何:9—11年级	2022—10	48.00	1571

谈谈素数	2011—03	18.00	91
平方和	2011—03	18.00	92
整数论	2011—05	38.00	120
从整数谈起	2015—10	28.00	538
数与多项式	2016—01	38.00	558
谈谈不定方程	2011—05	28.00	119
质数漫谈	2022—07	68.00	1529

解析不等式新论	2009—06	68.00	48
建立不等式的方法	2011—03	98.00	104
数学奥林匹克不等式研究(第2版)	2020—07	68.00	1181
不等式研究(第二辑)	2012—02	68.00	153
不等式的秘密(第一卷)(第2版)	2014—02	38.00	286
不等式的秘密(第二卷)	2014—01	38.00	268
初等不等式的证明方法	2010—06	38.00	123
初等不等式的证明方法(第二版)	2014—11	38.00	407
不等式·理论·方法(基础卷)	2015—07	38.00	496
不等式·理论·方法(经典不等式卷)	2015—07	38.00	497
不等式·理论·方法(特殊类型不等式卷)	2015—07	48.00	498
不等式探究	2016—03	38.00	582
不等式探秘	2017—01	88.00	689
四面体不等式	2017—01	68.00	715
数学奥林匹克中常见重要不等式	2017—09	38.00	845

刘培杰数学工作室
已出版(即将出版)图书目录——初等数学

书　名	出版时间	定　价	编号
三正弦不等式	2018－09	98.00	974
函数方程与不等式:解法与稳定性结果	2019－04	68.00	1058
数学不等式.第1卷,对称多项式不等式	2022－05	78.00	1455
数学不等式.第2卷,对称有理不等式与对称无理不等式	2022－05	88.00	1456
数学不等式.第3卷,循环不等式与非循环不等式	2022－05	88.00	1457
数学不等式.第4卷,Jensen不等式的扩展与加细	2022－05	88.00	1458
数学不等式.第5卷,创建不等式与解不等式的其他方法	2022－05	88.00	1459
同余理论	2012－05	38.00	163
[x]与{x}	2015－04	48.00	476
极值与最值.上卷	2015－06	28.00	486
极值与最值.中卷	2015－06	38.00	487
极值与最值.下卷	2015－06	28.00	488
整数的性质	2012－11	38.00	192
完全平方数及其应用	2015－08	78.00	506
多项式理论	2015－10	88.00	541
奇数、偶数、奇偶分析法	2018－01	98.00	876
不定方程及其应用.上	2018－12	58.00	992
不定方程及其应用.中	2019－01	78.00	993
不定方程及其应用.下	2019－02	98.00	994
Nesbitt不等式加强式的研究	2022－06	128.00	1527
最值定理与分析不等式	2023－02	78.00	1567
一类积分不等式	2023－02	88.00	1579

书　名	出版时间	定　价	编号
历届美国中学生数学竞赛试题及解答(第一卷)1950—1954	2014－07	18.00	277
历届美国中学生数学竞赛试题及解答(第二卷)1955—1959	2014－04	18.00	278
历届美国中学生数学竞赛试题及解答(第三卷)1960—1964	2014－06	18.00	279
历届美国中学生数学竞赛试题及解答(第四卷)1965—1969	2014－04	28.00	280
历届美国中学生数学竞赛试题及解答(第五卷)1970—1972	2014－06	18.00	281
历届美国中学生数学竞赛试题及解答(第六卷)1973—1980	2017－07	18.00	768
历届美国中学生数学竞赛试题及解答(第七卷)1981—1986	2015－01	18.00	424
历届美国中学生数学竞赛试题及解答(第八卷)1987—1990	2017－05	18.00	769

书　名	出版时间	定　价	编号
历届中国数学奥林匹克试题集(第3版)	2021－10	58.00	1440
历届加拿大数学奥林匹克试题集	2012－08	38.00	215
历届美国数学奥林匹克试题集:1972～2019	2020－04	88.00	1135
历届波兰数学竞赛试题集.第1卷,1949～1963	2015－03	18.00	453
历届波兰数学竞赛试题集.第2卷,1964～1976	2015－03	18.00	454
历届巴尔干数学奥林匹克试题集	2015－05	38.00	466
保加利亚数学奥林匹克	2014－10	38.00	393
圣彼得堡数学奥林匹克试题集	2015－01	38.00	429
匈牙利奥林匹克数学竞赛题解.第1卷	2016－05	28.00	593
匈牙利奥林匹克数学竞赛题解.第2卷	2016－05	28.00	594
历届美国数学邀请赛试题集(第2版)	2017－10	78.00	851
普林斯顿大学数学竞赛	2016－06	38.00	669
亚太地区数学奥林匹克竞赛题	2015－07	18.00	492
日本历届(初级)广中杯数学竞赛试题及解答.第1卷(2000～2007)	2016－05	28.00	641
日本历届(初级)广中杯数学竞赛试题及解答.第2卷(2008～2015)	2016－05	38.00	642
越南数学奥林匹克题选:1962—2009	2021－07	48.00	1370
360个数学竞赛问题	2016－08	58.00	677
奥数最佳实战题.上卷	2017－06	38.00	760
奥数最佳实战题.下卷	2017－05	58.00	761
哈尔滨市早期中学数学竞赛试题汇编	2016－07	28.00	672
全国高中数学联赛试题及解答:1981—2019(第4版)	2020－07	138.00	1176
2022年全国高中数学联合竞赛模拟题集	2022－06	30.00	1521

刘培杰数学工作室
已出版(即将出版)图书目录——初等数学

书　名	出版时间	定　价	编号
20世纪50年代全国部分城市数学竞赛试题汇编	2017—07	28.00	797
国内外数学竞赛题及精解:2018~2019	2020—08	45.00	1192
国内外数学竞赛题及精解:2019~2020	2021—11	58.00	1439
许康华竞赛优学精选集.第一辑	2018—08	68.00	949
天问叶班数学问题征解100题. I ,2016—2018	2019—05	88.00	1075
天问叶班数学问题征解100题. II ,2017—2019	2020—07	98.00	1177
美国初中数学竞赛:AMC8准备(共6卷)	2019—07	138.00	1089
美国高中数学竞赛:AMC10准备(共6卷)	2019—08	158.00	1105
王连笑教你怎样学数学:高考选择题解题策略与客观题实用训练	2014—01	48.00	262
王连笑教你怎样学数学:高考数学高层次讲座	2015—02	48.00	432
高考数学的理论与实践	2009—08	38.00	53
高考数学核心题型解题方法与技巧	2010—01	28.00	86
高考思维新平台	2014—03	38.00	259
高考数学压轴题解题诀窍(上)(第2版)	2018—01	58.00	874
高考数学压轴题解题诀窍(下)(第2版)	2018—01	48.00	875
北京市五区文科数学三年高考模拟题详解:2013~2015	2015—08	48.00	500
北京市五区理科数学三年高考模拟题详解:2013~2015	2015—09	68.00	505
向量法巧解数学高考题	2009—08	28.00	54
高中数学课堂教学的实践与反思	2021—11	48.00	791
数学高考参考	2016—01	78.00	589
新课程标准高考数学解答题各种题型解法指导	2020—08	78.00	1196
全国及各省市高考数学试题审题要津与解法研究	2015—02	48.00	450
高中数学章节起始课的教学研究与案例设计	2019—05	28.00	1064
新课标高考数学——五年试题分章详解(2007~2011)(上、下)	2011—10	78.00	140,141
全国中考数学压轴题审题要津与解法研究	2013—04	78.00	248
新编全国及各省市中考数学压轴题审题要津与解法研究	2014—05	58.00	342
全国及各省市5年中考数学压轴题审题要津与解法研究(2015版)	2015—04	58.00	462
中考数学专题总复习	2007—04	28.00	6
中考数学较难题常考题型解题方法与技巧	2016—09	48.00	681
中考数学难题常考题型解题方法与技巧	2016—09	48.00	682
中考数学中档题常考题型解题方法与技巧	2017—08	68.00	835
中考数学选择填空压轴好题妙解365	2017—05	38.00	759
中考数学:三类重点考题的解法例析与习题	2020—04	48.00	1140
中小学数学的历史文化	2019—11	48.00	1124
初中平面几何百题多思创新解	2020—01	58.00	1125
初中数学中考备考	2020—01	58.00	1126
高考数学之九章演义	2019—08	68.00	1044
高考数学之难题谈笑间	2022—06	68.00	1519
化学可以这样学:高中化学知识方法智慧感悟疑难辨析	2019—07	58.00	1103
如何成为学习高手	2019—09	58.00	1107
高考数学:经典真题分类解析	2020—04	78.00	1134
高考数学解答题破解策略	2020—11	58.00	1221
从分析解题过程学解题:高考压轴题与竞赛题之关系探究	2020—08	88.00	1179
教学新思考:单元整体视角下的初中数学教学设计	2021—03	58.00	1278
思维再拓展:2020年经典几何题的多解探究与思考	即将出版		1279
中考数学小压轴汇编初讲	2017—07	48.00	788
中考数学大压轴专题微言	2017—09	48.00	846
怎么解中考平面几何探索题	2019—06	48.00	1093
北京中考数学压轴题解题方法突破(第8版)	2022—11	78.00	1577
助你高考成功的数学解题智慧:知识是智慧的基础	2016—01	58.00	596
助你高考成功的数学解题智慧:错误是智慧的试金石	2016—04	58.00	643
助你高考成功的数学解题智慧:方法是智慧的推手	2016—04	68.00	657
高考数学奇思妙解	2016—04	38.00	610
高考数学解题策略	2016—05	48.00	670

书 名	出版时间	定 价	编号
数学解题泄天机(第2版)	2017—10	48.00	850
高考物理压轴题全解	2017—04	58.00	746
高中物理经典问题25讲	2017—05	28.00	764
高中物理教学讲义	2018—01	48.00	871
高中物理教学讲义:全模块	2022—03	98.00	1492
高中物理答疑解惑65篇	2021—11	48.00	1462
中学物理基础问题解析	2020—08	48.00	1183
2017年高考理科数学真题研究	2018—01	58.00	867
2017年高考文科数学真题研究	2018—01	48.00	868
初中数学、高中数学脱节知识补缺教材	2017—06	48.00	766
高考数学小题抢分必练	2017—10	48.00	834
高考数学核心素养解读	2017—09	38.00	839
高考数学客观题解题方法和技巧	2017—10	38.00	847
十年高考数学精品试题审题要津与解法研究	2021—10	98.00	1427
中国历届高考数学试题及解答.1949—1979	2018—01	38.00	877
历届中国高考数学试题及解答.第二卷,1980—1989	2018—10	28.00	975
历届中国高考数学试题及解答.第三卷,1990—1999	2018—10	48.00	976
数学文化与高考研究	2018—03	48.00	882
跟我学解高中数学题	2018—07	58.00	926
中学数学研究的方法及案例	2018—05	58.00	869
高考数学抢分技能	2018—07	68.00	934
高一新生常用数学方法和重要数学思想提升教材	2018—06	38.00	921
2018年高考数学真题研究	2019—01	68.00	1000
2019年高考数学真题研究	2020—05	88.00	1137
高考数学全国卷六道解答题常考题型解题诀窍:理科(全2册)	2019—07	78.00	1101
高考数学全国卷16道选择、填空题常考题型解题诀窍.理科	2018—09	88.00	971
高考数学全国卷16道选择、填空题常考题型解题诀窍.文科	2020—01	88.00	1123
高中数学一题多解	2019—06	58.00	1087
历届中国高考数学试题及解答:1917—1999	2021—08	98.00	1371
2000~2003年全国及各省市高考数学试题及解答	2022—05	88.00	1499
2004年全国及各省市高考数学试题及解答	2022—07	78.00	1500
突破高原:高中数学解题思维探究	2021—08	48.00	1375
高考数学中的"取值范围"	2021—10	48.00	1429
新课程标准高中数学各种题型解法大全.必修一分册	2021—06	58.00	1315
新课程标准高中数学各种题型解法大全.必修二分册	2022—01	68.00	1471
高中数学各种题型解法大全.选择性必修一分册	2022—06	68.00	1525
高中数学各种题型解法大全.选择性必修二分册	2023—01	58.00	1600

书 名	出版时间	定 价	编号
新编640个世界著名数学智力趣题	2014—01	88.00	242
500个最新世界著名数学智力趣题	2008—06	48.00	3
400个最新世界著名数学最值问题	2008—09	48.00	36
500个世界著名数学征解问题	2009—06	48.00	52
400个中国最佳初等数学征解老问题	2010—01	48.00	60
500个俄罗斯数学经典老题	2011—01	28.00	81
1000个国外中学物理好题	2012—04	48.00	174
300个日本高考数学题	2012—05	38.00	142
700个早期日本高考数学试题	2017—02	88.00	752
500个前苏联早期高考数学试题及解答	2012—05	28.00	185
546个早期俄罗斯大学生数学竞赛题	2014—03	38.00	285
548个来自美苏的数学好问题	2014—11	28.00	396
20所苏联著名大学早期入学试题	2015—02	18.00	452
161道德国工科大学生必做的微分方程习题	2015—05	28.00	469
500个德国工科大学生必做的高数习题	2015—06	28.00	478
360个数学竞赛问题	2016—08	58.00	677
200个趣味数学故事	2018—02	48.00	857
470个数学奥林匹克中的最值问题	2018—10	88.00	985
德国讲义日本考题.微积分卷	2015—04	48.00	456
德国讲义日本考题.微分方程卷	2015—04	38.00	457
二十世纪中叶中、英、美、日、法、俄高考数学试题精选	2017—06	38.00	783

刘培杰数学工作室
已出版(即将出版)图书目录——初等数学

书　名	出版时间	定　价	编号
中国初等数学研究　2009 卷(第 1 辑)	2009－05	20.00	45
中国初等数学研究　2010 卷(第 2 辑)	2010－05	30.00	68
中国初等数学研究　2011 卷(第 3 辑)	2011－07	60.00	127
中国初等数学研究　2012 卷(第 4 辑)	2012－07	48.00	190
中国初等数学研究　2014 卷(第 5 辑)	2014－02	48.00	288
中国初等数学研究　2015 卷(第 6 辑)	2015－06	68.00	493
中国初等数学研究　2016 卷(第 7 辑)	2016－04	68.00	609
中国初等数学研究　2017 卷(第 8 辑)	2017－01	98.00	712
初等数学研究在中国.第 1 辑	2019－03	158.00	1024
初等数学研究在中国.第 2 辑	2019－10	158.00	1116
初等数学研究在中国.第 3 辑	2021－05	158.00	1306
初等数学研究在中国.第 4 辑	2022－06	158.00	1520
几何变换(Ⅰ)	2014－07	28.00	353
几何变换(Ⅱ)	2015－06	28.00	354
几何变换(Ⅲ)	2015－01	38.00	355
几何变换(Ⅳ)	2015－12	38.00	356
初等数论难题集(第一卷)	2009－05	68.00	44
初等数论难题集(第二卷)(上、下)	2011－02	128.00	82,83
数论概貌	2011－03	18.00	93
代数数论(第二版)	2013－08	58.00	94
代数多项式	2014－06	38.00	289
初等数论的知识与问题	2011－02	28.00	95
超越数论基础	2011－03	28.00	96
数论初等教程	2011－03	28.00	97
数论基础	2011－03	18.00	98
数论基础与维诺格拉多夫	2014－03	18.00	292
解析数论基础	2012－08	28.00	216
解析数论基础(第二版)	2014－01	48.00	287
解析数论问题集(第二版)(原版引进)	2014－05	88.00	343
解析数论问题集(第二版)(中译本)	2016－04	88.00	607
解析数论基础(潘承洞,潘承彪著)	2016－07	98.00	673
解析数论导引	2016－07	58.00	674
数论入门	2011－03	38.00	99
代数数论入门	2015－03	38.00	448
数论开篇	2012－07	28.00	194
解析数论引论	2011－03	48.00	100
Barban Davenport Halberstam 均值和	2009－01	40.00	33
基础数论	2011－03	28.00	101
初等数论 100 例	2011－05	18.00	122
初等数论经典例题	2012－07	18.00	204
最新世界各国数学奥林匹克中的初等数论试题(上、下)	2012－01	138.00	144,145
初等数论(Ⅰ)	2012－01	18.00	156
初等数论(Ⅱ)	2012－01	18.00	157
初等数论(Ⅲ)	2012－01	28.00	158

书　名	出版时间	定　价	编号
平面几何与数论中未解决的新老问题	2013—01	68.00	229
代数数论简史	2014—11	28.00	408
代数数论	2015—09	88.00	532
代数、数论及分析习题集	2016—11	98.00	695
数论导引提要及习题解答	2016—01	48.00	559
素数定理的初等证明.第2版	2016—09	48.00	686
数论中的模函数与狄利克雷级数(第二版)	2017—11	78.00	837
数论:数学导引	2018—01	68.00	849
范氏大代数	2019—02	98.00	1016
解析数学讲义.第一卷,导来式及微分、积分、级数	2019—04	88.00	1021
解析数学讲义.第二卷,关于几何的应用	2019—04	68.00	1022
解析数学讲义.第三卷,解析函数论	2019—04	78.00	1023
分析·组合·数论纵横谈	2019—04	58.00	1039
Hall代数:民国时期的中学数学课本:英文	2019—08	88.00	1106
基谢廖夫初等代数	2022—07	38.00	1531
数学精神巡礼	2019—01	58.00	731
数学眼光透视(第2版)	2017—06	78.00	732
数学思想领悟(第2版)	2018—01	68.00	733
数学方法溯源(第2版)	2018—08	68.00	734
数学解题引论	2017—05	58.00	735
数学史话览胜(第2版)	2017—01	48.00	736
数学应用展观(第2版)	2017—08	68.00	737
数学建模尝试	2018—04	48.00	738
数学竞赛采风	2018—01	68.00	739
数学测评探营	2019—05	58.00	740
数学技能操握	2018—03	48.00	741
数学欣赏拾趣	2018—02	48.00	742
从毕达哥拉斯到怀尔斯	2007—10	48.00	9
从迪利克雷到维斯卡尔迪	2008—01	48.00	21
从哥德巴赫到陈景润	2008—05	98.00	35
从庞加莱到佩雷尔曼	2011—08	138.00	136
博弈论精粹	2008—03	58.00	30
博弈论精粹.第二版(精装)	2015—01	88.00	461
数学 我爱你	2008—01	28.00	20
精神的圣徒　别样的人生——60位中国数学家成长的历程	2008—09	48.00	39
数学史概论	2009—06	78.00	50
数学史概论(精装)	2013—03	158.00	272
数学史选讲	2016—01	48.00	544
斐波那契数列	2010—02	28.00	65
数学拼盘和斐波那契魔方	2010—07	38.00	72
斐波那契数列欣赏(第2版)	2018—08	58.00	948
Fibonacci数列中的明珠	2018—06	58.00	928
数学的创造	2011—02	48.00	85
数学美与创造力	2016—01	48.00	595
数海拾贝	2016—01	48.00	590
数学中的美(第2版)	2019—04	68.00	1057
数论中的美学	2014—12	38.00	351

刘培杰数学工作室
已出版(即将出版)图书目录——初等数学

书 名	出版时间	定 价	编号
数学王者 科学巨人——高斯	2015—01	28.00	428
振兴祖国数学的圆梦之旅:中国初等数学研究史话	2015—06	98.00	490
二十世纪中国数学史料研究	2015—10	48.00	536
数字谜、数阵图与棋盘覆盖	2016—01	58.00	298
时间的形状	2016—01	38.00	556
数学发现的艺术:数学探索中的合情推理	2016—07	58.00	671
活跃在数学中的参数	2016—07	48.00	675
数海趣史	2021—05	98.00	1314
数学解题——靠数学思想给力(上)	2011—07	38.00	131
数学解题——靠数学思想给力(中)	2011—07	48.00	132
数学解题——靠数学思想给力(下)	2011—07	38.00	133
我怎样解题	2013—01	48.00	227
数学解题中的物理方法	2011—06	28.00	114
数学解题的特殊方法	2011—06	48.00	115
中学数学计算技巧(第2版)	2020—10	48.00	1220
中学数学证明方法	2012—01	58.00	117
数学趣题巧解	2012—03	28.00	128
高中数学教学通鉴	2015—05	58.00	479
和高中生漫谈:数学与哲学的故事	2014—08	28.00	369
算术问题集	2017—03	38.00	789
张教授讲数学	2018—07	38.00	933
陈永明实话实说数学教学	2020—04	68.00	1132
中学数学学科知识与教学能力	2020—06	58.00	1155
怎样把课讲好:大罕数学教学随笔	2022—03	58.00	1484
中国高考评价体系下高考数学探秘	2022—03	48.00	1487
自主招生考试中的参数方程问题	2015—01	28.00	435
自主招生考试中的极坐标问题	2015—04	28.00	463
近年全国重点大学自主招生数学试题全解及研究.华约卷	2015—02	38.00	441
近年全国重点大学自主招生数学试题全解及研究.北约卷	2016—05	38.00	619
自主招生数学解证宝典	2015—09	48.00	535
中国科学技术大学创新班数学真题解析	2022—03	48.00	1488
中国科学技术大学创新班物理真题解析	2022—03	58.00	1489
格点和面积	2012—07	18.00	191
射影几何趣谈	2012—04	28.00	175
斯潘纳尔引理——从一道加拿大数学奥林匹克试题谈起	2014—01	28.00	228
李普希兹条件——从几道近年高考数学试题谈起	2012—10	18.00	221
拉格朗日中值定理——从一道北京高考试题的解法谈起	2015—10	18.00	197
闵科夫斯基定理——从一道清华大学自主招生试题谈起	2014—01	28.00	198
哈尔测度——从一道冬令营试题的背景谈起	2012—08	28.00	202
切比雪夫逼近问题——从一道中国台北数学奥林匹克试题谈起	2013—04	38.00	238
伯恩斯坦多项式与贝齐尔曲面——从一道全国高中数学联赛试题谈起	2013—03	38.00	236
卡塔兰猜想——从一道普特南竞赛试题谈起	2013—06	18.00	256
麦卡锡函数和阿克曼函数——从一道前南斯拉夫数学奥林匹克试题谈起	2012—08	18.00	201
贝蒂定理与拉姆贝克莫斯尔定理——从一个拣石子游戏谈起	2012—08	18.00	217
皮亚诺曲线和豪斯道夫分球定理——从无限集谈起	2012—08	18.00	211
平面凸图形与凸多面体	2012—10	28.00	218
斯坦因豪斯问题——从一道二十五省市自治区中学数学竞赛试题谈起	2012—07	18.00	196

刘培杰数学工作室
已出版(即将出版)图书目录——初等数学

书　名	出版时间	定　价	编号
纽结理论中的亚历山大多项式与琼斯多项式——从一道北京市高一数学竞赛试题谈起	2012—07	28.00	195
原则与策略——从波利亚"解题表"谈起	2013—04	38.00	244
转化与化归——从三大尺规作图不能问题谈起	2012—08	28.00	214
代数几何中的贝祖定理(第一版)——从一道IMO试题的解法谈起	2013—08	18.00	193
成功连贯理论与约当块理论——从一道比利时数学竞赛试题谈起	2012—04	18.00	180
素数判定与大数分解	2014—08	18.00	199
置换多项式及其应用	2012—10	18.00	220
椭圆函数与模函数——从一道美国加州大学洛杉矶分校(UCLA)博士资格考题谈起	2012—10	28.00	219
差分方程的拉格朗日方法——从一道2011年全国高考理科试题的解法谈起	2012—08	28.00	200
力学在几何中的一些应用	2013—01	38.00	240
从根式解到伽罗华理论	2020—01	48.00	1121
康托洛维奇不等式——从一道全国高中联赛试题谈起	2013—03	28.00	337
西格尔引理——从一道第18届IMO试题的解法谈起	即将出版		
罗斯定理——从一道前苏联数学竞赛试题谈起	即将出版		
拉克斯定理和阿廷定理——从一道IMO试题的解法谈起	2014—01	58.00	246
毕卡大定理——从一道美国大学数学竞赛试题谈起	2014—07	18.00	350
贝齐尔曲线——从一道全国高中联赛试题谈起	即将出版		
拉格朗日乘子定理——从一道2005年全国高中联赛试题的高等数学解法谈起	2015—05	28.00	480
雅可比定理——从一道日本数学奥林匹克试题谈起	2013—04	48.00	249
李天岩—约克定理——从一道波兰数学竞赛试题谈起	2014—06	28.00	349
整系数多项式因式分解的一般方法——从克朗耐克算法谈起	即将出版		
布劳维不动点定理——从一道前苏联数学奥林匹克试题谈起	2014—01	38.00	273
伯恩赛德定理——从一道英国数学奥林匹克试题谈起	即将出版		
布查特—莫斯特定理——从一道上海市初中竞赛试题谈起	即将出版		
数论中的同余数问题——从一道普特南竞赛试题谈起	即将出版		
范·德蒙行列式——从一道美国数学奥林匹克试题谈起	即将出版		
中国剩余定理:总数法构建中国历史年表	2015—01	28.00	430
牛顿程序与方程求根——从一道全国高考试题解法谈起	即将出版		
库默尔定理——从一道IMO预选试题谈起	即将出版		
卢丁定理——从一道冬令营试题的解法谈起	即将出版		
沃斯滕霍姆定理——从一道IMO预选试题谈起	即将出版		
卡尔松不等式——从一道莫斯科数学奥林匹克试题谈起	即将出版		
信息论中的香农熵——从一道近年高考压轴题谈起	即将出版		
约当不等式——从一道希望杯竞赛试题谈起	即将出版		
拉比诺维奇定理	即将出版		
刘维尔定理——从一道《美国数学月刊》征解问题的解法谈起	即将出版		
卡塔兰恒等式与级数求和——从一道IMO试题的解法谈起	即将出版		
勒让德猜想与素数分布——从一道爱尔兰竞赛试题谈起	即将出版		
天平称重与信息论——从一道基辅市数学奥林匹克试题谈起	即将出版		
哈密尔顿—凯莱定理:从一道高中数学联赛试题的解法谈起	2014—09	18.00	376
艾思特曼定理——从一道CMO试题的解法谈起	即将出版		

刘培杰数学工作室
已出版(即将出版)图书目录——初等数学

书　名	出版时间	定　价	编号
阿贝尔恒等式与经典不等式及应用	2018－06	98.00	923
迪利克雷除数问题	2018－07	48.00	930
幻方、幻立方与拉丁方	2019－08	48.00	1092
帕斯卡三角形	2014－03	18.00	294
蒲丰投针问题——从2009年清华大学的一道自主招生试题谈起	2014－01	38.00	295
斯图姆定理——从一道"华约"自主招生试题的解法谈起	2014－01	18.00	296
许瓦兹引理——从一道加利福尼亚大学伯克利分校数学系博士生试题谈起	2014－08	18.00	297
拉姆塞定理——从王诗宬院士的一个问题谈起	2016－04	48.00	299
坐标法	2013－12	28.00	332
数论三角形	2014－04	38.00	341
毕克定理	2014－07	18.00	352
数林掠影	2014－09	48.00	389
我们周围的概率	2014－10	38.00	390
凸函数最值定理:从一道华约自主招生题的解法谈起	2014－10	28.00	391
易学与数学奥林匹克	2014－10	38.00	392
生物数学趣谈	2015－01	18.00	409
反演	2015－01	28.00	420
因式分解与圆锥曲线	2015－01	18.00	426
轨迹	2015－01	28.00	427
面积原理:从常庚哲命的一道CMO试题的积分解法谈起	2015－01	48.00	431
形形色色的不动点定理:从一道28届IMO试题谈起	2015－01	38.00	439
柯西函数方程:从一道上海交大自主招生的试题谈起	2015－02	28.00	440
三角恒等式	2015－02	28.00	442
无理性判定:从一道2014年"北约"自主招生试题谈起	2015－01	38.00	443
数学归纳法	2015－03	18.00	451
极端原理与解题	2015－04	28.00	464
法雷级数	2014－08	18.00	367
摆线族	2015－01	38.00	438
函数方程及其解法	2015－05	38.00	470
含参数的方程和不等式	2012－09	28.00	213
希尔伯特第十问题	2016－01	38.00	543
无穷小量的求和	2016－01	28.00	545
切比雪夫多项式:从一道清华大学金秋营试题谈起	2016－01	38.00	583
泽肯多夫定理	2016－03	38.00	599
代数等式证题法	2016－01	28.00	600
三角等式证题法	2016－01	28.00	601
吴大任教授藏书中的一个因式分解公式:从一道美国数学邀请赛试题的解法谈起	2016－06	28.00	656
易卦——类万物的数学模型	2017－08	68.00	838
"不可思议"的数与数系可持续发展	2018－01	38.00	878
最短线	2018－01	38.00	879
数学在天文、地理、光学、机械力学中的一些应用	2023－03	88.00	1576
从阿基米德三角形谈起	2023－01	28.00	1578
幻方和魔方(第一卷)	2012－05	68.00	173
尘封的经典——初等数学经典文献选读(第一卷)	2012－07	48.00	205
尘封的经典——初等数学经典文献选读(第二卷)	2012－07	38.00	206
初级方程式论	2011－03	28.00	106
初等数学研究(Ⅰ)	2008－09	68.00	37
初等数学研究(Ⅱ)(上、下)	2009－05	118.00	46,47
初等数学专题研究	2022－10	68.00	1568

刘培杰数学工作室
已出版(即将出版)图书目录——初等数学

书　　名	出版时间	定　价	编号
趣味初等方程妙题集锦	2014－09	48.00	388
趣味初等数论选美与欣赏	2015－02	48.00	445
耕读笔记(上卷):一位农民数学爱好者的初数探索	2015－04	28.00	459
耕读笔记(中卷):一位农民数学爱好者的初数探索	2015－05	28.00	483
耕读笔记(下卷):一位农民数学爱好者的初数探索	2015－05	28.00	484
几何不等式研究与欣赏.上卷	2016－01	88.00	547
几何不等式研究与欣赏.下卷	2016－01	48.00	552
初等数列研究与欣赏·上	2016－01	48.00	570
初等数列研究与欣赏·下	2016－01	48.00	571
趣味初等函数研究与欣赏.上	2016－09	48.00	684
趣味初等函数研究与欣赏.下	2018－09	48.00	685
三角不等式研究与欣赏	2020－10	68.00	1197
新编平面解析几何解题方法研究与欣赏	2021－10	78.00	1426
火柴游戏(第2版)	2022－05	38.00	1493
智力解谜.第1卷	2017－07	38.00	613
智力解谜.第2卷	2017－07	38.00	614
故事智力	2016－07	48.00	615
名人们喜欢的智力问题	2020－01	48.00	616
数学大师的发现、创造与失误	2018－01	48.00	617
异曲同工	2018－09	48.00	618
数学的味道	2018－01	58.00	798
数学千字文	2018－10	68.00	977
数贝偶拾——高考数学题研究	2014－04	28.00	274
数贝偶拾——初等数学研究	2014－04	38.00	275
数贝偶拾——奥数题研究	2014－04	48.00	276
钱昌本教你快乐学数学(上)	2011－12	48.00	155
钱昌本教你快乐学数学(下)	2012－03	58.00	171
集合、函数与方程	2014－01	28.00	300
数列与不等式	2014－01	38.00	301
三角与平面向量	2014－01	28.00	302
平面解析几何	2014－01	38.00	303
立体几何与组合	2014－01	28.00	304
极限与导数、数学归纳法	2014－01	38.00	305
趣味数学	2014－03	28.00	306
教材教法	2014－04	68.00	307
自主招生	2014－05	58.00	308
高考压轴题(上)	2015－01	48.00	309
高考压轴题(下)	2014－10	68.00	310
从费马到怀尔斯——费马大定理的历史	2013－10	198.00	I
从庞加莱到佩雷尔曼——庞加莱猜想的历史	2013－10	298.00	II
从切比雪夫到爱尔特希(上)——素数定理的初等证明	2013－07	48.00	III
从切比雪夫到爱尔特希(下)——素数定理100年	2012－12	98.00	III
从高斯到盖尔方特——二次域的高斯猜想	2013－10	198.00	IV
从库默尔到朗兰兹——朗兰兹猜想的历史	2014－01	98.00	V
从比勃巴赫到德布朗斯——比勃巴赫猜想的历史	2014－02	298.00	VI
从麦比乌斯到陈省身——麦比乌斯变换与麦比乌斯带	2014－02	298.00	VII
从布尔到豪斯道夫——布尔方程与格论漫谈	2013－10	198.00	VIII
从开普勒到阿诺德——三体问题的历史	2014－05	298.00	IX
从华林到华罗庚——华林问题的历史	2013－10	298.00	X

刘培杰数学工作室
已出版(即将出版)图书目录——初等数学

书 名	出版时间	定 价	编号
美国高中数学竞赛五十讲.第1卷(英文)	2014—08	28.00	357
美国高中数学竞赛五十讲.第2卷(英文)	2014—08	28.00	358
美国高中数学竞赛五十讲.第3卷(英文)	2014—09	28.00	359
美国高中数学竞赛五十讲.第4卷(英文)	2014—09	28.00	360
美国高中数学竞赛五十讲.第5卷(英文)	2014—10	28.00	361
美国高中数学竞赛五十讲.第6卷(英文)	2014—11	28.00	362
美国高中数学竞赛五十讲.第7卷(英文)	2014—12	28.00	363
美国高中数学竞赛五十讲.第8卷(英文)	2015—01	28.00	364
美国高中数学竞赛五十讲.第9卷(英文)	2015—01	28.00	365
美国高中数学竞赛五十讲.第10卷(英文)	2015—02	38.00	366
三角函数(第2版)	2017—04	38.00	626
不等式	2014—01	38.00	312
数列	2014—01	38.00	313
方程(第2版)	2017—04	38.00	624
排列和组合	2014—01	28.00	315
极限与导数(第2版)	2016—04	38.00	635
向量(第2版)	2018—08	58.00	627
复数及其应用	2014—08	28.00	318
函数	2014—01	38.00	319
集合	2020—01	48.00	320
直线与平面	2014—01	28.00	321
立体几何(第2版)	2016—04	38.00	629
解三角形	即将出版		323
直线与圆(第2版)	2016—11	38.00	631
圆锥曲线(第2版)	2016—09	48.00	632
解题通法(一)	2014—07	38.00	326
解题通法(二)	2014—07	38.00	327
解题通法(三)	2014—05	38.00	328
概率与统计	2014—01	28.00	329
信息迁移与算法	即将出版		330
IMO 50年.第1卷(1959—1963)	2014—11	28.00	377
IMO 50年.第2卷(1964—1968)	2014—11	28.00.	378
IMO 50年.第3卷(1969—1973)	2014—09	28.00	379
IMO 50年.第4卷(1974—1978)	2016—04	38.00	380
IMO 50年.第5卷(1979—1984)	2015—04	38.00	381
IMO 50年.第6卷(1985—1989)	2015—04	58.00	382
IMO 50年.第7卷(1990—1994)	2016—01	48.00	383
IMO 50年.第8卷(1995—1999)	2016—06	38.00	384
IMO 50年.第9卷(2000—2004)	2015—04	58.00	385
IMO 50年.第10卷(2005—2009)	2016—01	48.00	386
IMO 50年.第11卷(2010—2015)	2017—03	48.00	646

书　名	出版时间	定　价	编号
数学反思(2006—2007)	2020—09	88.00	915
数学反思(2008—2009)	2019—01	68.00	917
数学反思(2010—2011)	2018—05	58.00	916
数学反思(2012—2013)	2019—01	58.00	918
数学反思(2014—2015)	2019—03	78.00	919
数学反思(2016—2017)	2021—03	58.00	1286
数学反思(2018—2019)	2023—01	88.00	1593
历届美国大学生数学竞赛试题集.第一卷(1938—1949)	2015—01	28.00	397
历届美国大学生数学竞赛试题集.第二卷(1950—1959)	2015—01	28.00	398
历届美国大学生数学竞赛试题集.第三卷(1960—1969)	2015—01	28.00	399
历届美国大学生数学竞赛试题集.第四卷(1970—1979)	2015—01	18.00	400
历届美国大学生数学竞赛试题集.第五卷(1980—1989)	2015—01	28.00	401
历届美国大学生数学竞赛试题集.第六卷(1990—1999)	2015—01	28.00	402
历届美国大学生数学竞赛试题集.第七卷(2000—2009)	2015—08	18.00	403
历届美国大学生数学竞赛试题集.第八卷(2010—2012)	2015—01	18.00	404
新课标高考数学创新题解题诀窍:总论	2014—09	28.00	372
新课标高考数学创新题解题诀窍:必修1~5分册	2014—08	38.00	373
新课标高考数学创新题解题诀窍:选修2—1,2—2,1—1,1—2分册	2014—09	38.00	374
新课标高考数学创新题解题诀窍:选修2—3,4—4,4—5分册	2014—09	18.00	375
全国重点大学自主招生英文数学试题全攻略:词汇卷	2015—07	48.00	410
全国重点大学自主招生英文数学试题全攻略:概念卷	2015—01	28.00	411
全国重点大学自主招生英文数学试题全攻略:文章选读卷(上)	2016—09	38.00	412
全国重点大学自主招生英文数学试题全攻略:文章选读卷(下)	2017—01	58.00	413
全国重点大学自主招生英文数学试题全攻略:试题卷	2015—07	38.00	414
全国重点大学自主招生英文数学试题全攻略:名著欣赏卷	2017—03	48.00	415
劳埃德数学趣题大全.题目卷.1:英文	2016—01	18.00	516
劳埃德数学趣题大全.题目卷.2:英文	2016—01	18.00	517
劳埃德数学趣题大全.题目卷.3:英文	2016—01	18.00	518
劳埃德数学趣题大全.题目卷.4:英文	2016—01	18.00	519
劳埃德数学趣题大全.题目卷.5:英文	2016—01	18.00	520
劳埃德数学趣题大全.答案卷:英文	2016—01	18.00	521
李成章教练奥数笔记.第1卷	2016—01	48.00	522
李成章教练奥数笔记.第2卷	2016—01	48.00	523
李成章教练奥数笔记.第3卷	2016—01	38.00	524
李成章教练奥数笔记.第4卷	2016—01	38.00	525
李成章教练奥数笔记.第5卷	2016—01	38.00	526
李成章教练奥数笔记.第6卷	2016—01	38.00	527
李成章教练奥数笔记.第7卷	2016—01	38.00	528
李成章教练奥数笔记.第8卷	2016—01	48.00	529
李成章教练奥数笔记.第9卷	2016—01	28.00	530

刘培杰数学工作室
已出版(即将出版)图书目录——初等数学

书　名	出版时间	定　价	编号
第19~23届"希望杯"全国数学邀请试题审题要津详细评注(初一版)	2014—03	28.00	333
第19~23届"希望杯"全国数学邀请试题审题要津详细评注(初二、初三版)	2014—03	38.00	334
第19~23届"希望杯"全国数学邀请试题审题要津详细评注(高一版)	2014—03	28.00	335
第19~23届"希望杯"全国数学邀请试题审题要津详细评注(高二版)	2014—03	38.00	336
第19~25届"希望杯"全国数学邀请试题审题要津详细评注(初一版)	2015—01	38.00	416
第19~25届"希望杯"全国数学邀请试题审题要津详细评注(初二、初三版)	2015—01	58.00	417
第19~25届"希望杯"全国数学邀请试题审题要津详细评注(高一版)	2015—01	48.00	418
第19~25届"希望杯"全国数学邀请试题审题要津详细评注(高二版)	2015—01	48.00	419
物理奥林匹克竞赛大题典——力学卷	2014—11	48.00	405
物理奥林匹克竞赛大题典——热学卷	2014—04	28.00	339
物理奥林匹克竞赛大题典——电磁学卷	2015—07	48.00	406
物理奥林匹克竞赛大题典——光学与近代物理卷	2014—06	28.00	345
历届中国东南地区数学奥林匹克试题集(2004~2012)	2014—06	18.00	346
历届中国西部地区数学奥林匹克试题集(2001~2012)	2014—07	18.00	347
历届中国女子数学奥林匹克试题集(2002~2012)	2014—08	18.00	348
数学奥林匹克在中国	2014—06	98.00	344
数学奥林匹克问题集	2014—01	38.00	267
数学奥林匹克不等式散论	2010—06	38.00	124
数学奥林匹克不等式欣赏	2011—09	38.00	138
数学奥林匹克超级题库(初中卷上)	2010—01	58.00	66
数学奥林匹克不等式证明方法和技巧(上、下)	2011—08	158.00	134,135
他们学什么:原民主德国中学数学课本	2016—09	38.00	658
他们学什么:英国中学数学课本	2016—09	38.00	659
他们学什么:法国中学数学课本.1	2016—09	38.00	660
他们学什么:法国中学数学课本.2	2016—09	28.00	661
他们学什么:法国中学数学课本.3	2016—09	38.00	662
他们学什么:苏联中学数学课本	2016—09	28.00	679
高中数学题典——集合与简易逻辑·函数	2016—07	48.00	647
高中数学题典——导数	2016—07	48.00	648
高中数学题典——三角函数·平面向量	2016—07	48.00	649
高中数学题典——数列	2016—07	58.00	650
高中数学题典——不等式·推理与证明	2016—07	38.00	651
高中数学题典——立体几何	2016—07	48.00	652
高中数学题典——平面解析几何	2016—07	78.00	653
高中数学题典——计数原理·统计·概率·复数	2016—07	48.00	654
高中数学题典——算法·平面几何·初等数论·组合数学·其他	2016—07	68.00	655

刘培杰数学工作室
已出版(即将出版)图书目录——初等数学

书　名	出版时间	定　价	编号
台湾地区奥林匹克数学竞赛试题.小学一年级	2017—03	38.00	722
台湾地区奥林匹克数学竞赛试题.小学二年级	2017—03	38.00	723
台湾地区奥林匹克数学竞赛试题.小学三年级	2017—03	38.00	724
台湾地区奥林匹克数学竞赛试题.小学四年级	2017—03	38.00	725
台湾地区奥林匹克数学竞赛试题.小学五年级	2017—03	38.00	726
台湾地区奥林匹克数学竞赛试题.小学六年级	2017—03	38.00	727
台湾地区奥林匹克数学竞赛试题.初中一年级	2017—03	38.00	728
台湾地区奥林匹克数学竞赛试题.初中二年级	2017—03	38.00	729
台湾地区奥林匹克数学竞赛试题.初中三年级	2017—03	28.00	730
不等式证题法	2017—04	28.00	747
平面几何培优教程	2019—08	88.00	748
奥数鼎级培优教程.高一分册	2018—09	88.00	749
奥数鼎级培优教程.高二分册.上	2018—04	68.00	750
奥数鼎级培优教程.高二分册.下	2018—04	68.00	751
高中数学竞赛冲刺宝典	2019—04	68.00	883
初中尖子生数学超级题典.实数	2017—07	58.00	792
初中尖子生数学超级题典.式、方程与不等式	2017—08	58.00	793
初中尖子生数学超级题典.圆、面积	2017—08	38.00	794
初中尖子生数学超级题典.函数、逻辑推理	2017—08	48.00	795
初中尖子生数学超级题典.角、线段、三角形与多边形	2017—07	58.00	796
数学王子——高斯	2018—01	48.00	858
坎坷奇星——阿贝尔	2018—01	48.00	859
闪烁奇星——伽罗瓦	2018—01	58.00	860
无穷统帅——康托尔	2018—01	48.00	861
科学公主——柯瓦列夫斯卡娅	2018—01	48.00	862
抽象代数之母——埃米·诺特	2018—01	48.00	863
电脑先驱——图灵	2018—01	58.00	864
昔日神童——维纳	2018—01	48.00	865
数坛怪侠——爱尔特希	2018—01	68.00	866
传奇数学家徐利治	2019—09	88.00	1110
当代世界中的数学.数学思想与数学基础	2019—01	38.00	892
当代世界中的数学.数学问题	2019—01	38.00	893
当代世界中的数学.应用数学与数学应用	2019—01	38.00	894
当代世界中的数学.数学王国的新疆域(一)	2019—01	38.00	895
当代世界中的数学.数学王国的新疆域(二)	2019—01	38.00	896
当代世界中的数学.数林撷英(一)	2019—01	38.00	897
当代世界中的数学.数林撷英(二)	2019—01	48.00	898
当代世界中的数学.数学之路	2019—01	38.00	899

刘培杰数学工作室
已出版(即将出版)图书目录——初等数学

书　名	出版时间	定　价	编号
105 个代数问题：来自 AwesomeMath 夏季课程	2019—02	58.00	956
106 个几何问题：来自 AwesomeMath 夏季课程	2020—07	58.00	957
107 个几何问题：来自 AwesomeMath 全年课程	2020—07	58.00	958
108 个代数问题：来自 AwesomeMath 全年课程	2019—01	68.00	959
109 个不等式：来自 AwesomeMath 夏季课程	2019—04	58.00	960
国际数学奥林匹克中的 110 个几何问题	即将出版		961
111 个代数和数论问题	2019—05	58.00	962
112 个组合问题：来自 AwesomeMath 夏季课程	2019—05	58.00	963
113 个几何不等式：来自 AwesomeMath 夏季课程	2020—08	58.00	964
114 个指数和对数问题：来自 AwesomeMath 夏季课程	2019—09	48.00	965
115 个三角问题：来自 AwesomeMath 夏季课程	2019—09	58.00	966
116 个代数不等式：来自 AwesomeMath 全年课程	2019—04	58.00	967
117 个多项式问题：来自 AwesomeMath 夏季课程	2021—09	58.00	1409
118 个数学竞赛不等式	2022—08	78.00	1526
紫色彗星国际数学竞赛试题	2019—02	58.00	999
数学竞赛中的数学：为数学爱好者、父母、教师和教练准备的丰富资源.第一部	2020—04	58.00	1141
数学竞赛中的数学：为数学爱好者、父母、教师和教练准备的丰富资源.第二部	2020—07	48.00	1142
和与积	2020—10	38.00	1219
数论：概念和问题	2020—12	68.00	1257
初等数学问题研究	2021—03	48.00	1270
数学奥林匹克中的欧几里得几何	2021—10	68.00	1413
数学奥林匹克题解新编	2022—01	58.00	1430
图论入门	2022—09	58.00	1554
澳大利亚中学数学竞赛试题及解答(初级卷)1978~1984	2019—02	28.00	1002
澳大利亚中学数学竞赛试题及解答(初级卷)1985~1991	2019—02	28.00	1003
澳大利亚中学数学竞赛试题及解答(初级卷)1992~1998	2019—02	28.00	1004
澳大利亚中学数学竞赛试题及解答(初级卷)1999~2005	2019—02	28.00	1005
澳大利亚中学数学竞赛试题及解答(中级卷)1978~1984	2019—03	28.00	1006
澳大利亚中学数学竞赛试题及解答(中级卷)1985~1991	2019—03	28.00	1007
澳大利亚中学数学竞赛试题及解答(中级卷)1992~1998	2019—03	28.00	1008
澳大利亚中学数学竞赛试题及解答(中级卷)1999~2005	2019—03	28.00	1009
澳大利亚中学数学竞赛试题及解答(高级卷)1978~1984	2019—05	28.00	1010
澳大利亚中学数学竞赛试题及解答(高级卷)1985~1991	2019—05	28.00	1011
澳大利亚中学数学竞赛试题及解答(高级卷)1992~1998	2019—05	28.00	1012
澳大利亚中学数学竞赛试题及解答(高级卷)1999~2005	2019—05	28.00	1013
天才中小学生智力测验题.第一卷	2019—03	38.00	1026
天才中小学生智力测验题.第二卷	2019—03	38.00	1027
天才中小学生智力测验题.第三卷	2019—03	38.00	1028
天才中小学生智力测验题.第四卷	2019—03	38.00	1029
天才中小学生智力测验题.第五卷	2019—03	38.00	1030
天才中小学生智力测验题.第六卷	2019—03	38.00	1031
天才中小学生智力测验题.第七卷	2019—03	38.00	1032
天才中小学生智力测验题.第八卷	2019—03	38.00	1033
天才中小学生智力测验题.第九卷	2019—03	38.00	1034
天才中小学生智力测验题.第十卷	2019—03	38.00	1035
天才中小学生智力测验题.第十一卷	2019—03	38.00	1036
天才中小学生智力测验题.第十二卷	2019—03	38.00	1037
天才中小学生智力测验题.第十三卷	2019—03	38.00	1038

刘培杰数学工作室
已出版（即将出版）图书目录——初等数学

书　名	出版时间	定　价	编号
重点大学自主招生数学备考全书:函数	2020—05	48.00	1047
重点大学自主招生数学备考全书:导数	2020—08	48.00	1048
重点大学自主招生数学备考全书:数列与不等式	2019—10	78.00	1049
重点大学自主招生数学备考全书:三角函数与平面向量	2020—08	68.00	1050
重点大学自主招生数学备考全书:平面解析几何	2020—07	58.00	1051
重点大学自主招生数学备考全书:立体几何与平面几何	2019—08	48.00	1052
重点大学自主招生数学备考全书:排列组合·概率统计·复数	2019—09	48.00	1053
重点大学自主招生数学备考全书:初等数论与组合数学	2019—08	48.00	1054
重点大学自主招生数学备考全书:重点大学自主招生真题.上	2019—04	68.00	1055
重点大学自主招生数学备考全书:重点大学自主招生真题.下	2019—04	58.00	1056
高中数学竞赛培训教程:平面几何问题的求解方法与策略.上	2018—05	68.00	906
高中数学竞赛培训教程:平面几何问题的求解方法与策略.下	2018—06	78.00	907
高中数学竞赛培训教程:整除与同余以及不定方程	2018—01	88.00	908
高中数学竞赛培训教程:组合计数与组合极值	2018—04	48.00	909
高中数学竞赛培训教程:初等代数	2019—04	78.00	1042
高中数学讲座:数学竞赛基础教程(第一册)	2019—06	48.00	1094
高中数学讲座:数学竞赛基础教程(第二册)	即将出版		1095
高中数学讲座:数学竞赛基础教程(第三册)	即将出版		1096
高中数学讲座:数学竞赛基础教程(第四册)	即将出版		1097
新编中学数学解题方法1000招丛书.实数(初中版)	2022—05	58.00	1291
新编中学数学解题方法1000招丛书.式(初中版)	2022—05	48.00	1292
新编中学数学解题方法1000招丛书.方程与不等式(初中版)	2021—04	58.00	1293
新编中学数学解题方法1000招丛书.函数(初中版)	2022—05	38.00	1294
新编中学数学解题方法1000招丛书.角(初中版)	2022—05	48.00	1295
新编中学数学解题方法1000招丛书.线段(初中版)	2022—05	48.00	1296
新编中学数学解题方法1000招丛书.三角形与多边形(初中版)	2021—04	48.00	1297
新编中学数学解题方法1000招丛书.圆(初中版)	2022—05	48.00	1298
新编中学数学解题方法1000招丛书.面积(初中版)	2021—07	28.00	1299
新编中学数学解题方法1000招丛书.逻辑推理(初中版)	2022—06	48.00	1300
高中数学题典精编.第一辑.函数	2022—01	58.00	1444
高中数学题典精编.第一辑.导数	2022—01	68.00	1445
高中数学题典精编.第一辑.三角函数·平面向量	2022—01	68.00	1446
高中数学题典精编.第一辑.数列	2022—01	58.00	1447
高中数学题典精编.第一辑.不等式·推理与证明	2022—01	58.00	1448
高中数学题典精编.第一辑.立体几何	2022—01	58.00	1449
高中数学题典精编.第一辑.平面解析几何	2022—01	68.00	1450
高中数学题典精编.第一辑.统计·概率·平面几何	2022—01	58.00	1451
高中数学题典精编.第一辑.初等数论·组合数学·数学文化·解题方法	2022—01	58.00	1452
历届全国初中数学竞赛试题分类解析.初等代数	2022—09	98.00	1555
历届全国初中数学竞赛试题分类解析.初等数论	2022—09	48.00	1556
历届全国初中数学竞赛试题分类解析.平面几何	2022—09	38.00	1557
历届全国初中数学竞赛试题分类解析.组合	2022—09	38.00	1558

联系地址:哈尔滨市南岗区复华四道街10号　哈尔滨工业大学出版社刘培杰数学工作室
网　　址:http://lpj.hit.edu.cn/
邮　　编:150006
联系电话:0451—86281378　　13904613167
E-mail:lpj1378@163.com